管理決策系列 ❶

風險管理

David E. Bell

Arthur Schleifer, Jr. 著

王秉均博士策劃

王金利博士校閱

蔣永芳博士譯

弘智文化事業有限公司 出版

David E. Bell
Arthur Schleifer, Jr.

Risk Management

ISBN 957-99581-4-9

Printed in Taiwan, Republic of China

總覽

本書爲管理決策分析系列叢書之一。這系列四本書所呈現的是我們與哈佛大學商學院合作的三個長期課程發展專案的成果。我們雙方都投注多年時間在這上面，並且在不同時間，分別領導爲時長達一學期的管理經濟學課程，這門課是哈佛大學企研所碩士班所有八百位一年級學生的必修課。我們依據教材內容是關於在擁有完全知識情況下的決策（確定情況下決策），或是在某種程度不確定情況下的決策（不確定情況下決策），將教材劃分爲兩大部份。頭兩本書的第一部份，涵蓋了諸如相關成本(relevant costs)、淨現値(net present value)與線性規劃(linear programming)等內容。這兩本書的第二部份，則包括決策樹(decision trees)、模擬(simulation)、存貨控制(inventory control)、談判(negotiation)與拍賣競價(auction bidding) 等材料。

我們也教授企研所二年級學生的選修課程。Schleifer 開一門企業預測(Business Forecasting) 的課，該課成爲我們第三本書，資料分析、迴歸與預測 (Data Analysis, Regression, and Forecasting) 的基礎。Bell 也開一門課，這門課將無論是企業、個人或社會，在風險狀況下的決策 (decision making under risk) 方法，整合於一體。這些材料收集在我們的第四本書，風險管理(Risk Management)中。

這四本書合起來，提供了前所未有的個案教材，它廣泛的涵蓋了分析管理問題的議題、觀念與技巧。每一本書都自成一體，可以單獨拿來作爲一學期的教科書（我們在課堂上就是這樣使用這些教材的），或是可以整體拿來作爲一般較傳統式，以講授方式授課課程的補充教材，以滿足那些追求更多實際應用知識的學生。

對有些人而言，從個案研討方法學習觀念與技巧可能是全然嶄新的經驗。這些人需要花一些時間去瞭解下述概念：問題不總是具有乾淨清爽的答案，同時，更重要的，當問題沒有直截了當的答案時，通常會導致更多的學習。我們堅信這一系列教材，不但涵蓋了一位管理者所應具備運用數量方法的技巧，以及運用別人分析報告的方法。

讀者們將會見到，某些個案與說明是我們同事們的作品；我們非常感謝他們給予我們使用這些個案的機會。讀者們不會明顯看到的是我們虧欠那些在我們之前領導發展管理經濟課程的先進們：Robert Schlaifer, John Pratt, John Bishop, Paul Vatter, Stephen Bradley 與 Richard Meyer。我們也要感謝哈佛大學商學院研究所提供發展本系列教材所需之財務支援。最後，我們要向哈佛大學商學院的 Rowena Foss 與 Laurie Fitzgerald 及 Course Technology 的 Mac Mendelsohn 表示最誠懇的謝意，因爲他們的全力以赴，本專案方能按計畫進行無礙，並且維持它應有的品質。自 1978 年起，Rowena Foss 一直擔任我倆祕書的職務，有時是單獨一個人的秘書，但大多數時間是我倆共同的祕書。我們欠她一份特殊的感謝！

序

無論是課堂上或董事會上，在研討許多企業問題時，風險總是被視為重要的議題，但是因為沒有人能夠以具體的方法思考風險，所以它又總是被當作抽象的事務處理。本書彙整許多以風險為中心主軸的現實生活問題，這些問題包羅萬象、發人深省。它們是從許多不同的背景環境：企業、個人與社會，萃取而得的。在研討一個又一個以風險為焦點的個案時，我們發現，一個前後一致的風險管理架構逐漸浮現而出。我們最後的結論認為，不是所有的企業問題都適合從風險管理的角度處理，但是管理者練就這份技巧後，他們將擁有更多新的方法，去發明與評估可行的方案。

把風險當作一維空間觀念，用統計學裏測量變異數的方法表示，是過度簡化風險的想法。風險的產生，來自結果的不可預測性，而結果的好壞，又得依決策者的目標衡量。除非已經充分瞭解決策者的目標，和目標間的相互抵換關係，任何管理風險的行動很容易將狀況惡化。並且，因為承擔風險這事，具有非重覆性的本質（一再重覆的決策不可能有極大風險），想要從經驗中學習風險管理是極端困難的。

我們可以將一個公司的價值，視為其報酬水準與風險水準的函數。本書採用的觀點，認為管理者的主要興趣，在風險極小化，而非報酬極大化。我們並不企圖製造這類專家，而是希望受過這種訓練的管理者，能從這個積極可改善的觀點出發，查看問題，指認出創造性的新方法，使得公司面臨風險時，強化風險與機會管理，進而擴張承受風險的能量。

本書包含以下廣泛的主題：

1. 何謂風險？為何企業與個人都有規避風險的傾向？
2. 管理風險的可行方案與其應用之道。
3. 直覺適用於管理風險的範圍。
4. 對面臨風險決策的管理者，數量方法是否有用？何時有用？

除了個案問題外，本書並有許多說明、練習與閱讀材料。說明涵蓋的主題有分散風險（含投資組合的建構與資本資產訂價模型）、人壽保險、避險、期貨和選擇權市場與資本預算編定。

綜合而言，上述教材彙整了以下三門不同學術派流對風險問題研究的觀點，當能促進對風險問題的研討與學習：

1. 決策分析學者發展出的決策樹（decision trees）、主觀機率分配（subjective probability distribution）與偏好曲線（preference curves）等，協助管理者在多個風險性可行方案（risky alternatives）中作選擇的技巧。
2. 財務理論提供的是風險性資產公平市場均衡價格（fair market equilibrium price for risky assets）的建立技術與資本資產訂價模型（capital assets pricing model）、風險調整折扣（risk-adjusted discounting）及選擇權定價（option pricing）公式等工具。
3. 心理學者已經瞭解人類面臨風險狀況時的實際行為模式，也知道了在含有不確定性的問題中，導致錯誤結論的系統性認知偏差（systematic cognitive biases）。就像人眼會被光線從水下穿越到空氣時的折射所欺騙，人類心智也可能被含有不確定性的困境所欺矇。但是，就像心智可經訓練而矯正折射偏差，心智亦可經由訓練而避開阻礙有效決策的認知缺陷。

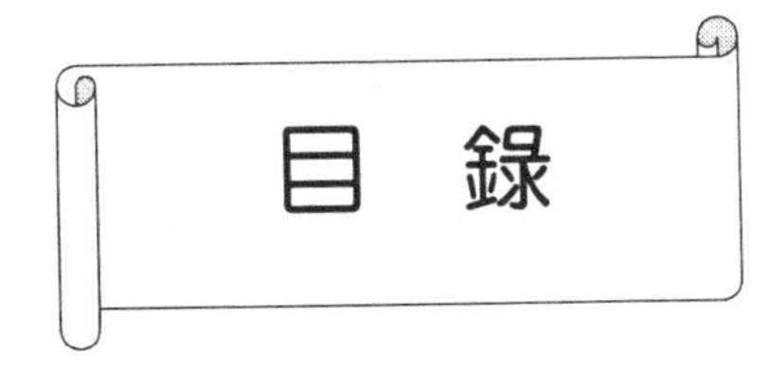

目錄

第 1 章

分散風險

人類天性的傾向，認爲管理風險最好的辦法，就是降低或完全去除風險。但是並不是所有的風險都是不好的。本章在風險視爲投資組合的環境下，以「平均掉」的方法檢視風險的潛在可能性，投資組合的風險觀是本書發展的基礎，我們以一個能夠激發學習動機的個案談起，繼以說明與練習的方式，建立與解釋個案中所包含的觀念。

個案：Breakfast Foods 公司

Breakfast Foods 公司（BF 爲製造「Wheatflake」與其他產品的廠商）執行總裁 John Morgan，剛吃過午餐回到辦公室時，接到公司行銷副總裁 Ron Sykes 打來的電話：

「John, 我要求我們的銷售員密切注意 MC 公司（Morning Cereal, Inc., BF 的主要競爭者）任何可能展開價格戰爭的跡象。雖降價很可能讓我們兩敗俱傷，但是他們就是瘋狂的想這麼做。我告訴我們的銷售員，一旦價格戰開始，先發動者將佔有極大的優勢，所以我們必須掌握 MC 準備好而要開戰的癥候。十分鐘前，Fred Sharp 打電話給我，有 MC 高層中的內線告訴他，MC 剛剛訂下從今日起兩星期後的大片廣告版面。你我都很清楚，除非 MC 準備宣佈降價，他們沒有理由需要大片廣告版面。」

「Ron，你認為 Sharp 的情報有多可靠？我們不要匆匆遽下結論。」

「嗯，通常對這樣的事，我不會太注意，更不會向你報告。但是 Fred 提醒我，我想他有點酸溜溜的，他過去曾經三度正確預報 MC 的重大行動，我檢查過檔案紀錄，的確，那三件大事發生前，他是提供了重要的情報。John，我想我們應該重視這事，好好把他們打爛。」

「好！Ron，六點鐘前給我一份建議書。」

John 的目光轉移到桌上由 David Baker 呈上來的一份備忘錄，David Baker 最近才從史丹福大學商學院畢業，被 John 聘為特別助理。報告內容關於 John 想把公司現有三名小麥價格預測師縮成兩名的事。近十年來，這些人每三個月向 BF 提出他們最佳的報告，預測今後三個月的小麥價格。他們的報告是 BF 降低購買成本計畫中的重要部份。BF 在小麥價格方面完全仰賴這些預測師，因為這些專家將未來價位、經濟計量模型等各種資訊融合於報告中。[1]

---

[1]本個案為哈佛大學商學院 9－182－202 號個案，David E. Bell 教授編寫。本個案中兩項議題中的第一個，取材自 R. M. Hogarth 著，判斷與選擇（Judgement and Choice），John Willey & Sons 1980 年出版。©1982 哈佛大學。

然而，長達十年的年資，使他們不斷索求過高的報酬。John 覺得開除掉一個，不僅減少三分之一的成本，也間接向其他兩人發出訊息：沒有那個人是不可或缺的。他命令 David，評估那一個應該開除。David 的備忘錄如下：

> 我找出我們三個專家所做的預測值，將他們與三月後的實既價格比較（示圖 1）。每個人的預測誤差分佈情形如示圖 2。很明顯地，我們要開除的人，就是預測誤差散佈（變異數）最大的人。圖形顯示，這人是 Harry。

示圖 1

誤差（實際價格—預測價格，以分／蒲式耳計算）

預測順序	Tom Smith	Dick Wilson	Harry Simpson
1	-3	-3	23
2	-13	-4	22
3	5	7	1
4	13	0	-16
5	5	-4	-31
6	4	2	1
7	-4	6	11
8	-13	6	36
9	-8	-7	-5
10	0	5	1
11	0	4	-2
12	5	8	-24
13	1	-4	15
14	-6	-10	15
15	-13	-15	11
16	3	3	3
17	2	3	-10
18	7	0	-6
19	-1	-3	-5
20	-4	-4	17
21	4	-8	-25
22	2	0	-19
23	0	3	-9
24	-5	-12	7
25	1	8	0
26	-10	-9	11
27	-7	0	21
28	-3	3	33
29	2	-4	-22
30	2	4	-12
31	-3	-4	12
32	10	0	-41
33	-10	-12	9
34	8	19	-17
35	-8	6	8
36	2	-7	-6
37	-3	-10	-10
38	2	6	-4
39	-8	-13	-6
40	3	2	-12

示圖 2

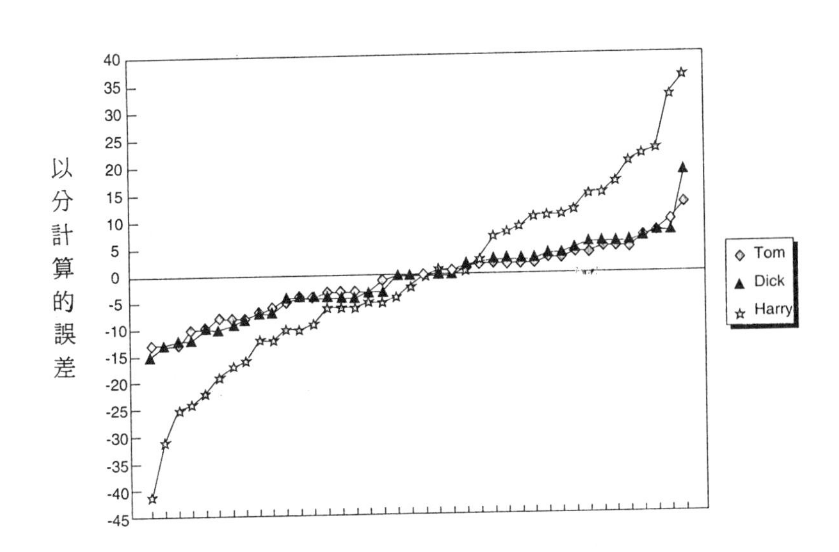

一個月後

John 閱讀桌上的兩份備忘錄。第一份來自 Ron Sykes：

我們真該給 Fred Sharp 紅利或獎勵。你應該還記得，他就是在我們自己能夠從電視廣告看到 MC 減價兩星期前，告訴我們 MC 預訂大片廣告版面的人。因為他，我們把 MC 打垮了。你的看法如何？

第二份來自 David Baker：

我想你會很高興聽到 Harry Simpson 被 MC 請去作為他

們預測團隊中的一員。不但我們開除了他，MC 還真的雇用他。讓我們祈禱 MC 付給他嚇死人的薪資。

風險分散與投資風險（Diversification and Investment Risk）

在較早的管理決策分析系列的書裡，我們用報酬的機率分配（probability distributions of return）來描述決策。可行方案爲數不多時，這是相當合理的方法；但是當問題複雜時——從數以百計的股票中選擇一組投資組合，算出完整機率分配，然後一一求解，這樣的計算負荷實在太重了。我們將在本章詳細呈現風險性投資組合的分析架構，即使對那些只希望在這個主題上建立一些直覺觀念的人來說，細節的部份都很重要。基本假設如下：

平均數－變異數假設

報酬機率分配的平均數與變異數爲比較風險性可行方案時的先決（sufficient）條件。

變異數只是標準差[2]的平方（square），它是衡量可行方案風險的數據。我們可以很容易就造出一個例證，讓它清楚地顯示：只知道平均數與標準差可能導致荒謬決策[3]；但是，絕大多數現實生活中的機率分配，都是具有 S 狀外形的常態分配（normal distribution），因此平均數－變異數假設是十分合理的。

把一個可行方案彙整爲兩個統計值的優點之一，就是可將該

---

[2] 相關專有名詞與其計算範例，列於本章附錄 A 中。

[3] 對這一點更進一步的說明，列於本章附錄 B 中，附錄 B 為選讀章節。

方案以二維空間圖（two-dimensional graph of alternatives）表示。圖 1.1 顯示十個假想的投資方案，縱軸代表平均報酬（EMV），橫軸代表標準差（而非變異數）。

圖 1.1

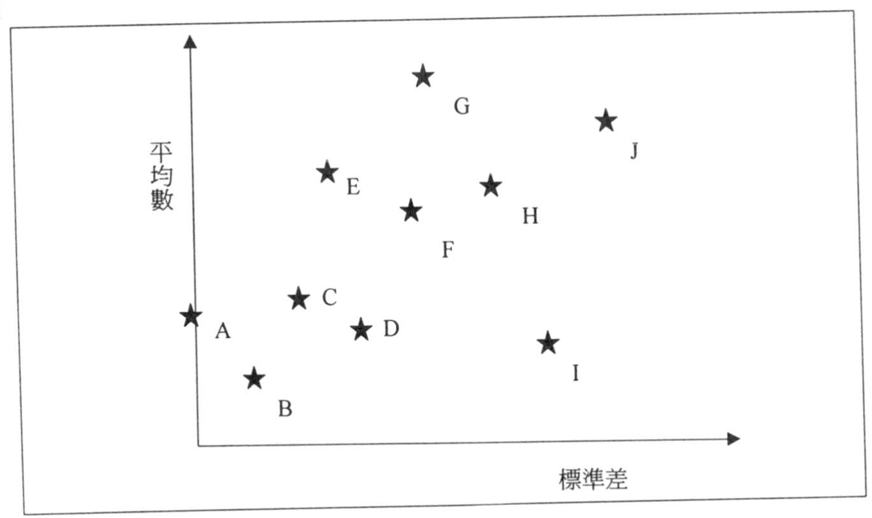

假如你可以在這十個方案中選擇一個（也只能選擇一個）方案來實施投資，你絕不會選 F 案，因爲 E 案的報酬比它更高，而風險比它更低。而且，E 案比 H 案好。只有 A、C、E 與 G 方案是有效率的（efficient）或柏瑞圖最適合（Pareto optimal），因爲它們不亞於其他任何一個方案。每位投資人必須自己決定，G 方案中較高的平均報酬可否補償其隨伴的較高風險。[4]

如果你可以分散投資，將部份投資於任何一個或所有方案上，那問題性質就大大改變了。注意，這時甚至連方案 I 都不可從圖上抹去。方案 I 可能與方案 G 完全負相關，因此方案 I 與方

[4] 哈佛大學商學院 9－183－047 號個案，David E. Bell 教授編寫。©1983 哈佛大學。

案 G 的某種組合是無風險的，而其報酬還高於（例如）方案 A。

例如，投資方案 I_1 與 I_2 的報酬，均視投擲一個硬幣的結果而定（如表 1.1）。

表 1.1

	I_1	I_2
正面	\$6	\$1
反面	\$0	\$3

I_1 與 I_2 的平均報酬分別是\$3 與\$2。其變異數分別爲 9 與 1，所以標準差分別是 3 與 1。其報酬／風險圖如圖 1.2。

圖 1.2

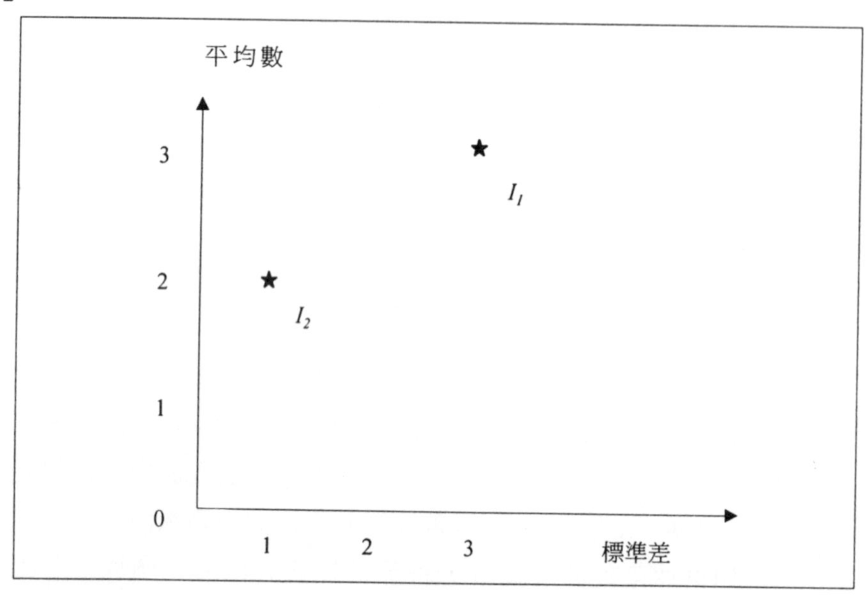

現在，令投資組合 $I_3=\frac{3}{4}I_1+\frac{1}{4}I_2$，$I_4=\frac{1}{2}I_1+\frac{1}{2}I_2$，$I_5=\frac{1}{4}I_1+\frac{3}{4}I_2$（表 1.2），則圖形變成圖 1.3 所示，其中 I_1 與 I_2

是完全負相關的（negatively correlated）。

表 1.2

	I_3	I_4	I_5
正面	4.75	3.50	2.25
反面	.75	1.50	2.25
平均數	2.75	2.50	2.25
標準差	2	1	0

圖 1.3

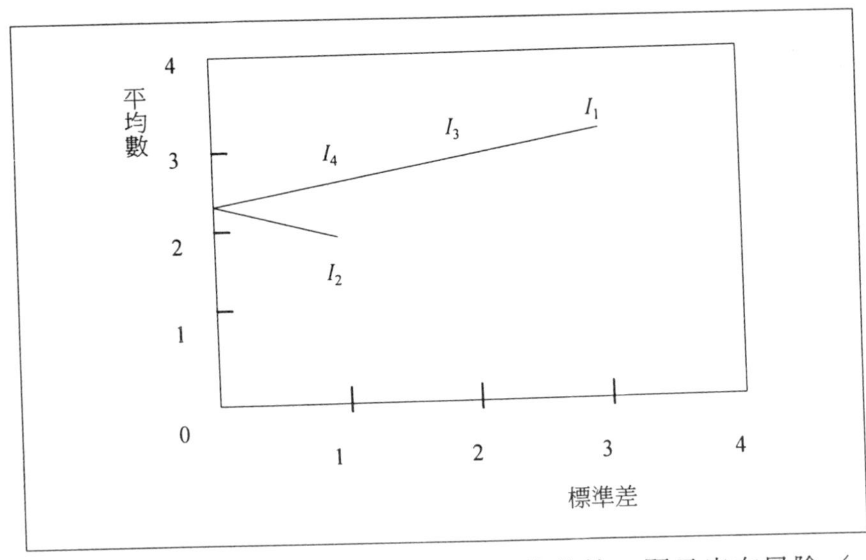

連接這五個投資組合（protfolio）的曲線，顯示出在風險／報酬空間裡，I_1與I_2方案所有可能的組合。

現在，再回到起始的圖 1.2，但是報酬改如表 1.3 所示。

表 1.3

	I_1	I_2	I_3	I_4	I_5
正面	$6.00	$3.00	$5.25	$4.50	$3.75
反面	$0.00	$1.00	$0.25	$0.50	$0.75
平均數	$3.00	$2.00	$2.75	$2.50	$2.25
標準差	$3.00	$1.00	$2.50	$2.0	$1.50

表 1.3 的圖形表示如圖 1.4，其中 I_1 與 I_2 是完全正相關的（positively correlated）。

圖 1.4

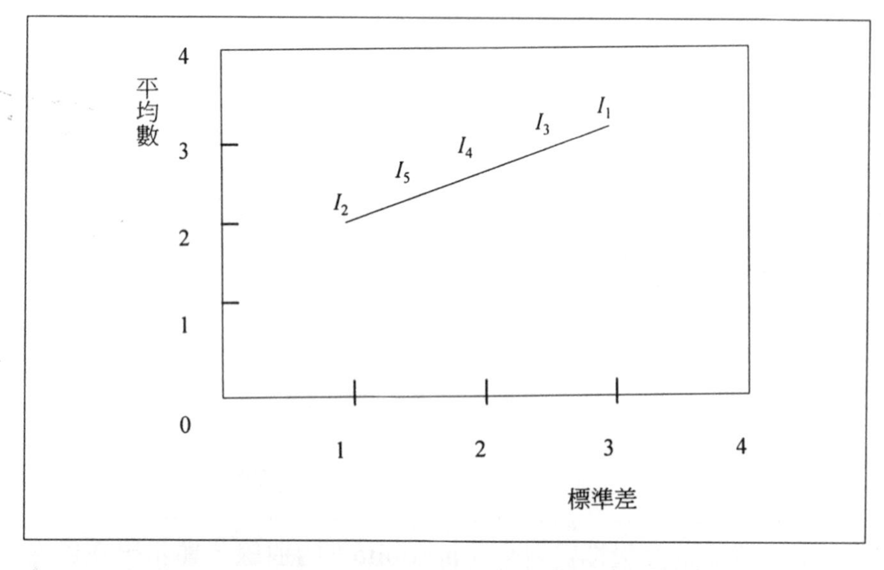

所有可能投資組合組成的曲線，現在變成一條直線了。爲了完整起見，我們準備將 I_1 與 I_2 是獨立（完全不相關）的情形繪出。這需要丟擲兩個銅板（如表 1.4）。

表 1.4

	I_1	I_2	I_3	I_4	I_5
正面，正面	$6.00	$3.00	$5.25	$4.50	$3.75
正面，反面	$6.00	$1.00	$4.75	$3.50	$2.25
反面，正面	$0.00	$3.00	$0.75	$1.50	$2.25
反面，反面	$0.00	$1.00	$0.25	$0.50	$0.75
平均數	$3.00	$2.00	$2.75	$2.50	$2.25
標準差	$3.00	$1.00	$2.26	$1.58	$1.06

圖 1.5

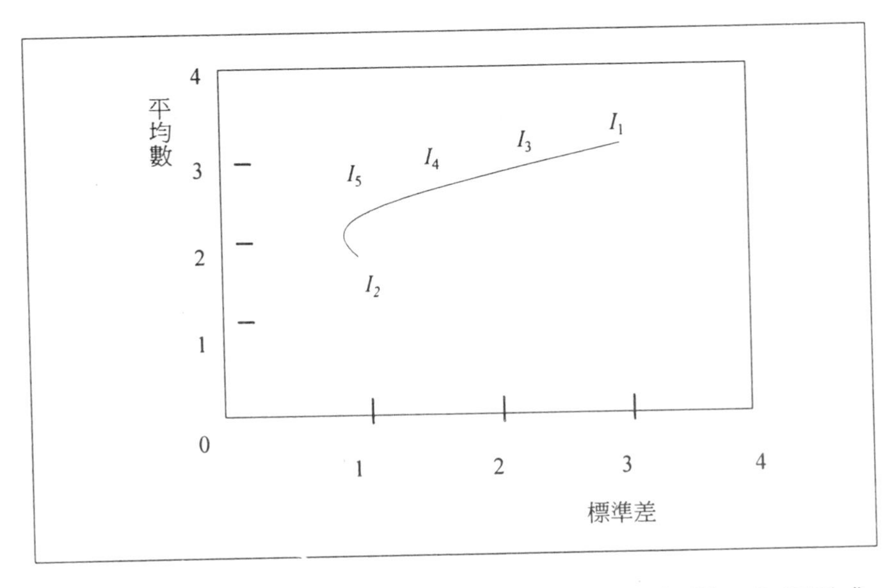

比較圖 1.3、1.4、與 1.5，如果你可以在正相關、負相關或是獨立的投資組合中選擇的話，你最可能選擇負相關的投資組合，因爲它的投資組合效率曲線，完全位於圖 1.4 與 1.5 中投資組合效率曲線的左邊。易言之，負相關時，你可以在較低的標準差下，獲得相同的平均報酬。

沒有必要去仔細計算每個可能投資組合的變異數。有個簡易公式可以直接求出由兩個投資所組成之投資組合的平均數與標準差。這個投資組合的平均數與標準差，是每個個別投資之平均數、標準差與相關係數的函數。

投資組合的平均數與變異數

假設投資 1 的平均數爲 r_1，標準差爲 s_1，投資 2 的平均數爲 r_2，標準差爲 s_2，又假設兩者之相關爲 c，則一包括 k 比例投資 1 與 1-k 比例投資 2 的投資組合，其

平均數=$kr_1+(1-k)r_2$（公式 1）

與變異數=$k^2 s_1{}^2 + (1-k)^2 s_2{}^2 + 2k(1-k)cs_1 s_2$（公式 2）

有幾個特殊狀況值得特別說明。若 $s_1=s_2$ 且 $c=0$，則變異數爲 $\left[K^2+(1-K)^2\right]S_1{}^2$。如果 k=1/2，則變異數爲 $1/2\ s_1{}^2$，也就是說，由兩個相等但獨立，各佔 50－50 成份投資組成的投資組合，其變異數爲其組成份子之半。另外一個特殊狀況，是當 $s_2=0$ 時，則變異數爲 $k^2 s_1{}^2$ 投資組合的標準差，與投資於各風險方案的數額成比例[5]。

圖 1.6 顯示所有與無風險投資方案 I_1 合成的投資組合，I 的平均數爲 r_F，標準差爲 0。點線代表可以藉著無風險利率貸款，而投資更多金錢於投資方案 I_1 的投資組合。

---

[5] 一般而言，你有 k_1 比例的 I_1 投資，而平均數為 r_i，變異數為 s_i，則該投資組合之平均數為 $\sum k_i r_i$，變異數為 $\sum_{i=1}^{n}\sum_{j=1}^{n} k_i k_j c_{ij} s_i s_j$，其中 c_{ij} 為投資 i 與 j 的相關係數。

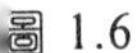 1.6

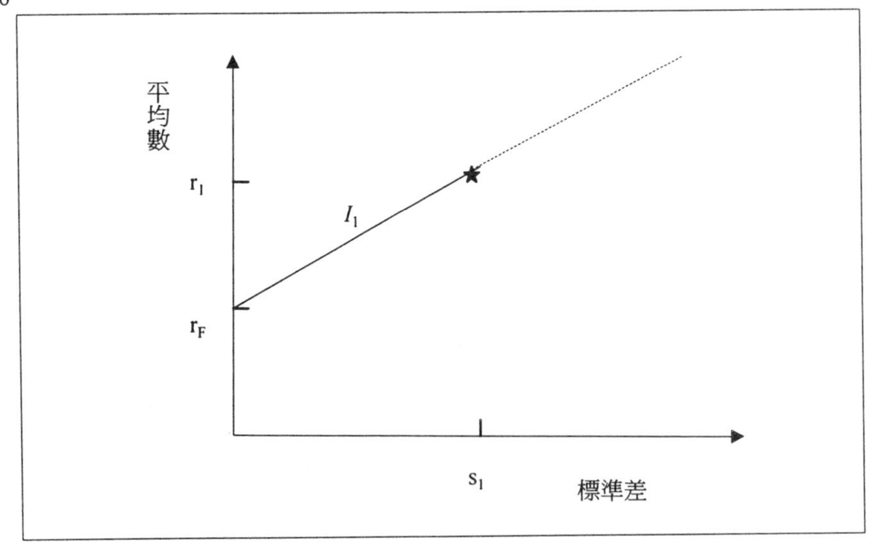

尋找最小變異數之投資組合（Finding the Minimum Variance Portfolio）

示圖 3 顯示在不同相關係數下，投資組合變異數（variance）爲投資比例 k 之函數的圖形。一個相關的問題是：對任一特定相關係數，使得投資組合變異數（標準差）最小的 k 值爲何？

這問題的答案可由數學推導[6]得出：

$$k = \frac{s_2(s_2 - cs_1)}{s_1^{\,2} + s_2^{\,2} - 2cs_1s_2}$$

也許從這個公式裡得到最重要的見解，是下面這個問題的答案：已知一投資組合，你如何知道一個可能的新投資，能否符合

[6] 詳見本章附錄 B。

分散風險的目的（即減少該投資組合之變異數）？我們的討論，將限制在新投資不得賣空的情形之中。

若你現有的投資組合為投資方案 2（I_1），且若 I_1 為新投資，則若是最小變異數投資組合之 k>0，你會要在投資組合中放進一部份的 I_1。我們可以證明，在求 k 值的公式中，其分母一定為正值，故當 $s_2>cs_1$ 時，k 為正值。

風險分散公式（diversification formula）

一個新投資具有分散風險的價值（diversification value）（將降低投資組合之風險），若且唯若：

現有投資組合之標準差 > 新投資之標準差 × 相關係數（公式 3）

即，如果：

$$\text{相關係數} < \frac{\text{現有投資組合之標準差}}{\text{新投資之標準差}}$$

尤其，如果一個新投資與現有投資組合的關係是獨立，或負相關時，它必定具有分散風險的價值。

注意，減少變異數不是唯一的決策準繩；若新投資的報酬十分低，則其所帶來降低風險的價值可能並不划算。然而，在投資組合與新投資之平均報酬相等的特例中，極小化變異數的確是決策時單一的標準。

範例

你持有一組現金／股票的投資組合，平均報酬為 8%，標準差為 15%。有人提供給你一新投資，其平均報酬為 8%，標準差為 40%。新投資與你現有投資組合間之相關係數為 0.3。你有興趣嗎？

損益兩平（breakeven）的相關係數爲：

$$\frac{\text{舊標準差}}{\text{新標準差}} = \frac{15}{40} = 0.375$$

任何低於此者都好，任何高於此者都壞。所以新投資是個好主意。[7]

評估不同平均報酬的新投資（Appraising New Investment with Different Means）

令人驚訝的是，使用一點小把戲後，決定是否值得把一個不同平均報酬的新投資加入現有投資組合中的問題，在本質上，和上面的問題是一樣的。但是我們首先要假設無風險投資的存在。

無風險利率假設（risk-free rate assumption）

假設存有可借貸的投資，其平均報酬爲 r_F，標準差爲 0。

從現在起，讓我們將你手上擁有的投資組合稱爲 I_2，平均報酬爲 r_2，標準差爲 s_2。潛在新投資爲 I_1，平均報酬爲 r_1，標準差爲 s_1。I_1 與 I_2 的相關係數爲 c。我們已經知道，若 $r_2=r_1$，且 $cs_1<cs_2$，則 I_1 是值得追求的。

若 r_1 不等於 r_2，工作的技巧爲：以無風險利率借入（或貸出），直至作爲槓桿的 I_1 之平均報酬等於 I_2 之平均報酬爲止。然後你可以應用已經學會的公式，檢查是否需要以一部份 I_2 作爲槓桿。

---

[7] 運用最小變異數公式，我們將會轉移現有組合到新投資上。

$$\frac{15(15-0.3\times 40)}{225+1600-360} = \frac{45}{1465} = 0.03 = 3\%$$

結果是我們需要[8]，若

$$\frac{r_1 - r}{s_1} \rangle c \frac{r_2 - r_F}{s_2} \quad \text{（公式 4）}$$

或者，以文字表示，若

$$\frac{\text{新風險溢酬}}{\text{新標準差}} > \frac{\text{現有風險溢酬}}{\text{現有標準差}} \times \text{相關係數}$$

範例

你持有一組現金／股票的投資組合，平均報酬爲 8%，標準差爲 15%。無風險利率爲 6%。向你建議配合該投資組合的新投資，其平均報酬爲 7%，標準差爲 40%。現有投資組合與新投資的相關係數爲 0.15。你有興趣嗎？

你現有的投資組合：

$$\frac{\text{風險溢酬}}{\text{標準差}} = \frac{2}{15}$$

新投資有：

$$\frac{\text{風險溢酬}}{\text{標準差}} = \frac{1}{40}$$

如果 2/15 ×相關係數＜1/40，你會很有興趣，也就是說如果相關係數小於 0.1875 的話。因此，你是願意投資在新機會上。

到目前爲止，我們只說明了如果新投資滿足不等式，則該投資是有吸引力的。我們尚未真正證明，若新投資未能通過測試，

[8] 詳見本章附錄 B。

則它是不需要的。這事不能單單以幾句話帶過了事，因爲最佳投資組合需視投資者對風險與報酬的偏好而定。若新投資滿足公式4，則每位擁有 I_2 的投資人都會要一部份的 I_l。但是，有可能雖然 I_l 不滿足公式4，然而某些具有特殊風險／報酬偏好的投資人，仍然會想要一些 I_l。下一個假設，甚至把這個機會都消除掉了[9]。

現有投資組合已正確槓桿化的假設

無論一個投資人的風險組合爲何，我們假設他或她都已完全利用到以無風險利率借入或是貸出的利益。[10]

公式 4 可改寫成更具啓發性的形式：$r_1 \rangle r_F + \dfrac{cs_1(r_2 - r_F)}{s_2}$

甚至，如果我們用希臘字母 β 表示 cs_1/s_2 的話，可以更清楚：

$r_1 \rangle r_F + \beta(r_2 - r_F)$　（公式 5）

第一個主要結果

如果投資人握有的投資組合 I_1，以可用的無風險資金正確的槓桿化後，而且如果投資者只關心報酬的平均數與變異數時，若且唯若公式 5 成立，則新投資方案 I_1 將具有吸引力。

最佳投資組合與市場效果（Optimal Portfolios and the Effect of Markets）

圖 1.7 是根據投資 A 至投資 I 彼此互斥的假設畫出的。如果我們允許將所有風險投資方案（B 至 I）予以組合，所有可能投

---

[9] 詳見本章附錄 B。

[10] 注意，這並不表示該投資人現在握有的投資組合是最佳的可能組合，僅表示無論手上的投資組合如何，它已經槓桿化了。

資組合的集合，會如圖 1.7 的陰影部份所示。

圖 1.7

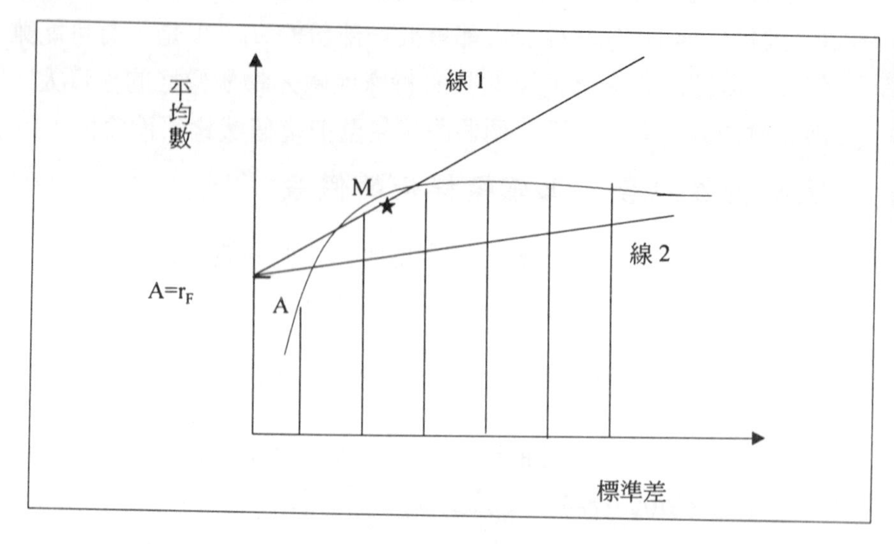

回想圖 1.6，如果我們現在允許用無風險資產（risk-free asset）槓桿化投資組合，則我們可以得到連接 A 點至陰影區內任何一點之連線上任一投資組合。如果你在考慮線 2 上的投資組合，那麼你總是可以在線 1 上找到一組更好的投資組合。線 1 連接 A 點與陰影區的切點 M。依你的風險規避程度（因此，你採用的槓桿程度）而定，你的最佳投資組合將是某種 M 與無風險資產的組合。

市場同意的平均數與標準差（Market agreement on means and variances）

我們假定所有投資者，對每組可能投資組合的平均數與標準差看法一致。

這個假設意味著，每個投資人都在看同一張圖（圖 1.7）。

而且，他們都決定他們應該保有投資組合 M，依他們個人特定的風險規避程度，做某種程度的槓桿化。

第二個主要結果

所有投資者擁有相同的投資組合，但是組合中以無風險資產作爲槓桿的程度不同。

設若一個報酬爲 r_1，標準差爲 s_1 的新投資 I_1 引進市場，則會發生什麼情形？假設一位投資者的投資組合正好爲 M，沒有槓桿。他或她會喜歡 I_1，若

$$r_1 \rangle r_F + \beta(r_M - r_F) \qquad \text{（公式 6）}$$

其中

$$\beta = \frac{cs_1}{s_M}$$

因此，該投資者調整 M 而將 I_1 包括在內。因爲我們知道所有投資者擁有相同的投資組合，每一位投資者調整他的投資組合以包括 I_1。

很清楚地，假若一個投資商品符合公式 6 的要求，它將立刻售盡。而若 $r_1 < r_F + \beta(r_M - r_F)$，它將永無銷路。

因此 I_1 的正確價位是使下式能成立的價格：

$$r_1 \rangle r_F + \beta(r_M - r_F)$$

如果市價較此爲低，需求將使其上漲；如果市價較此爲高，則缺乏需求將使其下跌。這個結論稱爲資本資產定價模型（Capital Asset Pricing Model）。若一新投資與市場不相關，則 c=0，因此 β=0。若 β<1（$cs_1<s_M$），該投資會定價於使 $r_1<r_M$ 之價位。若 β>1，該投資會定價於使 $r_1>r_M$ 之價位。若 c<0，使得 β<0，則我們會得到 $r_1<r_M$。

以上分析，使得原本看來嚇人的計算問題，簡化為下述簡單問題：「抓住市場，適當的槓桿化。」

當我們逐次增加假設時，公式愈來愈不適用於一般狀況。如果你不相信標準差是衡量風險的良好工具，那麼以上的東西沒有一點適合你用的。如果你不相信所有投資者對每組可能投資組合的平均數與標準差看法一致，例如他們各有不同的稅負狀況，則你可以丟掉說明的最後一節。如果你相信物價膨脹的不確定性意味著甚至連國庫券都免不了的風險，則以上大多數的結論是錯的。但是如同許多模型一樣，如果假設相當接近事實，那麼結論也是一樣。

很重要的一件事是要瞭解：資本資產定價模型（Capital Asset Pricing Model）的優雅，源於用來產生模型那些經過簡化的假設。在本系列稍早的叢書裡，我們容許一般性的風險偏好，也未預設立場，假定人們對事物有一致的看法，或是他們完全不同。但是，一般化有它沉重的計算代價。選擇投資組合 M，仍然需要選取該投資組合適當的槓桿。

在效率投資組合間選擇

假定你要在兩個效率投資組合間選擇（choosing between efficient portfolios），其平均數與標準差各為 r_1、s_1，與 r_2、s_2。我們假定你希求投資組合總報酬的偏好曲線（如示圖 4）。在此，我們不準備說明這條曲線從何而來，或者偏好分析是否正確等問題。

我們可以利用一個模擬程式，從一個以投資組合 1 的參數為參數的機率分配裡，抽出亂數，轉換隨機報酬為偏好值，對 I_2

做相同處置，重複 100 次。產生較高平均偏好值的投資組合，爲較佳之投資組合。

如果用手計算，下列區間中數表（表 1.5）將有所幫助。中數是以平均數 r 與標準差 s 的函數表示。

表 1.5

每一區段中數數目	代表值
1	r
3	r+.965s,r,r-.965s
5	r+1.28s,r+.525s,r,r-.525s,r-1.28s
10	r+1.645s,r+1.035s,r+.675s,r+.385s,r+.125s
	r-.125s,r-.385s,r-.675s,r-1.035s,r-1.645s.

範例

那一組較好？有 r_1=10、s_1=20 的投資組合 I_1，或是有 r_2=8、s_2=1 0 的 I_2？偏好曲線如示圖 2 所示。使用五個區間的中數近似值，我們在圖 1.8 中提供了它們的值。

圖 1.8

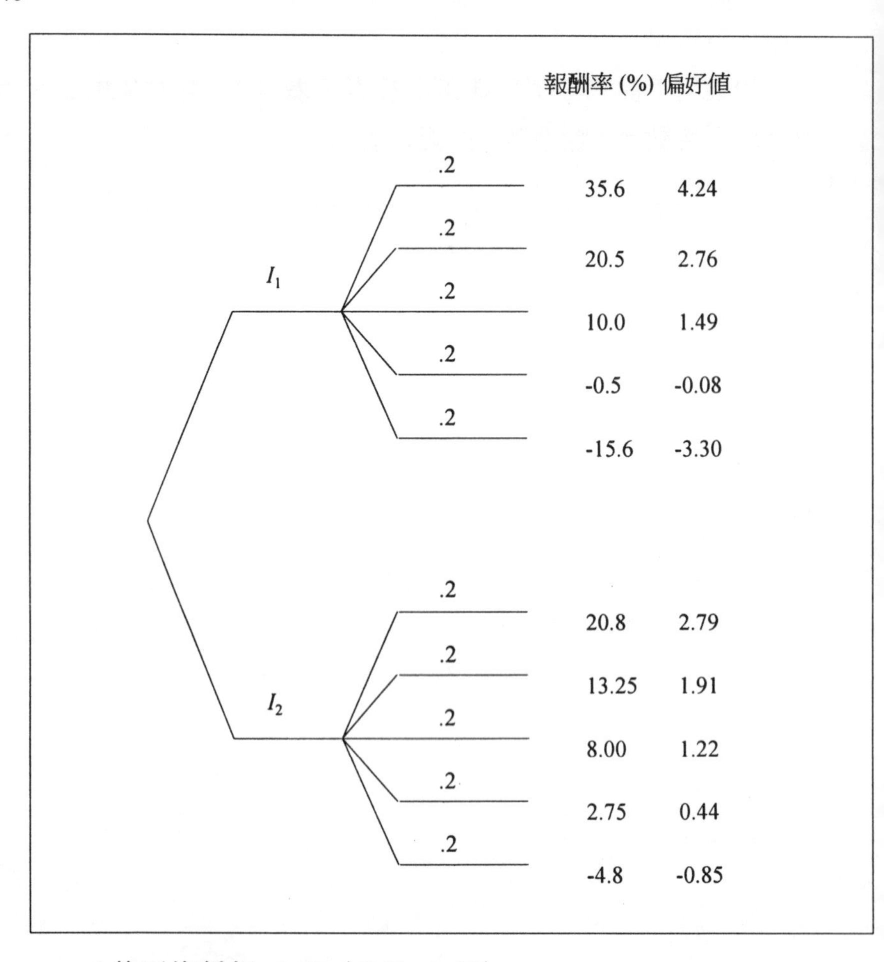

I_1的平均偏好=1.02（C.E.=6.65）

I_2的平均偏好=1.10（C.E.=7.15）

因此 I_2較好。

示圖 3

兩項投資組成的投資組合之變異數與兩項投資相關係數之關係

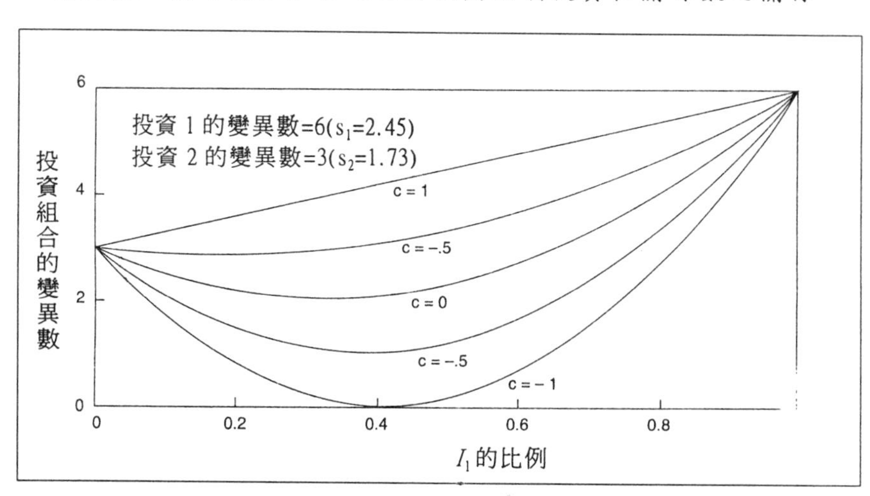

示圖 4

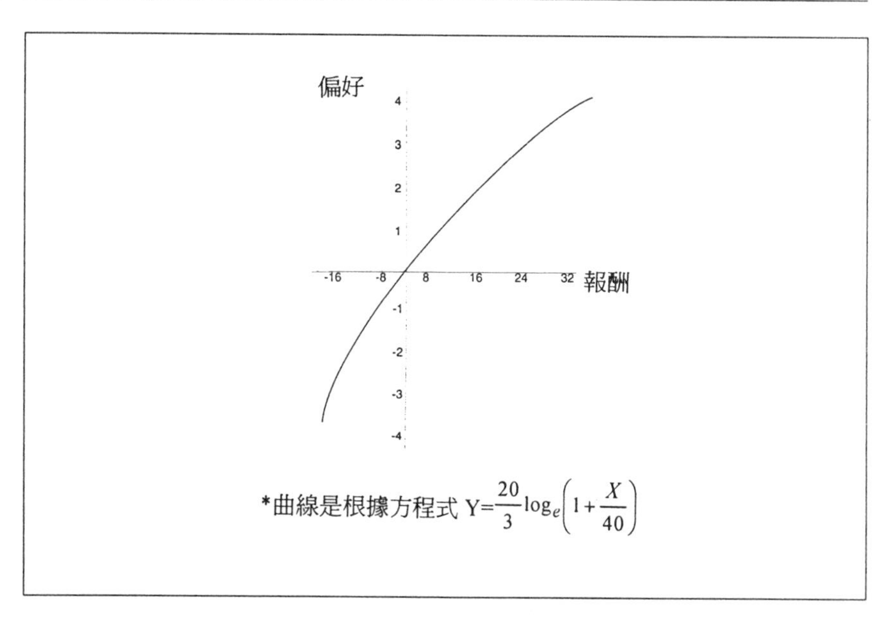

*曲線是根據方程式 $Y=\frac{20}{3}\log_e\left(1+\frac{X}{40}\right)$

附錄 A：兩個投資的風險分析

表 1.6

考慮下面兩個投資，與他們十種可能的結果

	1	2	3	4	5	6	7	8	9	10
I_1	10	4	2	9	15	11	7	10	8	14
I_2	5	2	3	4	10	7	5	3	4	7

I_1的平均數爲：$\dfrac{10+4+2+9+15+11+7+10+8+14}{10}=9$

I_2的平均數爲：$\dfrac{5+2+3+4+10+7+5+3+4+7}{10}=5$

減掉平均數後，我們可以將注意力放在投資的風險上。

表 1.7

	1	2	3	4	5	6	7	8	9	10
I_1	1	-5	-7	0	6	2	-2	1	-1	5
I_2	0	-3	-2	-1	5	2	0	-2	-1	2
$I_1 \times I_1$	1	25	49	0	36	4	4	1	1	25
$I_2 \times I_2$	0	9	4	1	25	4	0	4	1	4
$I_1 \times I_2$	0	15	14	0	30	4	0	-2	1	10

I_1的變異數爲：$\dfrac{1+25+49+0+36+4+4+1+1+25}{10}=14.6$

I_1的標準差爲：$\sqrt{14.6}=3.82$

I_2的變異數爲：$\dfrac{0+9+4+1+25+4+0+4+1+4}{10}=5.2$

I_2的標準差爲：$\sqrt{5.2}=2.28$

I_1與 I_2的共變數為：$\dfrac{0+15+14+0+30+4+0-2+1+10}{10}=7.2$

I_1與 I_2的相關係數為：$\dfrac{\text{共變數}}{\text{標準差乘積}}=\dfrac{7.2}{3.82\times 2.28}=0.83$

相關係數的值從 1 至-1。

數值 0.83 表示該兩投資高度相關。檢視表 1.7 或表 1.8 可看出 I_1與 I_2傾向同時升高或同時降低。

如果我們以一半的 I_1加上一半的 I_2，建構出投資組合 I_3，我們可如表 1.8 計算其平均數與標準差。

表 1.8

	1	2	3	4	5	6	7	8	9	10
I_3	7.5	3	2.5	6.5	12.5	9	6	6.5	6	10.5

I_3的平均數為：$\dfrac{70}{10}=7$

I_3的變異數為：

$$\frac{0.5^2+4^2+4.5^2+0.5^2+2^2+1^2+0.5^2+1^2+3.52^2}{10}=8.55$$

I_3的標準差為：$\sqrt{8.55}=2.92$

我們可直接以書本給的公式直接計算，實施復查：

平均數：$\dfrac{1}{2}r_1+\dfrac{1}{2}r_2=\dfrac{1}{2}9+\dfrac{1}{2}5=7$

標準差：$\sqrt{\dfrac{1}{4}s_2{}^2+\dfrac{1}{4}s_2{}^2+2c\dfrac{1}{4}s_1s_2}=2.93$

附錄 B：風險分析的擴大

註腳 2. 假如有一個爲某投資人所不喜歡的投資方案，其平均數爲 10，標準差爲 20。圖 1.9 所示的賭局也可計算出其平均數爲 10，標準差爲 20。明顯地，它並不爲人所欲求。

圖 1.9

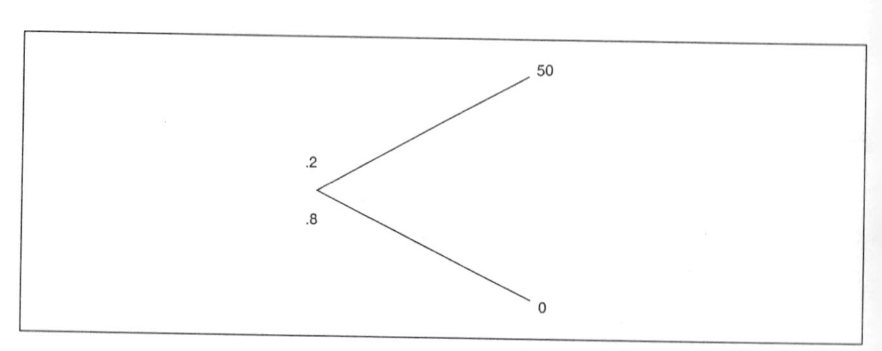

若 r 與 s 爲一盤賭局的平均數與標準差，當 r 爲正值時，則一定可以構建出一場擁有令人渴求的統計值的賭局。見圖 1.10 的一般性範例。這些例子顯示，當報酬分配不是「常態」時，變異數不是個令人滿意的統計值。

圖 1.10

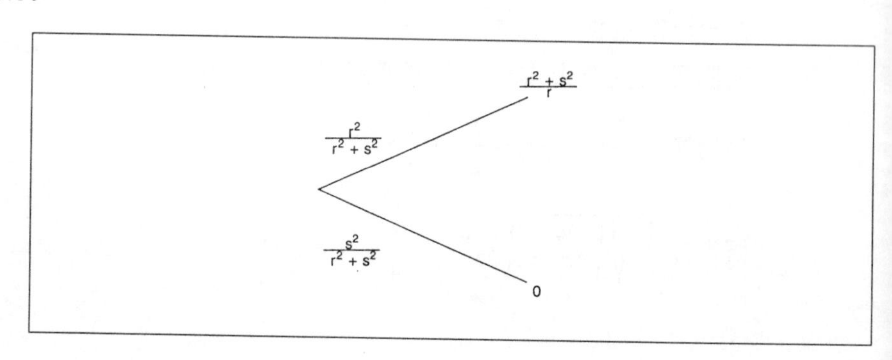

這些例子意味著，對於與「常態分配」相差極遠的報酬分配個案，變異數不是令人滿意的統計數。

註腳 4：公式 2 說變異數等於：

$$k^2 s^2 + (1-k)^2 {s_2}^2 + 2k(1-k)cs_1 s_2$$

可以改寫爲：

$s_2^2+2k(cs_1s_2-s_2^2)+k^2(s_1^2+ s_2^2-2\ cs_1s_2)$

知道微積分的人，可以將上式對 k 微分，並令其等於 0：

$2(cs_1s_2-s_2^2)+2k(s_1^2+s_2^2-2cs_1s_2)$

答案爲　$k = ({s_2}^2 - cs_1 s_2)/({s_1}^2 + {s_2}^2 - 2cs_1 s_2)$

這是教科書裡給的公式。將 k 值代入公式 2，得到最小變異數公式：

$$\frac{{s_1}^2 {s_2}^2 (1-c)}{{s_1}^2 + {s_2}^2 - cs_1 s_2}$$

注意：k 的最佳值可能小於 0 或是大於 1。若是不許賣空或借貸，最小變異數 k 不能小於 0 或是大於 1。若 $cs_1<s_2$，且 $cs_2<s_1$，則最小變異數 k 之值，應介於 0 與 1 之間。

註腳 6：假設 $r_1<r_2$。如果我們以無風險利率借入$b 元而將以槓桿化 I_1，並投資 1+b 於 I_1 之上，我們得到平均報酬爲 $-br_F+(1+b)r_1$，變異數爲 $(1+b)s_1$ 的投資。爲使 $-br_F+(1+b)r_1=r_2$，我們一定要有 $b=(r_2-r_1)/(r_1+r_F)$。因此槓桿化過的 I_1 的標準差爲：

$$1+\left[\frac{(r_2-r_1)}{(r_1-r_F)}\right]s_1 = \left[\frac{(r_1-r_F+r_2-r_1}{(r_1-r_F)}\right]s_1 = \left[\frac{(r_2-r_1)}{(r_1-r_F)}\right]s_1$$

若 $c\left[\frac{(r_2-r_1)}{(r_1-r_F)}\right]s_1 < s_2$，則槓桿化過的 I_1 值是可追求的。

重新安排後，上式就是公式 4。

註腳 7：由 k_1 的 I_1，k_2 的 I_2 與 $(1-k_1-k_2)$ 的無風險利率組成的投資組合，其平均數爲 $k_1r_1+k_2r_2+(1-k_1-k_2)r_F$　(a)

變異數爲 $k_1^2s_1^2+k_2^2s_2^2+2k_1k_2cs_1s_2$　(b)

一個以借入 b 部份的無風險利率，投資 1+b 於 I_1 的投資組合，其平均數爲：$-br_F+(1+b)r_1$　(c)

其變異數爲：$(1+b)^2s_2^2$　(d)

證明的邏輯，在求出若 I_1 不能通過公式 4 的測試：

$$\frac{r_1-r_F}{s_1}<c\frac{r_2-r_F}{s_2}$$

則任何含有正值數量 I_1 的投資組合，比藉一個簡單槓桿 I_2 所產生具有同樣平均數的投資組合，要嚴格得多。也就是說，不管 I_1 達成什麼，只要經過簡單槓桿化過的現有投資組合，其表現都會比較好。爲達成此目的，我將證明只要 (a)= (c)，(b)一定大於(d)。若(a)等於(c)，則

$$k_1r_1+k_2r_2+(1-k_1-k_2)r_F=-br_F+(1+b)r_2$$

或是

$$b(r_2-r_F)=k_1r_1+k_2r_2+(1-k_1-k_2)r_F-r_2$$

所以

$$1+b=k_2+k_1\frac{r_1-vr_F}{r_2-r_F}$$

若 k 爲正數，且

$$\frac{r_1-r_F}{s_1}<c\frac{r_2-r_F}{s_2}$$

則 $1+b<k_2+k_1\frac{cs_1}{s_2}$，所以(d)小於

$$(k_2 + k_1 \frac{cs_1}{s_2})^2 s_2{}^2$$

或是

$$(k_2 s_2 + k_1 cs_1)^2$$

這式將小於(d)，若：

$$(k_2 s_2 + k_1 cs_1)^2 \le k_1{}^2 s_1{}^2 + k_2{}^2 s_2{}^2 + 2k_1 k_2 cs_1 s_2$$

或是

$$k_2{}^2 s_2{}^2 + k_1{}^2 cs_1{}^2 2k_1 k_2 cs_1 s_2 \le k_1{}^2 s_1{}^2 + k_2{}^2 s_2{}^2 + 2k_1 k_2 cs_1 s_2$$

若 $c^2 \leqq 1$，則得證。$c^2 \leqq 1$ 當然永遠爲真。

綜合而言，包括 I_1 的投資組合，不若單藉簡單槓桿化 I_2 而具有相同平均數的投資組合。但是我們已經知道槓桿化 I_2 爲次佳選擇。因此 I_1 不值得追求。

個案：Golden Gate 銀行退休基金[11]

1979 年 5 月，舊金山的 Golden Gate 銀行成立一個新的投資管理部門，專責管理退休基金（retirement fund）資產。雖然該銀行以前曾經經營過獲利豐厚的個人信託業務，它卻從未經管過任何機構資產，而且其機構管理活動對利潤的貢獻是負數。甚至，前五年中，該銀行代管機構投資者的投資報酬全都表現不佳。一般而言，該行的投資管理績效是它過去績效的典型。它脆弱的財務狀況，導致 1979 年 3 月新總裁的任命。他的首要行動之一，就是聘請曾於一家紐約銀行擔任投資分析師的 Janet Beach，編

[11] 哈佛大學商學院 9－182－086 號個案，David E. Bell 教授編寫，©1994 哈佛大學。

組一個新的小組，積極擴展機構財產管理業務。

1981 年 11 月左右，Janet 有足夠的理由對她的進展感到滿意。不但該行所管理資產的報酬，可與其他金融管理機構匹敵，而且她的小組成功的建立了龐大的業務量，為許多大型公司客戶管理超過十億美元的資產。

Janet 構想出使用國際指數基金（International Index Fund）來區隔 Golden Gate 與其他投資管理公司的服務的方法，源於 Janet 的構想。一家日內瓦公司多年來出版世界股價指數，但是從未有人想像到用這種指數化方法去管理基金。Golden Gate 國際指數基金現在是該行眾多重要退休基金中最重要的一環。指數的計算，是將數個主要國家（不含美國）的股價指數，按其資本比重加權後相加而得。例如，日本的權重是英國的兩倍，而英國又是新加坡的十倍。如果美國也加入的話，她的權重，會是日本的兩倍。

Golden Gate 自己的退休基金（retirement fund），現在約價值三千萬美元，是尚未採納國際指數的客戶。退休基金的董事會的成員，全是該行高級主管，他們知道 Janet 小組最近的優良績效，但卻不清楚它的運作。Janet 要求到一個向該董事會報告的機會，準備提案建議改變該基金的管理辦法，這個會議已定於三天後的 11 月 9 日舉行。她想利用這個機會，不但建議啓用國際指數，還要建議啓用該小組另一個成功的創意－選擇權（options）。

從她在泛美大樓的辦公室望出去，Janet 看到夜霧從海灣滑進來，籠罩住建築上銀行的名字與標誌。她的首席投資經理 Ron Meyer，帶著一份文件走進辦公室。她準備用這份文件做為三天後向退休基金董事會報告的基礎，她希望這次是最後的定稿。文件中大部份內容和一般這類型文件沒什麼兩樣，充斥著標準摘要數據。但是她和 Ron 都同意，他們得比平時更留意，讓建議的國際指數與信託賣出選擇權（fiduciary put options）看起來例行的平常。

Ron 已經盡可能精確的，如果不是禮貌性的，選擇他的用詞，當他說：「我們必須絕對確定使他們了解，國際投資與選擇權並不投機。相反的，以他們現在要求的報酬率而論，這樣的做法反而顯得保守。這些傢伙已經把自己實質退休了，不願意看到兩個年輕小傢伙拿他們的退休俸玩大富翁遊戲。你一定得瞭解他們的想法。他們花了四十年時間，活在銀行投資就是保守主義代表性象徵的幻影之中，而現在我們卻要要求他們，讓電腦替他們玩選擇權市場。」

Janet 開始準備她的講稿以前，仔細閱讀了下列文件：

Golden Gate 銀行
退休基金資產分配分析
退休基金董事會會議
1981 年 11 月 18 日

摘要

本分析的主要目的，旨在爲 Golden Gate 銀行退休基金決定適當的投資政策，該政策以長期(十年)資產分配項目方式表示。目前，基金主要投資於三大資產項目上：普通股、S&P500 指數基金與公債。爲減少或降低該投資組合的波動（volatility）或風險，同時提供更多的獲利機會，我們建議把一部份現有資產改分爲 Golden Gate 銀行國際指數基金，同時修訂資產投資策略，採用證券選擇權，以減少投資報酬之波動。

本分析引用的資料，源自 1980 年 2 月呈給貴董事會的報告。該報告指出，6.33%的年投資報酬率，爲涵蓋公司管理基金所耗費用必須的報酬率。

該研究裡，長期期望報酬（long-term expected return）、風險與每種型態或策略間的關係（相關係數）（correlation coefficient），都被輸入一個分析程式中。程式得出所有各種投資組合無法達成 6.3% 年報酬率的機率。也檢查了達成 8%或以上特別好報酬率、虧損（0%報酬率）或發生 10%或更多十分重大損失的可能性。中選的投資政策，爲能使無法達成 6.3%目標報酬率的機率最小，同時又有好的機會，能在十年中獲得 8%或以上報酬率，且有微乎其微的機會發生 10%或以上重大虧損的資產組合。

我們將就 1980 年 2 月退休基金當前三大基本資產工具（普通股、S&P500 指數基金與公債）所做的分析與加入國際指數基金和低波動選擇權／權益投資等新的資產種類後的分析，進行比較。

一如所望地，分析結果證明，運用更多具有低度同向變動、低波動特性的投資工具，將使基金擁有更大分散風險的能力和更小波動的期望報酬，因此，公司從管理基金所得報酬的風險也將更小。

根據本研究的基礎，謹建議採行下表所列 1981 年 11 月分析的資產分配投資政策（asset allocation investment policy）：

表 1.10

	1980 年 2 月的分析	1981 年 11 月的分析
受理的普通股權益	40%—60%	205—40%
指數基金	—	10%
公司債	60%—40%	45%—25%
國際指數基金	—	15%
信託賣出選擇權	—	10%
	100%	100%

像這樣的資產重分配，將會降低基金投資成果的波動性，增進達成 6.3%目標報酬率與 8%報酬率的機率，甚至更能減少招致巨額虧損的可能性。所以，這個策略的總結果，是比目前投資政策更能減少 Golden Gate 退休基金招致低報酬的風險和可能性。

討論

本分析中，提供每單位風險最大報酬（即有效率的）的投資組合計算，係運用各種資產項目的可能報酬水準、報酬之風險或不確定性與不同投資工具所生報酬間已知的關係（相關係數）等假設進行。從這些最佳投資組合的風險與報酬，可以計算出無法達成所望報酬率的機率。

分析裡，長期報酬的假設與市場實證研究結果是一致的。債券的期望報酬被假設的比債券現在報酬稍低，是因爲我們假設未來證券收入將有較低的再投資率之故。權益證券的期望報酬被假設的比債券的期望報酬稍高，這中間的差額也與歷史資料一致。我們也根據使用多重評價模型測試所得到的資料的結果，估計出經管的國內權益證券，會比 S&P 指數至少多出 50 個基點的報酬（如示圖 5）。

有關這兩個投資方案的假設，是故意做的比較保守。因此，我們假設國際指數基金的報酬與 S&P500 指數的報酬相等，雖然前者已經在過去十年中的連續九年，遠超過綜合指數（Composite Index）的報酬。使用 Golden Gate 國際指數基金的理由，摘列於附錄 A 中。

信託賣出選擇權報酬的假設，是根據 Merton 教授（麻省理工學院）、Scholes 教授（芝加哥大學）與 Donaldson，Lufkin，Jenrette & Co.公司的 Mathew Gladstein 先生等人在這方面的研究。這些研究，涵蓋從 1963 至 1977 年的時長，顯示賣出選擇權策略可以產生與純粹權益證券策略相等的報酬，而且風險更小。我們向下修改了報酬的估計值，以反映我們的信念：因為賣出選擇權的定價改變之故，未來賣出選擇權策略的報酬將向下降。最後，分析程式所得到的報酬分配圖中，隱藏著極不平常的假設：上升的風險約等於下降的風險。事實上，下降風險的限制如示圖 6 所示。

本分析中，報酬間的相互關係，是以相關係數矩陣（correlation matrix）表示的。相關係數矩陣裡的數值，為過去十年投資歷史的回應。信託賣出選擇權策略的相關係數，係從 Golden Gate 銀行的資料裡計算而得。示圖 5 摘列了這些假設。

包括國際與信託賣出選擇權策略，又符合先前訂立的要求之最適資產分散投資政策，摘列於示圖 7A。運用擴張過的資產項目，變化各項目不同組成比例，達成目標報酬的機率，如示圖 7 所示。同樣的，1980 年 2 月分析所選擇的最佳資產組合，摘列如示圖 8A。達成不同目標報酬率之機率與各種資產組合間的關係，摘列如示圖 8。比較示圖 7、8，可以看出無法達成先前討論的各類報酬門檻之風險，因為運用基金裡因其他投資方案之故而降低了。注意，這兩種新資產項目的吸引力太大了，所以必須限制其比例不得超出所示之最大值。如此，方可降低風險而不犧牲可能的報酬。以上的觀察，符合投資學中分散風險的基本原則。該原則說，使用的投資方案種類愈多，投資組合的風險愈低，但是不一定會因此而減少報酬。

示圖 5

5 種投資型態相關矩陣

	公司債	S&P	股票	信託指數	選擇權
公司債	100				
S&P500 指數	51	100			
普通股	49	98	100		
金門國際基金	27	50	48	100	
選擇權	47	94	90	46	100
預期年殖利率	8.5	13.0	13.5	13.0	11.0
年標準差	9.1	20.6	21.2	19.0	12.0
最大投資組合百分比	100	20	100	15	10
最小投資組合百分比	0	10	0	0	0

示圖 6

市場報酬與含有選擇權普通股投資組合的報酬

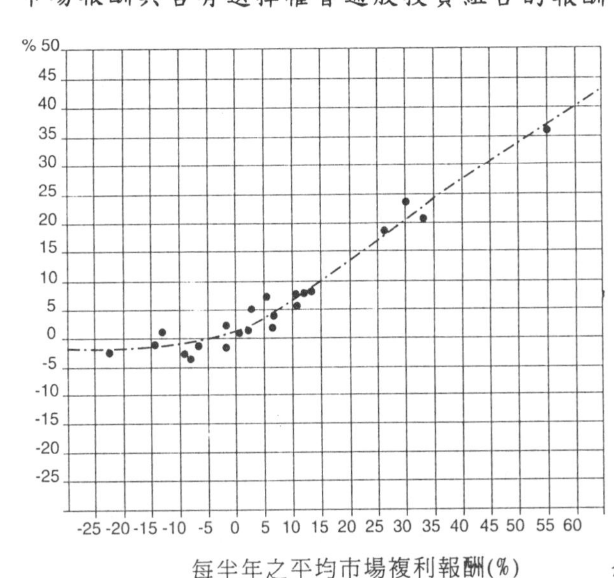

示圖 7

1981 年 11 月，普通股、公司債、國際指標與選擇權的投資組合

最小風險組合確實投資報酬率低於目標報酬率的機率

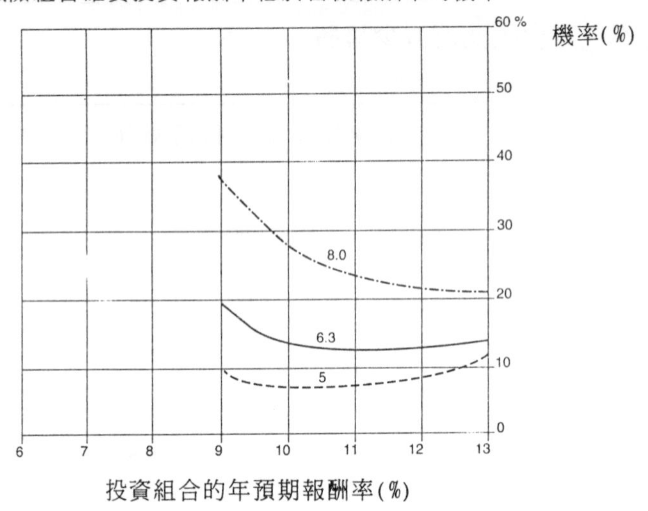

示圖 7A

損失的風險分析—1981 年 11 月
效率前緣上的投資組合，報酬一定風險最小
120 個月的時長

年期望報酬	年標準差	每年報酬低於-10%, 0.0% 5.0%, 6.3%, 8.0%的機率					最小風險之資產組合				
		-10%	0.0%	5.0%	6.3%	8.0%	公司債	S&P	股票	GGIF	選擇權
9.00*	9.3	0.0	0.2	10.1	19.7	37.7	87.7	10.0	0.0	0.0	2.3
9.34	9.2	0.0	0.1	8.2	16.6	33.5	77.1	10.0	0.0	4.1	8.9
9.50	9.2	0.0	0.1	7.5	15.4	31.8	73.1	10.0	0.0	6.9	10.0
10.00	9.7	0.0	0.1	6.4	13.2	27.5	62.2	10.0	2.8	15.0	10.0
10.50	10.8	0.0	0.2	6.6	12.7	25.0	52.1	10.0	12.9	15.0	10.0
11.00	12.0	0.0	0.3	7.1	12.6	23.4	42.1	10.0	22.9	15.0	10.0
11.50	13.4	0.0	0.5	7.7	12.8	22.5	32.1	10.0	32.9	15.0	10.0
12.00	14.9	0.0	0.8	8.4	13.2	21.8	22.2	10.0	42.8	15.0	10.0
12.50	16.4	0.0	1.1	9.0	13.6	21.4	12.3	10.0	52.7	15.0	10.0
13.00	18.0	0.0	1.5	9.7	14.0	21.2	2.4	10.0	62.6	15.0	10.0

*例如，該投資組合之年報酬率為 9%±9.3%，十年平均報酬率低於 5%的機率為 10.1%，這資料也可從示圖 7 讀到。

示圖 8

1980 年 2 月普通股、公司債與現金的投資組合

最小風險組合確實投資報酬率低於目標報酬率的機率

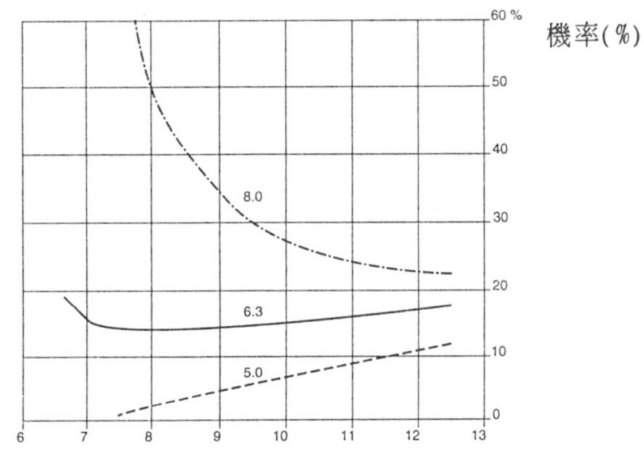

示圖 8A

損失的風險分析—1980 年 2 月
效率前緣上的投資組合，報酬一定風險最小
120 個月的時長

年期望報酬	年標準差	每年報酬低於-10%, 0.0% 5.0%, 6.3%, 8.0%的機率					最小風險之資產組合			
		-10%	0.0%	5.0%	6.3%	8.0%	S&P	*KL1	*KL2	.T.BILLS
6.47	0.5	0.0	0.0	0.0	20.7	100.0	0.3	0.0	3.5	96.2
6.50	0.5	0.0	0.0	0.0	18.7	100.0	0.5	0.0	4.5	95.0
7.00	1.6	0.0	0.0	0.0	12.0	94.4	4.8	0.0	20.9	74.4
7.50	2.9	0.0	0.0	0.7	11.8	67.7	9.0	0.0	37.2	53.8
8.00	4.3	0.0	0.0	1.8	11.8	49.3	13.2	0.0	53.4	33.4
8.50	5.8	0.0	0.0	3.0	11.8	39.0	17.4	0.0	69.6	13.1
9.00	7.2	0.0	0.0	4.0	12.0	33.0	23.7	1.5	74.8	0.0
9.50	8.8	0.0	0.0	5.3	12.7	29.5	32.6	15.8	51.6	0.0
10.00	10.4	0.0	0.1	6.7	13.4	27.5	41.5	30.1	28.4	0.0
10.50	12.2	0.0	0.3	7.9	14.1	26.2	50.4	44.3	5.3	0.0
11.00	14.0	0.0	0.6	9.0	14.8	25.3	61.9	38.1	0.0	0.0
11.50	16.0	0.0	1.1	10.3	15.7	25.0	74.1	25.9	0.0	0.0
12.00	18.1	0.0	1.7	11.5	16.5	24.8	86.3	13.7	0.0	0.0
12.50	20.3	0.0	2.5	12.6	17.3	24.8	98.4	1.6	0.0	0.0

*KL1 與 Kl2 為 Kuhn－Loeb 的債券指數。

為何要做國際投資

仔細分析現有資料指出，經過適當規劃、執行的國際權益證券投資計畫，是美國機構投資者的重要工具，用以提高達成卓越的長期成果的機率。藉著國際投資（international investment）策略分散風險，是美國投資者降低投資風險最重要的工具之一。擁護國際投資論調的精義其實很簡單，但是有力。全世界所有的權益證券市場，絕不會同步同方向變動。每個市場，以不同的程度，有它自身的績效循環，因為不同國家的經濟狀況，受限於不同之社會經濟與政治勢力。既然不同市場的普通股報酬，並不同時變動，就存在著透過分散到不同股票市場間，降低投資組合報酬的不確定性的機會。

國際投資策略的吸引力，有賴於國外權益證券市場的期望報酬與從增加的分散行動中所能降低風險的潛力而定。財務歷史與基本經濟因素都指出，在許多具有投資利益的國家，擁有至少可與美國權益證券市場足可匹敵的未來報酬率。的確，如果歷史還有對未來的啓示，國際投資策略的報酬很可能增進一組美國投資組合的績效。

為何國際投資時要使用指數

實施國際投資時，有一個很強烈的（如果不是壓倒性的）理由採用指數配對策略（index matching strategy）。擁護指數配對策略的論點與支持採用國內指數基金論點十分類似，摘要如下：

- 美國權益證券市場的效率一直有許多研究者予以妥善的

紀錄。

- 一般美國權益證券經理人，無法提供像一組標準買進－持有投資組合所能產生，那麼大的、隨風險而調整的報酬。這種績效缺失的幅度大小，近似管理與交易的成本。
- 國內指數基金的設計，主要是用來消除主動管理成本。
- 遵循指數策略的美國指數基金一直相當成功。在長時期中，指數基金不斷的列名於主動管理權益證券投資組合的前四分之一內。

贊同採用國際指數基金的理由，比贊同採用國內指數基金的理由堅強。美國的協商出的低佣金率結構並不存於外國。國外的佣金成本不但遠大於美國，並且在某些國家，其他像稅賦與保管費等相關得投資管理費用也有相同情形。所以贊成國際指數配對策略，與上述類似但更堅強的理由，列示如下：

- 國際貨幣與證券市場的效率一直有良好的紀錄。
- 主動式國際管理交易與其他成本相對的較高。
- 已經發表的研究指出，一般的國際經理人，無法提供像一組標準買進－持有投資組合所能產生，那麼大的、隨風險而調整的報酬。
- 從公開與其他來源資料顯示，大多數主動國際管理人，一般無力提供類似 Capital International Europe 或 Far East and Australia（CIEFA）指數等標準投資組合的報酬。
- 指數基金提供確定、廣泛分散風險的基礎，可資建立積極的主動策略，因此其與主動管理互補。主動／被動策略的優點，與其在國內日益增多的使用，可透過適當的運用分散式國際指數基金，實現於國際投資計畫之中。

為何選擇 Golden Gate 銀行國際指數基金？

Golden Gate 銀行國際指數基金的重要優點，摘要如下：

獨特

- 是九個國家中，主要的模組化國際指數配對基金。
- 第一個，現在仍是少數其中之一，國稅局核准，可以取得的國際指數基金。

彈性

- 適當的國別權重，可以與 Capital International Europe，或 Far East and Australia（CIEFA）指數配對。
- 可藉改變國別權重，使用其他的投資策略，以滿足特定之客戶需求。
- 可採用與貴金屬或商品有關的投資工具，作為備用資產。
- 可迅速加入尚未列入名單其他國家之指數。
- 由於模組化的基金結構，可採用主動選取國別的策略。
- 美國公司可釘住其海外子公司福利計畫的地方市場指數。

廣泛的分散風險

- 握有將近六百個公司的投資，代表 CIEFA 指數的 92%，北美以外總和權益證券市場的 55%。

- 廣泛的分散風險，消除了基金典型的，因爲偏好多國籍、大型、高報酬率或低成長率公司而產生的偏差。

低成本

- 積極不斷努力朝向降低中間商、佣金、保管費與其他成本至最低可能水準。
- 採用如保證收盤價格的指數基金交易技術。

所有信託服務的單一來源

- Golden Gate 銀行直接提供並管制所有國際投資計畫所需之服務。一位經理負責國際投資的各個層面，所以客戶在下列各點只需和一個人、一個組織打交道：
    - 投資組合之投資管理
    - 外匯交易
    - 國外股利
    - 處理現金流量與應付股利的短期投資基金
    - 收取股利
    - 公司行動
    - 證券保管狀況
    - 績效評量

專業能力

- Golden Gate 銀行國際指數基金自 1979 年 8 月開始運

作，較其他任何國稅局核准的基金都來得更早。

✤ 爲處理許多國外市場不同實務，保護客戶之目的，而特別設計的作業系統，確保了連續不斷提供高品質、沒有麻煩的服務水準。

信託賣出選擇權

起源於芝加哥選擇權交易所 Chicago Board Options Exchange 的交換交易選擇權，帶領大眾逐漸認識選擇權是一種投資工具。交換交易選擇權出現前，傳統看法認爲選擇權本質是投機的，而且僅具投機屬性。大眾逐漸知道各種使用選擇權的正當投資。近年來愈來愈多機構投資者使用選擇權，在退休基金管理中選擇權的使用更是急遽增加。選擇權是個工具，藉著這個工具，權益證券投資的風險與報酬，可以轉移給參與選擇權交易者。比起純粹權益證券投資，選擇權使投資者能在不同水準的風險下，獲致不同的報酬。雖然某些選擇權的用法是投機的，但是其餘選擇權的用法，本質上是保守性的，隱含限定投資風險的審慎投資實務。

信託賣出選擇權

信託賣出選擇權爲選擇權之一種，目前可在公開選擇權市場上市交易。購買賣出選擇權的證券擁有者，在限定的短期內，可以獲得以某一特定價位，賣出他所擁有證券的權利（用選擇權術語來說，選擇權的時長稱爲有效期（Term to Expiration）；購買選擇權的價格稱爲權利金（premium）；賣出選擇權買主所得出售證券的價位稱爲行使權利價格（striking price）。購買賣出選擇權的證券所有人，可以簡單的比擬為購買火災保險的屋主。買進火險可保護屋主避免意外的火災危及他的財務安全。從這個觀點看，購買賣出選擇權就是為擁有的證券購買保險。購買賣出選擇權可保護證券所有者避免遭受證券價格不預期下跌的危害，因為他已經獲得以賣出價格出售證券的權利。購買賣出選擇權的證券所有人，限制了他的投資組合報酬下跌的機會，卻仍維持著投資報酬無限上漲的潛力。

雖然持有權益證券者或得的報酬型態與僅僅持有權益證券拾的型態不同，雖然他限制它的不利風險，他毫無疑問不花成本而獲得不少利益。週期性購買賣出選擇權，將有不可回收的現金流出，很像購買火險的房東每週期付出的保費。因此，雖然投資者限制住他的波動性，他同時也減少了他應該從信託賣出選擇權購買策略應得的報酬數目。然而，那些使用這個策略且投資管理技巧較好的投資人，應該比那些採用相同策略且技巧平平的投資者，獲得較卓越的報酬。信託賣出選擇權策略的運用，並不放棄傳統從管理技巧獲得額外報酬的嘗試。賣出選擇權使用者必須做的決策有：選擇權權利金的吸引力、他希望保護自己的行使權利價格、他希望購買的選擇權期限（term of option）、被保護股票的展望。使用賣出選擇權策略時，投資技巧是必要的。

我們用來定義信託賣出選擇權策略的風險與報酬的材料，有許多都是學術界選擇權學者與專家們長期專題實證研究的成果。我們引用的這個專題研究，以電腦模擬從 1963 至 1977 年間各種選擇權權益證券策略。他們構建各種選擇權權益證券的投資組合，將其風險與報酬，與純權益證券投資組合的風險與報酬相比較。主要的差別，發生在我們根據該研究所得風險與報酬資料進行的預測，顯得較為保守。我們假設的信託賣出選擇權策略的報酬，略低於該研究產生的報酬。很有趣的是，在隨附對退休基金的混和電腦模擬分析中，即使是使用遠比選擇權模擬更差的報酬時，在退休基金投資組合中有一大塊區域，明顯的是信託賣出選擇權的活動區，可以作爲改進風險／報酬抵換（risk／reward trade-off）的工具。

將賣出選擇權視為限期壽險保單

表 1.11

	一般	例證(1981/6/19)
保過險的資產	普通股	IBM
資產現值	普通價值，$S	$57.5
保險條件	賣出選擇權到期前的時間	6個月（1981年12月）
最高保險涵蓋〈政策的面值〉（對承保商的最大損失）	賣出選擇權的價格，$E	$50.00
可抵減數（對受保人的最大損失）	$〔S-E〕	$7.50
保費	賣出選擇權價格／每股	$0.875

*若投資者握有風險性證券，並藉購買該證券之賣出選擇權以避險，則該投資策略稱為「保護性賣出選擇權」，「保過險的權益」或「信託賣出選擇權」。

退休基金要求的報酬率、假設、與敏感性分析

結果：

假設從薪資中提撥的退休金扣款比例不變時，要求的報酬率每年 6.33%

假設：

福利金成長率　每年 8.00%

正常成本成長率　每年 7.50%

基金成立前服務成本分攤　每年$398,000 元

精算報酬率　每年 5.00%

參加人員成長率　每年 4.00%

薪資中提撥的退休金扣款比例（1979 年）　8.80%

表 1.12

公司貢獻的敏感度表

公司貢獻／員工薪資（百分比）	要求的／報酬（百分比／年）
0.0	14.64
1.0	13.63
2.0	12.65
3.0	11.68
4.0	10.72
5.0	9.78
6.0	8.86
7.0	7.94
8.0	7.04
9.0	6.16
10.0	5.28
11.0	4.42
12.0	3.58
13.0	2.74
14.0	1.92
15.0	1.11
16.0	0.31

分散風險的練習[12]

使用圖 1.11 幫助你回答 1、2、3、4 題。

圖 1.11

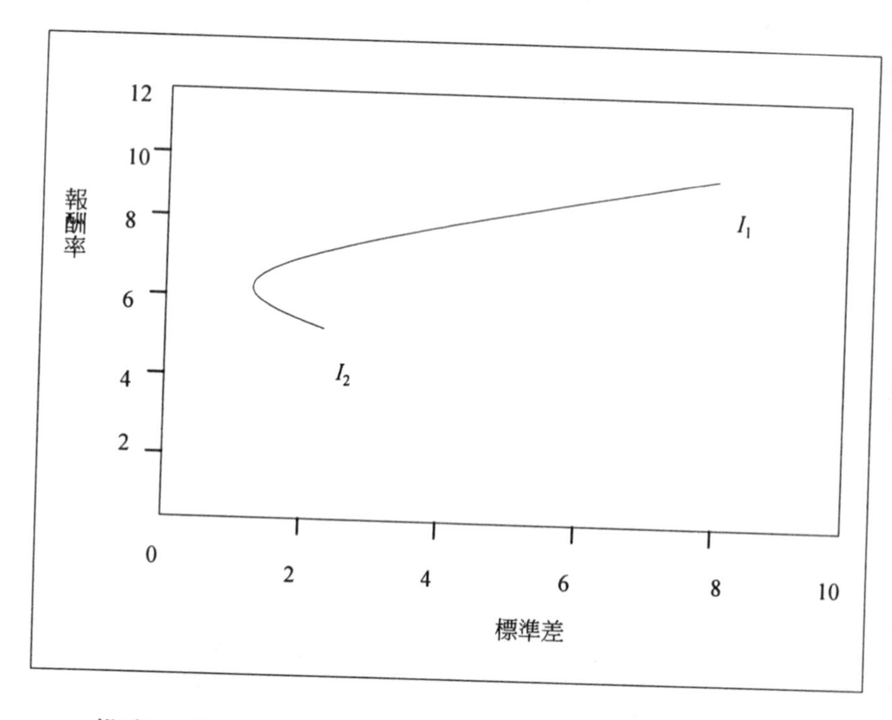

投資 I_1 與 I_2 的報酬估計如下：

[12] 哈佛大學商學院 9－184－115 號紀錄，David E. Bell 教授課堂討論課所準備的練習，©1984 哈佛大學。

表 1.13

機率	I_1	I_2
	15%	3%
	-3%	7%
	22%	4%
	9%	5%
	7%	11%

1. 投資 I_1 與 I_2 的報酬估計如下：

   圖 1.11 顯示所有可能以 I_1 與 I_2 形成投資組合的平均數與標準差（建議最好直接檢查計算過程。如果你這麼做，記住計算器通常認爲他在使用歷史資料，所以它給的標準差值會比正確值大 1.12 倍）。I_1 與 I_2 組合所達成的最低標準差爲何？該投資組合的期望報酬爲何？該投資組合中有多少比例的 I_1？

2. 若報酬率爲 6%之無風險投資 I_0 存在，投資者將會持有多少比例的 I_1 與 I_2？

3. 若投資 I_0 存在，爲何還有人想要持有 I_2（它的報酬率也是 6%，但是有風險）？

4. 假設投資 I_0、I_1 與 I_2 只是許多投資中的三個投資，並且他們均是公平價格，若市場投資組合的平均數爲 13%，標準差爲 12%，計算 I_1 與 I_2 的 β（貝他）值，與他們與市場投資組合的相關係數。

5. 圖 1.12 顯示 6 個假想投資、市場投資組合、與無風險資產報酬的平均數與標準差。

   - 投資 1 是絕對高估了，你如何從圖上看出來？
   - 沒有理由假設其他五個投資的價格不對，解釋爲什麼？
   - 假設投資 2 至 6 是公平價格，哪個投資的 β 值較高？

4 或 2？2 或 5？5 或 6？

圖 1.12

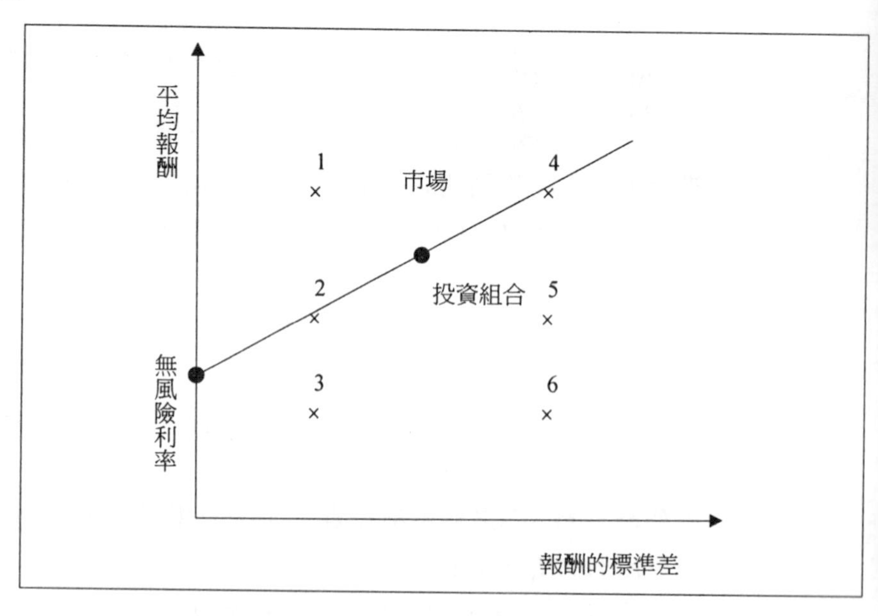

6. 若一事件與市場投資組合的相關係數等於 0，我們稱之爲非系統性事件。（完全）系統性風險是與市場的相關係數爲 1 的風險。下列何者爲非系統性風險？
   - 一架載有整個董事會人員的飛機，在飛往百目達度假旅館途中墜機全毀。
   - 政府廢止公司所得稅。
   - 波士尼亞的內戰結束。
   - 職業安全與健康署（OSHA）決定某種牆壁絕緣材料會導致癌症，因此必須換掉。有 25%的工廠與辦公室使用這種絕緣材料。
7. 假設市場投資組合的平均報酬爲 13%，標準差爲 20%，而無風險利率爲 6%。投資 I_1 在 12 個月後的期望報酬爲爲 1 萬美元，標準差 5 千美元。該資產價值之變動與市場的相關係數是 0.8。明天起，I_1 將開放交易。市政其開市價格應爲 8,113.12 美元。

8. 回到圖 1.11，假設 I_0、I_1、與 I_2 爲三個僅有的投資機會。假設市場組合爲 $\frac{3}{8}I_1+\frac{5}{8}I_2$。若 I_1 與 I_2 各有 1 百萬股流通在外，且若 I_1 現在每股交易價格爲 15 美元，I_2 每股若干元？又 I_2 與 $\frac{3}{8}I_1+\frac{5}{8}I_2$ 的相關爲何？

第 2 章

避險

分散風險（diversification）有賴於「平均掉」（average out）風險。避險（hedge）的觀念，則是找出第二個風險，而該風險可以盡可能的抵銷你已經有的風險。保險公司就是從事於建構這種抵銷性風險（offsetting risks）的行業（那就是保險的真義）。期貨市場（futures markets）也是可用於抵銷性風險的來源。但是，首先要確實決定的是你面臨風險的種類。你當前的揭露（或變影響因素）（exposure）爲何？本章先以一節解釋揭露與避險，繼之以兩個個案挑戰你對揭露的看法。本章也包括遠期契約（future contracts）的簡介、交叉避險（cross-hedging）複雜性的探討與如何規避無法完全抵銷風險的實務。

揭露與避險[1]

許多事務都是不確定的，但是只有那些結果會影響到你的不確定性，才是風險。你不能確定今年年底法郎與美元的匯率（你甚至可能不確定現在的匯率是多少），但這也許不對你構成風險。風險是有關係的不確定性。如果你沒有受法郎影響的資產或負債，如果你不準備進口標緻汽車或是去法國度假，很可能你根本就不在乎現在或未來的匯率。如果你有關心匯率的好理由，你有法郎影響的因素。

第二個問題是，這影響有多嚴重？如果法郎對美元的兌換比例，將從 6 比 1 降至 5 比 1，則對你擁有法郎的影響爲何？揭露分析不會永遠直截了當。你所處部位的不同層面，可能都受到不確定性的影響。例如，你決定「賣空」S＆P 500 時，你希望市場上漲或下跌？下跌會增強你做空部位的價値，但是如果你另有永久投資於股票市場（做多）的個人退休基金呢？如果你因爲市場下跌而覺得做空是令人愉悅的，那你是正確的。但是即使如此，如果市場上漲的話，對你更有利（假設退休基金的部位超過做空的部位）。很快弄清楚揭露程度的方法之一，就是問你自己：「如果我聽到股市（法郎、利率）上漲，我變得更富有或更貧窮？」

當不確定性與你的部位兩者間的關係不明確時，另外的困難就來了。例如，你可能認爲你的法郎將因石油價格變化而大受影響，所以你密切注意石油輸出國家組織會議的進展。但是如果油

---

[1] 哈佛大學商學院 9－186－036 號紀錄。David E. Bell 教授編寫，©1985 哈佛大學。

價上漲了，你如何確定你是更富有或更貧窮？如果你擁有石油股票或石油、汽油的租稅保護，你可能更富有。即使你不使用石油，長期後你會因爲油價對其他能源價格與美國經濟的影響，而遭受不利影響。

你的揭露也可能要視何時漲價而定。所以，定義揭露時，弄清楚所用的假設是很有用的。例如，你可能說：「在今年剩下的日子裡，每桶油價上漲 1 美元，我們的現金流量，每天將減少 1 千美元。」

範例

1981 年 6 月，Madison Wire[2]現有積欠的貸款如下：

$2,500,000 元　利率爲市場主要利率（prime rate）的 70%

$1,600,000 元　利率爲市場主要利率加一碼

$1,000,000 元　利率爲市場主要利率的 65%

Madison Wire 根據波士頓 First National 銀行每季季末定出的市場主要利率，每季支付利息一次。低於主要利率的貸款，由 Industrial Revenue Board 保證，而該公司額外要求那筆 1 百萬元貸款的有效利率，不得低於 8%，或高於 11%。請問，Madison 對主要利率的揭露爲何？

爲避免複雜化問題，我們將忽略主要利率變動對 Madison 其他業務的影響，而將注意力放在貸款利息上面。我們也必須十分清楚，究竟我們在談季利息、年利息或是貸款全時程所有其他未

---

[2] 根據 Madison Wire and Cable Corporation (B)，哈佛大學商學院 9－183－118 號個案。

付利息的影響。再一次，我們選擇最簡單的途徑，只衡量一次季利息的影響。

市場主要利率上升 1%，250 萬美元貸款利息將增加：

$$\frac{1}{4}\times 0.01\times 0.70\times \$2,500,000 = \$4,375$$

160 萬美元貸款利息將增加：

$$\frac{1}{4}\times 0.01\times 1.0\times \$1,600,000 = \$4,000$$

10 萬美元貸款的揭露要看當時市場主要利率而定。如果市場主要利率低於 8÷0.65 或是 12.35%，則市場主要利率輕微上揚並不增加 Madison 的利息。若市場主要利率高於 11÷0.65 或是 16.9%，情況相同。介於兩者之間時，Madison 的揭露為：

$$\frac{1}{4}\times 0.01\times 0.65\times \$1,000,000 = \$1,625$$

事實上，1981 年 6 月的市場主要利率是 19%，所以市場主要利率上升 1%時，Madison 的季利息之揭露為 8,375 美元。

避險

分析完某不確定性的揭露後，現在可以更客觀的思考下列風險管理方案（risk management alternatives）的優點：

- **蒐集更多資訊**　如果不確定性產生的後果對你十分重要，可能值得嘗試去更精確的預測不確定性的數值。很不幸的，這無法改變後果，它只是讓你早點知道後果。
- **影響後果**　如果你有任何改變不確定性結果的方法，揭露分析會告訴你，是否值得這麼做。緩慢駕駛避免車禍就是一個清楚的例證。然而，如果你有影響油價的能耐，你的才華可能可以用到比風險管理更好的地方。

因此，在做完暴露分析後，最主要的風險管理機制（risk management device）是：

✣ **避險** 避險僅僅是一個行動。在行動中，你發起另一個現金流量，該流量的暴露與你現在部位的數量相等，但是方向相反。當然，這樣做總暴露等於零。例如，若你處於每盎司金價上漲 1 美元，你就要損失 1 千美元的部位，那麼買 1 千盎司黃金（這當然要花錢，但是這樣的確會消去揭露）。若你的車報銷後，你處於損失 1 萬美元的部位，那麼買個若車損壞而又無法修復時的車險 1 萬美元。

Madison 該如何規避市場主要利率的風險呢？如果他們有 410 萬美元資本擺在銀行，投資於固定報酬上——當然這是個不太可能發生的情況，他們可以用這筆錢來償還變動利率的貸款。因爲貸款的利率低於市場主要利率；更有利的做法，是以市場主要利率貸出 335 萬美元。正確數額爲 335 萬美元，因爲市場主要利率跳升一碼，將進帳 $0.01 \times 1/4 \times 3{,}350{,}000 = \$8{,}375$ 元。即便沒有可用資本，如果有遠期契約市場（或是期貨市場），Madison 可以避開下幾季季利息的風險。但是，這些市場不存在。

交叉避險

如果不可能產生完美的避險時，可能可以藉著採取傾向與現況反向變動的部位以降低揭露。例如，若你發現你自己買進澳洲先令，但是沒有容易的避險方法，你可能因爲相信澳洲先令與德國馬克雖然沒有正式緊緊綁在一起而有同進同退的關係，但是可以預期多多少少會同步變動，因此決定賣空德國馬克。

令 Y 爲一變數，其值爲你所關心之事（資產部位、現金流量、生存）；X 的值爲不確定性的數值，代表可能可以用來交叉避險的數值（油價、利率水準）。假設你採用一個 X 部位，導致 X 每上漲一單位就損失 k 元，則你的淨部位爲 Y-kX。你應該選擇盡可能減少淨部位風險的 k 值。我們可以比較風險圖廓的分散情形，或是，更正式的，極大化期望偏好值。

對 Madison Wire 而言，國庫券是個可能的交叉避險工具。我們將繼續假設，它有點不很真實地，Madison 還有閒錢可投資於國庫券。我們已經算出，如果釘住市場主要利率計酬，Madison 應該投資 335 萬美元，但是如果釘住國庫券利率計酬，他們應該投資多少？表 2.1 顯示從 1976 年 3 月到 1984 年 9 月的季利率（當然，在 1981 年 6 月時，這表是無價之寶）。表 2.2 顯示市場主要利率與國庫券利率之差（P-T）、市場主要利率與 1.25×國庫券利率之差（P-1.25×T）、與市場主要利率與 1.50×國庫券利率之差（P-1.50×T）。哪一個時間系列的風險最小？

表 2.1

季利率資料（%）

月份	主要利率	國庫券折扣率
1..1976 年 3 月	6.5	4.89
2. 1976 年 6 月	7.0	5.51
3. 1976 年 9 月	7.0	5.07
4. 1976 年 12 月	6.25	4.41
5. 1977 年 3 月	6.25	4.70
6. 1977 年 6 月	6.5	5.01
7. 1977 年 9 月	7.0	5.55
8. 1977 年 12 月	7.75	6.03
9. 1978 年 3 月	8.0	6.40
10. 1978 年 6 月	8.25	6.63
11. 1978 年 9 月	9.0	7.52
12. 1978 年 12 月	11.25	9.166
13. 1979 年 3 月	11.5	9.451
14. 1979 年 6 月	11.75	9.526
15. 1979 年 9 月	12.25	9.855
16. 1979 年 12 月	15.25	11.018
17. 1980 年 3 月	16.75	13.7
18. 1980 年 6 月	14.0	7.675
19. 1980 年 9 月	11.5	10.124
20. 1980 年 12 月	17.75	14.384
21. 1981 年 3 月	18.51	4.103
22. 1981 年 6 月	20	15.675
23. 1981 年 9 月	20	15.583
24. 1981 年 12 月	15.5	10.4
25 1982 年 3 月	16.5	12.43
26. 1982 年 6 月	16	11.52
27. 1982 年 9 月	13.5	8.604
28. 1982 年 12 月	11.5	8.28
29. 1983 年 3 月	10.5	7.944
30. 1983 年 6 月	10.5	8.65
31. 1983 年 9 月	11	9.28
32. 1983 年 12 月	11	8.9
33. 1984 年 3 月	11	9.2
34. 1984 年 6 月	12.5	9.83
35. 1984 年 9 月	13	10.6

表 2.2

	P-T	P-1.25T	P-1.50T
1	1.6	0.4	-0.8
2	1.5	0.1	-1.3
3	1.9	0.7	-0.6
4	1.8	0.7	-0.4
5	1.6	0.4	-0.8
6	1.5	0.2	-1.0
7	1.5	0.1	-1.3
8	1.7	0.2	-1.3
9	1.6	0.0	-1.6
10	1.6	0.0	-1.7
11	1.5	-0.4	-2.3
12	2.1	-0.2	-2.5
13	2.0	-0.3	-2.7
14	2.2	-0.2	-2.5
15	2.4	-0.1	-2.5
16	4.2	1.5	-1.3
17	3.1	-0.4	-3.8
18	6.3	4.4	2.5
19	1.4	-1.2	-3.7
20	3.4	-0.2	-3.8
21	4.4	0.9	-2.7
22	4.3	0.4	-3.5
23	4.4	0.5	-3.4
24	5.1	2.5	-0.1
25	4.1	1.0	-2.1
26	4.5	1.6	-1.3
27	4.9	2.7	0.6
28	3.2	1.2	-0.9
29	2.6	0.6	-1.4
30	1.9	-0.3	-2.5
31	1.7	-0.6	-2.9
32	2.1	-0.1	-2.4
33	1.8	-0.5	-2.8
34	2.7	0.2	-2.2
35	2.4	-0.2	-2.9

避險比例（hedge ratio）

如果我們準備說風險分配的標準差[3]是其分配適當的衡量，那麼交叉避險問題就出現了一個特別漂亮的答案。確實，這對常態（鐘狀）曲線是永遠爲真的。在保險問題裡，標準差可能不是個好的衡量工具，因爲保險給付很少呈 S 形。在我們的例子中，P-T 時間序列的標準差爲 1.3，P-1.25T 時間序列的標準差爲 1.1，P-1.50T 時間序列的標準差也是 1.3。根據這個標準，在這三個可行方案中，出現以 335×1.25=418.8 萬美元，投資於國庫券上，是 Madison 的最佳策略。

變異數僅是標準差的平方。變異數具有下列十分良好的性質：

變異數（kX）=k^2 變異數 X（因此，變異數（-X）=變異數 X）；

變異數（X+Y）=變異數 X+變異數 Y+2 共變數（X 與 Y）；

共變數（covariance）（aX 與 bY）=ab 共變數（X 與 Y）。

從上述式子，可推衍出 Y-kX 的變異數爲：

變異數 Y+k^2 變異數 X-2k 共變數（X 與 Y）

使上式最小的 k 值爲何？你可以用微積分或高中代數去「完全平方」：

$$\text{變異數Y} + \text{變異數X}\left[k - \frac{\text{共變數(X與Y)}}{\text{變異數X}}\right]^2 - \frac{[\text{共變數(X與Y)}]^2}{\text{變異數X}}$$

[3] 標準差、變異數與相關係數的定義，詳見本節附錄。

上式值最小，當 $k = \frac{共變數(X與Y)}{變異數X}$

上式等於： $k = 相關係數(X與Y) \times \frac{標準差(Y)}{標準差(X)}$

也稱爲（Y 對 X）避險比例（hedge ratio）。更重要的是（有啓示性的），避險比例也是 Y 對 X 的迴歸係數的公式，也就是說，若： $Y = b_0 + b_1 X + 殘值誤差$

則 b_1 爲避險比例。使用示圖 1 的資料，我們可以計算 P 對 T 的迴歸。得出 $P = 0.473 + 1.247T$ ，R^2 爲 0.93。

迴歸分析的角色

雖然在揭露分析時，不是永遠可能實施迴歸分析（regression analysis）的（若沒有可用的資料，你就僵住了），但是用迴歸分析來解釋一些觀念是很方便的。再一次，令 Y 爲你的績效衡量變數，X 代表不確定性的數值。在暴露分析時，我們尋求下列形式的關係： $Y = b_0 + b_1 X + 其他的不確定性$

這個方程式說：如果 X 的值爲 5 時，則 Y 等於 b_0+5b_1，加上一個完全獨立於 X 值的隨機項（random element）（其他的不確定性）（the residual uncertainty）。隨機項包括其他所有可能影響你的不確定性。因此，Y 的不確定性，是以完全隨 X 值（未知）變動的不確定數值，加上完全不隨 X 值變動的不確定數值表示之。Y 的不確定性=因爲 X 引起的不確定性+與 X 無關的不確定性。爲了要瞭解 b_1 是正確的避險比例，注意如果我們採取另一個-b_1X 的部位避險，則總淨部位等於：

$$Y - b_1X = b_0 + b_1X - b_1X + \text{其他的不確定性}$$
$$= b_0 + \text{其他的不確定性}$$

所以你不再暴露於 X 了。迴歸分析的 R^2 告訴我們，因爲藉著 X 避險而消除掉 Y 變異數的百分比。

避險和迴歸分析間的關係，也可以幫助我們瞭解其他一些事情：

- **在不同可能避險工具間的選擇** 假如你可以用 X_1、X_2 或 X_3 避險：你應該選擇哪一個？先不管每一個工具的成本，你要找到能使你的淨部位得到最小不確定性的避險。所以，你用 Y 分別對 X_1、X_2 與 X_3 迴歸，然後以得出最高 R^2 的那個變數避險。
- **多重揭露分析**（multiple exposure analysis） 你實在沒有任何理由限制自己一次只能用一個 X 避險。如果你可以使用所有 X_1、X_2、X_3 或其中任何一個避險，你該怎麼做？答案是，做這個迴歸：

$$Y = b_0 + b_1X + b_2X_2 + b_3X_3 + \text{其他的不確定性}$$

然後以 b_1 單位的 X_1，b_2 單位的 X_2，b_3 單位的 X_3 避險。

迴歸分析裡通常會出現的一個困難——因果關係（causality），在此不是問題。我們一點都不在乎，是否 X 的變動引起 Y 的變動，或者是 X 與 Y 湊巧的同時同向變動是因爲他們與第三個變數有共同的關係。

變動性與不確定性

目前爲止，避險的數學運算一直是根據我們想要最小化 Y-kX 的長期變動性（variability）進行。在 Madison 的個案裡，若該公司真的準備將閒置資金反覆投資於國庫券，那麼這樣做是有道理的。一般的情形是，Madison 僅僅只想消除下一期付款的變動性。這兩種不同觀點間的差異，不但巨大而且具有關鍵性的重要性。要瞭解這個問題，假設 Y 變數每年增加 2，X 變數根據投擲一個骰子的結果，每年增加 1 或 2。表 2.3 列出一種可能的結果：

表 2.3

年	1	2	3	4	5	6	7	8	9
Y	10	12	14	16	18	20	22	24	26
X	10	11	13	15	16	18	19	20	22

將 Y 對 X 迴歸，顯示兩者間有強烈的關聯，所以可能需要避險。然而，那是很清楚的謬誤，因為 Y 在事前已經完全決定了：完全沒有不確定性！從表 2.4 列出的 X 與 Y 的預測誤差值，可以看得更清楚。

表 2.4

年	1	2	3	4	5	6	7	8	9
Y	—	0	0	0	0	0	0	0	0
X	—	$-\frac{1}{2}$	$+\frac{1}{2}$	$+\frac{1}{2}$	$-\frac{1}{2}$	$+\frac{1}{2}$	$-\frac{1}{2}$	$-\frac{1}{2}$	$+\frac{1}{2}$

一個較正確較令人滿意，可以指認出正確暴露的迴歸分析，應該是將 Y（所關切變數的數值）對下述變數迴歸：

- 避險時所有已知之變數，與
- 所有可用來避險的變數

例如，如果 Madison 只關心下一期付款時，把眼光放到市場主要利率的歷史波動，那就太過度了。雖然市場主要利率數年中的變動很大，但它從上一季到下一季間的變化通常很小。已知現在市場主要利率，那麼它下一季有多少不確定性？從這個觀點，我們應選擇使不確定性 P-kT 盡可能最小的避險比例 k。對 P-kT 的值我們有多不確定？讓我們限制我們的預測變數爲本季之市場主要利率與本季之國庫券。對任一已知 k 值，迴歸下式：

$$P - kT = b_0 + b_1 LagP + b_2 LagT + \text{其他的不確定性}$$

其中，當我們改變 k 值時，所有係數值也隨之改變。這個迴歸的標準差會告訴我們，P-kT 到底有多不確定。我們選擇具有最小可能標準差的 k 值。求解的方法之一，是就對每一 k 值跑一次迴歸，然後選擇具有最小標準差的 k 值。但是，還有個更快的方法！ 考量這個迴歸式：

$$P = b_0 + b_1 LagP + b_2 LagT + b_3 T + \text{其他的不確定性}$$

按照迴歸的計算法，求出的 b_0、b_1、b_2、b_3 值，將使影響 P 的其他不確定性之標準差最小化。但是，將迴歸式改寫爲：

$$P - b_3 T = b_0 + b_1 LagP + b_2 LagT + \text{其他的不確定性}$$

我們看出這個迴歸也找到 k 值（$k=b_3$），該值使 P-kT 的預測值具有最小的其他不確定性之標準差。

使用表 2.1 資料求出的迴歸爲：

$$P = -0.22 + 0.09 LagP + 0.39 LagT + 0.83T$$

其標準差爲 0.62。

避險不確定性對變動性的效果

我們已經看到變動性與不確定性可能是完全不同的東西。一組時間序列（time series）可以毫無不確定性的變動。例如，一家冰淇淋店可能有相當高的季節性，但也有可預測的銷售量。一組時間序列也可能毫無變動，但不確定。例如，你從未死過，但是你不確定明年這話還對不對。我們現在知道，Madison 避開不確定性風險最好的方法，是使用 0.83 的避險比例。令 F_{t-1} 爲 t-1 期之利率。則 Madison 在 t 期支付的利息爲：$P_t+0.83\ (F_{t-1}-T_t)$。

我們知道這樣避險，降低了 Madison 下一期季利息的風險。但是，Madison 爲以後各期利息的變動性做了什麼呢？假設，爲說明之便，未來利率 F_{t-1} 等於真實利率 T_{t-1}。從資料中，我們發現 $P_t+0.83(F_{t-1}-T_t)$ 的標準差爲 4.2，較 P_t 的標準差 4.2 高。所以，採行降低一種揭露(短期不確定性）行動，卻引起相關揭露（長期變動性）的增加。

範例摘要

Madison 有兩個方法處理它在市場主要利率的揭露。第一個方法，是試著一期一期降低季利息的變動性。這僅能藉借出現金完成：以市場主要利率借出 335 萬美元或以國庫券利率借出 419 萬美元。因爲 Madison 顯然短缺現金，這個方法是不可能的。

第二個分法，是降低每期季利息的不確定性。藉著以國庫券利率借出 0.83×335 萬美元＝278 萬美元（或買進 278 萬美元遠期國庫券——花不了多少現金），Madison 可將其不確定性降低到標準差只有 6/10 的百分之一的機率分配。

附錄 A：暴露與風險

考慮下面變數 X 與 Y 的時間序列資料（表 2.5）：

表 2.5

期	1	2	3	4	5	6	7	8	9	10
X	10	4	2	9	15	11	7	10	8	14
Y	5	2	3	4	10	7	5	3	4	7

X 的平均數為： $\dfrac{10+4+2+9+15+11+7+10+8+14}{10}=9$

Y 的平均數為： $\dfrac{5+2+3+4+10+7+5+3+4+7}{10}=5$

減去平均數後（表 2.6），我們可以藉著標準差的時間序列，觀察其變異性。

表 2.6

期	1	2	3	4	5	6	7	8	9	10
X	1	-5	-7	0	6	2	-2	1	-1	5
Y	0	-3	-2	-1	5	2	0	-2	-1	2
X×X	1	25	49	0	36	4	4	1	1	25
Y×Y	0	9	4	1	25	4	0	4	1	4
X×Y	0	15	14	0	30	4	0	-2	1	10

X 的變異數為： $\dfrac{1+25+49+0+36+4+4+1+1+25}{10}=14.6$

X 的標準差為： $\sqrt{14.6}=3.82$

Y 的變異數為： $\dfrac{0+9+4+1+25+4+0+4+1+4}{10}=5.2$

Y 的標準差為： $\sqrt{5.2}=2.28$

X 與 Y 的共變數為：

$$\frac{0+15+14+0+30+4+0-2+1+10}{10}=7.2$$

X與Y的相關係數為：

$$\frac{\text{共變數}}{\text{標準差之乘積}}=\frac{7.2}{3.82\times 2.28}$$

相關係數之值從1至-1。

相關係數等於 0.83 的意思，表示這些變數是高度相關的。用眼睛檢查表 2.5 或表 2.6，可以看出來 X 與 Y 有同時增加或同時減少的傾向。

個案：Madison Wire and Cable 公司（A）[4]

1980年夏天，Madison Wire and Cable公司的共同老闆 Harold Cotton 與 Bob Bretholtz，正在檢查公司購買、儲存銅的方法。近來銅價震盪劇烈，從每磅 1 美元上升至每磅 1.4 美元，再掉回每磅 1 美元。銅最近的需求不振，但是銅價卻因為銅業的罷工事件而上漲。

背景

Harold Cotton 與 Bob Bretholtz 在 1976 年 4 月，以接近 60 萬美元買下位於麻州 South Lancaster 的 Madison Wire and Cable 公司。Madison 製造電子工業使用的多導體（multiconductor） 與

[4] 哈佛大學商學院 9－182－014 號個案。David E. Bell 教授指導、Michael S. Golden 編寫，©1981 哈佛大學。

低電壓信號纜線（signal cable）。信號纜線用來傳輸電子資訊，與用於提供機械、家電產品電力的電纜線不同。公司生產許多規格的訂製纜線。Madison Wire 生產的纜線可在電腦週邊產品與許多大型電腦的中央處理器中見到。

Harold Cotton 與 Bob Bretholtz 兩人都是具有銅與塑膠的專業技術工程師。他們也都有生產印刷電路板（printed circuit board）的經驗，這種電路板結合銅、塑膠和其他化學品。除了工程學位，Harold 在 1958 年獲得哈佛商學院企管碩士學位。

這兩個人離開 Lewcott Chemical and Plastics 公司後——這公司是他倆創辦，後來賣給一家歐洲企業集團——在 1976 年買下 Madison。他們很快對一家位於麻州 Worcester，宣告破產的 Wil－Tec Wire 公司做了槓桿買斷動作。

最初，Bob 和 Harold 認為他們的交易是賺錢的；然而，設置一個新控制系統之後，他們發現勞工利用率太低與材料耗損率太高，這使得他們每星期虧損 1 萬美元。改正措施於 1977 年初施行。他們把 Madison Wire 的生產設備移到 Worcester 的 Wil-Tec Wire，以避免重複的固定成本。這個決定讓他們報廢許多設備，使 Madison 在 1977 年承受巨大損失。還好，該公司在第二年 6 千 6 百萬美元的銷售額中，獲利 42 萬美元。1978—1979 年，銷售額成長 127%，而獲利率跳升 322%。Bob 和 Harold 希望 Madison 最近的良好表現能延續到可見的將來。

纜線生產

公司的營業循環從每季銷售預測開始。Harold 用該預測預估不同尺寸通用銅線的需求。他然後將這些需求轉換為各種尺寸大小的需要量。Madison 每季購入將近 50 萬磅、超過一百種尺寸的銅線，其中 10—15 種尺寸佔了絕大數量。

因爲所有產品都是訂製的，真正的原料訂單與季初的預測往往不同。如果某些特定銅線的需求較預測高，Harold 會增加訂單，以免存貨落到讓人難過的低水準。接到不預期的大訂單時，Madison 會做特別的原料採購。相反的，若存貨增加時，公司不會採取任何降低原料採購訂單的行動。公司保有將近 40 億磅銅的存量，超過生產線所需。Madison 視原料存貨爲對抗銅價上漲的避險措施。

一旦接獲訂單，Madison 立刻開始生產該訂製產品。一般的前置時間大約介於 8—12 週，視原料存量與訂購纜線的複雜度而定。生產程序首先以塑膠樹脂，通常是 PVC，包裹原料銅線。內涵超過一種銅線的纜線的製造，則是將各種絕緣銅線和材料，包成各種規格。信號纜線通常以絕緣材料區分。每一絕緣器有獨特的電氣、熱力與化學性質組合。

與顧客的合約

Madison Wire 以固定與變動價格合約銷售產品。

固定價格（fixed price）

這種合約大概佔 Madison 銷售量的 25%。在固定價格合約下，公司與客戶訂約，於特定時期內，以特定價格，供應特定長度和規格的纜線。例如，公司最近才訂約，以 71 萬美元賣給一電腦配件分銷商 500 萬呎十種不同的纜線。交貨期爲從 1980 年 9 月 25 日起一年時間，確實交貨日爾後依客戶需求與雙方的協商而定。這份契約將需要 10 萬 4 千磅的原料銅，預估銅價爲每磅 1.02 美元。

變動價格（variable price）

這類型契約中，纜線價格依照交貨時原料銅之價位而反映調整。如同固定價格契約，交貨是在契約期內分批行之。確實交貨日爾後依客戶的時間表與雙方的協商而定。Madison 調整價格的方法，按交貨與訂約時銅價的差異而定。例如，如果 Madison 訂約賣出需要 1 萬磅原料銅的纜線，訂約時銅價爲每磅 1.00 美元，而交貨時銅價已上升至每磅 1.20 美元，則交貨時客戶付出的總價，將比訂約時多出（$1.20-$1.00）×10,000＝$2,000 元。若銅價不漲反跌至每磅 0.80 美元，則交貨時客戶付出的總價，將比訂約時減少（$0.80-$1.00）×10,000＝$2,000 元。因爲銅大約佔了 Madison 產品成本的 21%，這種調整相當影響它的利潤。

與供應商的契約

Madison 在每週四時，至少從它的三個原料供應商中的一家，收到原料銅線的進貨。供應商每週計算一次供應價格，方法是將一個人爲的「加碼」，加上原料銅現在的行情價。雖然原料銅的行情價每週在變，人造加碼一般僅一年一變。每種類型銅線的加碼，爲該銅線複雜度的函數。一般認爲，線蕊數目較多的銅線比數目較少的銅線複雜。

避險

Harold 估計 Madison 的銷售額約可分成 38%的銅線（其中42%為原料銅，58%為加碼），17%的其他材料，20%的製造，12%的固定成本與 11%的利潤。銅線是最大的成本項目，所以他要檢討公司與銅有關的政策。Madison Wire 去年在金屬銅期貨上的投機，大約虧損 1 萬美元。Bob 和他對進一步涉入期貨市場都極謹慎。然而，他倆一直感到奇怪，究竟他們只是運道不佳或是公司裡有關金屬銅期貨的避險政策出了問題。他們也在思考是否有其他的技術——可以單獨運用或是與期貨並用——可以規避銅價波動的風險。最後，他們在想，是否固定與變動價格合約需要不同的避險策略，或是他們可以發展一個兩者都適用的避險政策。

匯率

無論何時，只要你持有外幣資產或負債，在國幣與外幣的相對價格發生擺盪時，你就有獲利或虧損的可能。

通常企業有三種匯率暴露（exchange exposure）

- **交易風險**（transaction risk） 公司同意以 1 百萬法郎賣一部機器給一家法國公司。三個月後才能收進貨款。其間若法郎貶值，公司會發覺它在貼本賣貨。避開這個部位風險最簡單的方法就是在遠期外匯市場賣出法郎。假設現在匯率是 3.8 法郎對 1 美元，遠期外匯匯率是 4.00 法郎對 1 美元。以 4.00／$賣出 1 百萬法郎，公司保證可收到 25 萬美元機器貨款。收到法郎貨款時，將其解送遠期外匯市場，即可完成合約。其間匯率的變化，與該公司完全不相關。

✤ **轉換風險**（translation risk） 如果公司有國外子公司，母公司年終的損益表與資產負債表很可能因爲歲末最後一日匯率大幅波動的緣故——這是經常發生的情況，而大受影響。目前，與此狀況有關的會計準則 FASB52 僅僅規定：母公司之損益表爲子公司損益表之和，有國外子公司時，以現行匯率轉換。資產負債表的情況也一樣，除了一點例外。如果損益表與資產負債表僅僅按照當時匯率轉換，公司可能會發現去年的淨資產加上今年的淨收入，不等於今年的資產。因此股東權益項被用來作爲調整項目。股東權益項下，有一子項說明匯率利得或虧損。

假設法國子公司預期從 1 千萬法郎淨資產中，獲取 1 百萬法郎淨利。母公司十分滿意該狀況，並且希望鎖定利潤。這時，母公司該怎麼做？若他們賣出 1 百萬遠期法郎，則雖可確保利潤值，但無助於資產。若他們賣出 1 千萬遠期法郎，則不但可規避資產的風險，而且如果法郎下跌，尙可獲得大量利潤。FASB52 允許一種跳脫開這類困境的做法：可以選擇附加遠期契約於損益表，這時利潤與虧損都包括在損益表內；也可以不這麼做，這時利潤與虧損跳過損益表，直接列入股東權益中。因此，他們應該賣出 1 百萬遠期法郎的附加契約，和 9 百萬非附加的遠期法郎。

不太爲人所知的舊會計法規 FASB8，遵照美國國內實務做法，以歷史價值條列某些項目（再按歷史匯率轉換），而以現值列出其他項目（再以當時利率轉換），調整項爲利潤值。因此，由於匯率波動對淨資產的效果，利潤值經常被腰斬。因爲不同項目的資產有不同的轉換方式，有許多大功夫都花在怎樣藉著轉移資產項目，來操縱轉換的揭露。例如，若子公司有淨利潤，則可用現金（揭露項目）去建立存貨（揭露項目）。

- **經濟風險**（economic risk）　公司的現金價值，是唯一「應該」相關的揭露衡量。這值也是最難以計算的。子公司的成本與收入都使用相同貨幣，較少遭受匯率風險。如果產品按國際市場定價，則貶值將具實質利益，因爲公司將維持一定數目收入，而費用實際下降了。

降低經濟揭露的方法之一，是盡可能兌換較多的子公司所在國的貨幣，然後盡可能將其價值匯回母國。

遠期幣值的性質

假如今天 1 美元恰好等於一鎊的價值，且一年期的遠期匯率爲每鎊 1.06 美元。如何解釋這中間的差異？與此相關的理論有：

購買力差距（purchasing power parity）

如果新力的隨身聽，在美國價值 50 美元，在英國價值￡50 鎊，若匯率不是$1:￡1，則可藉著將貨品從一國運送到另一國而賺錢。若美國的物價膨脹率是 10%，英國的是 4%，則一年內，新力牌隨身聽應賣 55 美元或￡52 鎊。因此，一年內的匯率應爲$55／$52＝1.06$／￡。

利率差距（interest rate parity）

假如美國的利率爲 11%，英國爲 5%。若我有 1 百美元，我可將其存入美國銀行，一年後收取 111 美元，我也可以用它買英鎊，存入英國銀行，這樣我可淨得￡105 鎊。除非預期一年後 111 美元等於￡105 鎊，上述兩個用途中，必有一個比另一個更富吸引力。若$111＞￡105，則人們會傾向現在買入英鎊，準備一年後賣出。這種壓力使得現在與遠期匯率相互接近，以消除不一致。因此，遠期匯率爲$111／$105＝1.06$／￡。

個案：International Foodstuffs[5]

International Foodstuffs（IF）是一家以美國爲基地多國籍企業的假名，其主要業務爲農產商品（agricultural commodities）的處理與國際貿易。其國際性處理業務包括動物飼料製造、黃豆榨壓（成爲豆粉與油）與穀類加工等活動。貿易業務則包括幾乎所有國際貿易商品。

國際貿易商品價格不斷的因應全球供給與需求狀況而波動，故幾乎以美元計價。IF 的海外部門，通常固定以美元或當地貨幣訂定契約（例外的是，和許多國家的客戶——大都爲西歐國家，其合約以客戶的貨幣計價）。國際貿易商品是數量大，邊際利潤小行業。市場疲軟時，稅前利潤可以低到每噸 0.50 美元。所以，甚至最輕微的匯率變動，都可能讓一次賺錢的交易變成虧損。

[5] 哈佛大學商學院 9－181－049 號個案。David E. Bell 教授編寫。©1981 哈佛大學。

1980 年 7 月 14 日，IF 負責匯率操作的財務幹部 Jerry Grossman，晚了些時間上班。他把桌上待辦公文分類後，發現有三件公文需要立即處置。

第一件是 IF 以每噸 88.3467 英鎊，CAD[6]條件，賣給一家英國穀物商 1 萬噸小麥。IF 目前計畫於 10 月 15 日左右裝船交貨，以趕上合約上書明的 10 月 18 日至 11 月 12 日的交貨「期間」。

Jerry 在他的電腦鍵盤上敲了幾個鍵，螢幕立即顯示英鎊的現在與遠期匯率（如示圖 1）。他注意到英鎊正在打折交易。昨天，Jerry 的分析員之一 Richard Koss 告訴他，英鎊很快就要堅挺。Richard 強烈感覺英鎊的遠期匯率太低了。除了遠期市場（forward market）交易，Jerry 也考慮到貨幣市場（money market）上的避險。就是在歐洲市場借入英鎊和買進美元，然後將美元投資於歐幣。一但拿到小麥貨款，Jerry 會立刻償付他的英鎊貸款。Jerry 再按下幾個鍵，查看歐洲市場當時美元與英鎊的匯率（如示圖 1）。

Jerry 考慮他的方案時，Richard 順道走進他的辦公室，找他談論一筆正在倫敦談判而最近幾天就要完成的採購案。當 Jerry 問 Richard 對那筆英國穀類交易有什麼看法時，Richard 建議暫時不要管它，因爲英鎊絕對不會一直在遠期匯率市場上挨揍。Richard 建議 Jerry 至少等一兩星期再採取避險動作。

Jerry 現在有三個選擇可供考慮：遠期匯率市場避險、貨幣市場避險與暫時不行動。貨幣市場避險隱含著比遠期匯率市場避險稍高的成本，因爲需要透過銀行安排之故。然而，遠期匯率契約有特定的到期日，訂約後再更動到期日以確保連續的保障，需

---

[6] CAD 為 Cash Against Documents 的縮寫。意為 IF 與英國穀物買主訂約，只要 IF 向買方出示貨品裝運文件，即可取得貨款。

要額外付出費用。這是個問題，因爲一直到貨裝船之前，他無法知道確切的交運日期。例如，港口裝卸碼頭可能在 10 月 15 日時擁塞，使得小麥裝船延後。相反的，穀類也可能比計畫日期早一兩天上船。Jerry 面臨的另一個難題，是決定避險的數量。在穀物上船前，他也不可能知道到底有多少商品上船運往倫敦。因爲船隻載重不同，船運合約中對交運數量的規定是彈性的。所以，Jerry 知道運到倫敦的穀物數量可能有合約量上下 10%的誤差。

第二個需要 Jerry 處理的問題，是檢討 IF 巴西子公司的匯率策略。巴西子公司的財務長透過每月電傳報告通知 Jerry，「大量貶值」——也許在 20%左右，已迫在眉睫。雖然巴西政府仍在堅定否認貶值的謠言，根據該國政府建立的連續小幅貶值政策，若干來源的分析認同財務長的看法。

IF 在巴西的業務，包括黃豆處理、動物飼料製造與小麥、玉米、黃豆與其他農產品的國際貿易。處理過的黃豆（豆粉與油）和動物飼料，目前僅在巴西國內市場上市，但是如果國際價格好轉，將恢復出口。雖然國內農產價格受到控制，出口價格則決定於國際經濟與世界大事。儘管巴西對世界農產品的供需影響力與日俱增，IF 巴西分公司的出口價還是受國外因素的影響，通常是美國的市場[7]。

Jerry 心裡記著這些事實，眼睛盯著巴西分公司當期的資產負債表與損益表，和當年的預算書（見示圖 2）。諸多問題中，Jerry 首要解決的是如何衡量 IF 在巴西的匯率暴露。IF 的會計師以現有資產與現有負債之差，計算暴露值。非現有資產與負債是

[7] 黃豆的交易價約$7／蒲式耳。7 月 17 日的匯率是每巴西幣 0.0188 美元，比 1 月 1 日對美元貶值 24%。國內利率約 60%。農業貸款可以極低利率貸到。

以歷史匯率轉換，因此不列入暴露的考量裡[8]。雖然這種算法有其道理，Jerry 認爲未來的交易多少也該列入考慮。另一方面，IF 巴西分公司沒有任何在三、四年內將股利繳回美國母公司的計畫，這讓事情更加複雜。Jerry 不能確定這會怎樣影響他對 IF 的暴露分析，和他如何管理該風險的決定。最後，Jerry 可能的避險戰術範圍縮小了，因爲沒有巴西幣的遠期匯率市場[9]。

第三個需要注意的，是以 25 英萬鎊購買倫敦的一家家禽處理工廠——A.J. Thomas & Sons, Ltd. 之事。併購談判預期在下星期完成，隨後即將簽訂必要的合約。

IF 總部設於美國的家禽部門，六個月前就決定併購 A.J. Thomas。IF 的財務幕僚，分析 A.J. Thomas 後決定，應該由英國分公司——Pickerings Ltd. 穀物處理公司執行併購。在被 IF 併購前，Pickerings 最近幾年來一直遭受到巨額的租稅損失；它帶過來的這些損失，將使它在最近的將來，無法享受到利息費用抵減稅款的利益。因此，IF 的財務部門指示其巴哈馬分公司——IF 賺錢又有現金的分公司，融資給 Pickerings 併購 A.J. Thomas，將其當成一項投資。因爲 IF 巴哈馬分公司向美國報稅，這樣做，是運用分公司原本屬於高稅率的利息收入，替代原本在英國方面高成本的債務支出，而使公司整體有利。

Jerry 必須決定何時和如何將巴哈馬分公司的資金，轉移至英國進行併購，預定併購時間爲 1981 年 1 月中旬（Pickerings

---

[8] 若以美元計算之巴西的長期債務上漲的話。但是，該公司已經與巴西中央銀行約定，IF 巴西分公司存近該行美金，該行則保證以相等匯率將巴西幣兑換美金。巴西政府需要用這個機制，鼓勵外國公司投資於巴西。然而，會計法則規定，長期債務需以當時利率轉換。

[9] 巴西不穩定的經濟狀況，與其政府的連續小幅貶值政策，沒有金融機構願意交換遠期巴西幣。

下一個會計年度的開始）。他也需要決定現在或稍後購買遠期英鎊，還是利用貨幣市場避險。因爲在併購 A.J. Thomas 前，IF 對巴哈馬分公司的閒置資金可能還有其他應用計畫。Jerry 也在考慮，在現金換手之前，暫時不買進英鎊。但是，他擔心 Richard 的看法最後證實是對的，英鎊終於對美元升值。

示圖 1

		歐元（%，每年）		歐鎊（%，每年）	
	美元／英鎊	借入	貸出	借入	貸出
現貨	2.3770				
1 個月	2.3615	$9\frac{1}{8}$	9	$16\frac{5}{8}$	$16\frac{3}{8}$
2 個月	2.3500	$9\frac{1}{4}$	$9\frac{1}{8}$	NA	NA
3 個月	2.3395	$9\frac{5}{16}$	$9\frac{3}{16}$	$15\frac{3}{4}$	$15\frac{1}{2}$
6 個月	2.3225	$9\frac{1}{2}$	$9\frac{3}{8}$	$14\frac{3}{8}$	$14\frac{1}{8}$

NA=無資料

示圖 2

巴西部門

資產負債表	現在	1980 年 12 月 31 日（預測）
資產		
現金	$1,057	$1,160
應收帳款	4,950	4,102
存貨	13,300	9,885
房地產	9,226	9,400
總資產	$28,533	$24,547
負值		
短期負債	$7,008	$3,021
長期負債	2,320	2,200
應付帳款	7,925	5,382
淨值	11,280	13,944
總負債	$28,533	$24,547
損益表（單位：千元）		
銷貨	$51,318	$86,792
銷貨成本	41,940	70,561
其他費用	5,415	7,620
折舊	2,092	2,889
稅金	1,147	2,231
稅後盈餘	$724	$3,491

期貨契約[10]

一位農夫種植 10 萬蒲式耳的小麥，他很關心小麥的收成價格。同時，一位通常在收成季節買進 10 萬蒲式耳小麥的麵粉商，也關心小麥的收成價格。他們能怎麼做？農夫和麵粉商都會很高興以今天的現金價值定好收成價格，但是農夫的小麥尚未長成，而麵粉商也不願付出存貨成本。如果他們彼此相識，他們可以訂

[10] 哈佛大學商學院 9－183－126 號紀錄。David E. Bell 教授編寫，©1982 哈佛大學。

定一份遠期契約，協定農夫同意以現在談妥的價格，將收成的小麥運交給麵粉商，但是貨款於交貨時給付。實務上，農夫不容易找到這麼完美的配對；即使他找到願意買進 10 萬蒲式耳小麥的麵粉商，麵粉商可能需要稍微不同的小麥；也許有相當的地理距離，所以又增加了運輸成本，又因爲不知雙方的信譽，所以又引進了法律成本與行政工作。

期貨市場是匯集買賣雙方的場所，所以農夫與麵粉商彼此可以在此地找到對方。爲了方便交易，只設定幾種可以交易的契約（買賣雙方永遠可以避開市場自行簽約）。契約種類少的優點，是每種契約的交易量會大，這將使價格穩定，因爲大量交易有助於效率市場的產生。

爲了避免互疑，農夫賣出一口契約給交易所，麵粉商向交易所買進一口相等但是反向的契約。交易所負責查核雙方的財務與信譽。因爲買賣雙方總是對等（不但數目相等，而且價格也相等），發生的風險僅有交易所所承擔的風險。爲了減少風險，交易所每日「清倉」。每個營業日終了，沒有誰欠誰的情形：所有買主必須結帳，好像他們已經在當天的交易中，賣出他們的部位。所有賣主也必須結帳，好像他們已經在當天的交易中，買回他們的契約。

事實上，即使在單一日子裡，因爲價格波動的關係，交易所也沒有風險。交易所要求買賣雙方交出約合契約 10%的保證金（margin），如果商品價格變動超過 10%（實務上，價格變動限度，是以分爲單位而非百分比），交易所會停止該項商品的交易，一直到下一個營業日再恢復交易。每日終了，必須補足虧蝕的保證金。成長而有結餘的保證金帳戶則可提款。

所以如果我們的麵粉商以 3.00 美元買進 10 萬蒲式耳的小

麥，他必須立即繳交 1 萬美元現金或是同值的證券給交易所。如果這個期貨契約隨時間推移而上漲至 5.00 美元，交易所必須存進麵粉商帳戶 20 萬美元。因此，無論麵粉商決定在何時買回他的契約（平倉），都不需要額外轉手金錢。然後麵粉商可在公開市場，以大約 5.00 美元的價位購買小麥。因為他在期貨市場賺進 2.00 美元／每蒲式耳，他實質上付出的有效價格為 3.00 美元——他原來鎖定的價位。這就是避險的過程。

當然了，農夫比較不幸運。他必須付 20 萬美元以符合保證金的規定，並且在賣出任何一粒小麥之前，因為股價一直上揚，必須不斷的繳交追加保證金。因此，希望運用期貨市場的農人，通常與銀行簽訂遠期契約。銀行如果願意，它可以自行到期貨市場避險。

標準契約

示圖 3 列出不同交易所目前交易的商品。交易所的交易契約，每一商品有一定數量（如 5 千蒲式耳），幾個特定交貨日期（如 5 月、9 月、1 月），因商品而異。

交易的契約非常詳細。當農夫賣出一口契約，他正在同意，在某特定時間（如五月底前三天內）、特定地點（如在 Kansas 市某特定處所），以特定允許交運形式（如鐵路廂車），交出 5 千蒲式耳的某一品種、某一等級、某範圍內的溼度的小麥。等級與品種輕微的差異是允許的，但有事前限定好的處罰。這樣的寬限，對某些如家畜的商品，是必要的，因為交貨的確實內容（尤其是重量），無法合理的保證。因為標準化之故，每個人都清楚它在買或賣什麼，所以他們所要同意的，唯有價格而已。

契約種類的稀少，再加上契約的標準化，鼓勵許多投機客（speculators）進入這個市場。投機客交易時不需要具有各種小麥品種的細微知識。因爲契約式和交易所簽定，他也不必擔心詐欺或是流動性的問題（在遠期契約中，對方可以選擇無論任何價位都不取消契約）。投機客幫助了農夫與麵粉商，因爲農夫想賣那天，麵粉商不一定在那裡買進。投機客，在賣方多過買方時便宜買進，等候買方多過賣方的機會(時間單位是分鐘，而不是天)。投機客也有了解商品價格的誘因，所以農夫可以合理肯定，他獲得穀價是公平的。這個價格當然不能反映收成時的真實價格，但是在簽約時，它是公平的。

最後真正交貨的合約，不超過 1%。其餘合約在到期日前已經平倉(反轉）。這是因爲大多數買主不需要合約裡訂的特定數量和種類的小麥（比方說），在約定的交貨點當然也不會要了。這種反向誘因，同樣適用於賣主。

範例

一位麵粉商在 1 百天後需要 1 萬蒲式耳的小麥。他擔心那時的價格。現在的現金價爲 2.60 美元。150 天後交貨的期貨價格是 2.70 美元。她可以現在買進小麥，但是存貨成本，將會超過她買期貨契約所多付出的每蒲式耳 10¢（分）溢價。

第 1 日　　麵粉商買進兩口期貨契約。

第 100 日　現金價爲 3.50 美元。50 天交貨的期貨價爲 3.54 美元。麵粉商已在 1 百天中，從保證金帳戶淨收進 10,000×（3.54 －2.70）＝$8,400 元。

麵粉商賣出兩口期貨契約，因而抵銷了她先前的部位。她再向地區供應商按一般途徑，買進 1 萬蒲式耳的小麥。

麵粉商的現金流量如下：

第 1 日　　她存進 10%的 10,000×2.70 或是 2 千 7 百美元於保證金帳戶。她也可從此帳戶獲得利息。或者她也可存進至少值 2 千 7 百美元的證券。

第 2－99 日　她付出或是收進買入契約後的損益數額。本情況中，她收進 8 千 4 百美元。

第 100 日　　她賣出她的兩口契約。除了她領回保證金外，沒有現金轉手。她付出 3 萬 5 千美元買進 1 萬蒲式耳的小麥。因此，她支付的真實價格是（$35000-$8,400）/10,000＝$2.66 元。

注意，付出的有效價格，不完全等於原來的現金價格（$2.60），也不等於期貨價格（$2.70）。這是因爲期貨和現金價格的差額（或稱偏差，basis），在這 1 百天中從 4￠降到麵粉商出場的 10￠。利用期貨市場避險，仍會暴露於偏差風險。

價格的移動（price movements）

一口開放契約到達期終日時，買方可以選擇進貨，或是平倉。若期貨價格低於現金價格，買方較願意進貨。若期貨價格高於現金價格，買方較願意賣出契約，直接以現金購買小麥。賣方的情況正好反過來。若現金價格高於期貨價格，買方較願意買回契約，直接賣出小麥。因爲買賣雙方的數目一定相同，契約期終日的期貨價格一定等於現金價格（事實上，由於交貨之交易成本的關係，這話不一定完全成立）。

期終日前任何時間，期貨合約的價格，將非常接近到期時的期望值。若現貨市場三個月後的期望價格爲 3.20 美元，而當時的期貨價格為 3.10 美元，則可買進三月後到期的期貨契約，預期期滿後將小麥送至現貨市場出售獲利。因為這不是毫無風險的套利，根據資本資產定價模式（Capital Asset Pricing Model）指出，遠期利率與股票市場變動的相關性，影響了現在的期貨價格。縱然這種關係顯著的影響金融商品（不只股票指數期貨而已）和貴金屬，但卻很不可能是農產商品的重大議題。所以，期貨市場提供了社會福利，因為期貨價格代表共同認定的商品的未來價格。

成熟曲線（maturity curves）

任何時間，任一既定商品，都有數口契約，但其到期日不等。一般它們都以兩或三個月為期，延伸至未來數年。以價格與到期日繪出的圖形，稱為成熟曲線。

當你注意到三個月後交貨的期貨價格是$3.35／蒲式耳時，你準備以 3.00 美元賣出 5 千蒲式耳的小麥。對你而言，加上融資和存貨成本，這仍是好生意。所以你賣出一口契約，守住小麥。這樣做，你等於同時將你的小麥撤出現貨市場，刺激現金價格上漲，也壓低了期貨價格。這兩種價格，就這樣調整至期貨價格最多等於現金價格加上存貨成本為止（見圖 2.1）。

圖 2.1

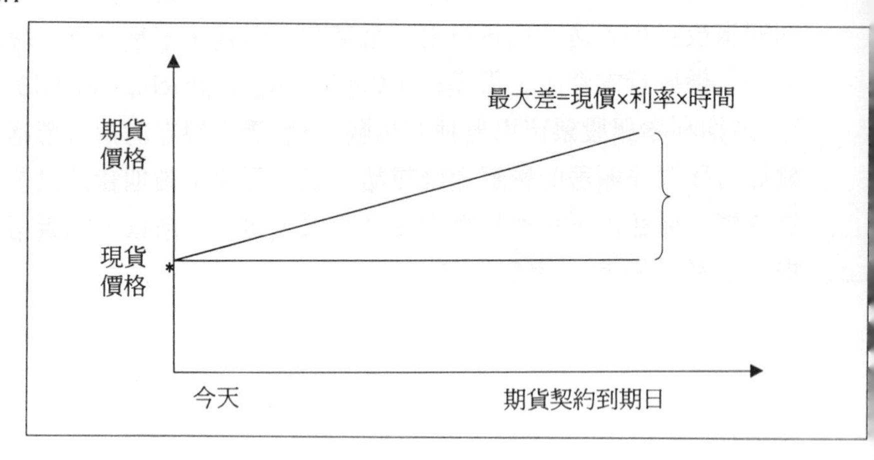

相反的，假如當你看到三個月後交貨的期貨價格是$1.50／蒲式耳時，你準備以 3.00 美元買進 5 千蒲式耳的小麥。你能怎麼做？若你現在就需要小麥，一點也無法從這種情形獲利。而任何一個可以等三個月的人，早已決定從中牟利了。期貨價格是沒有下跌限制的，這種情形經常發生於收成日期介於現在日期與契約到期日期的中間時段。

成熟曲線可以是從星號起，任何斜率不大於利率的直線。注意，因爲利率本身的變動可以預測，斜率也可能隨之改變。對於像黃金之類必須要儲存的商品，其成熟曲線總是如圖 2.1 一樣。

偏差風險（basis risk）

偏差爲期貨價格與現金價格之差。它對避險的重要性，可以從下面例子中瞭解。假設於時間 0 時，成熟曲線如圖 2.2 所示。你在六個月後，需求 5 千蒲式耳小麥。沒有恰好六個月後到期的契約，所以你買進一口八個月後到期的契約。

圖 2.2

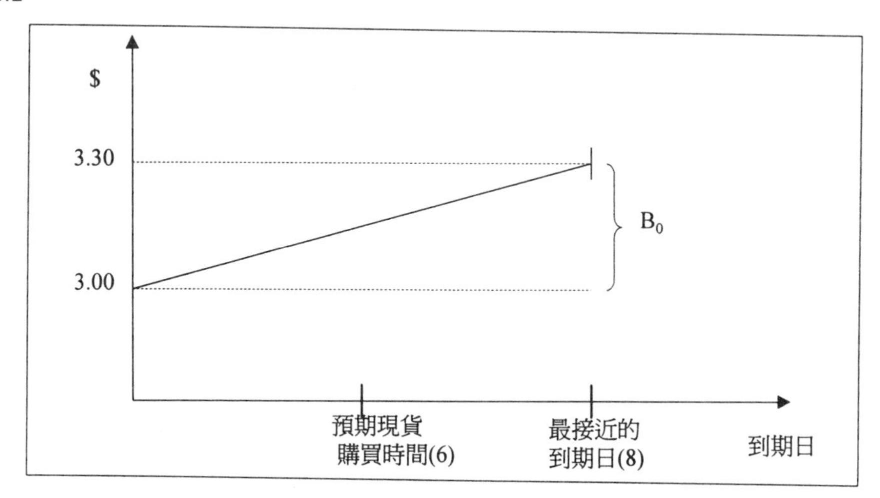

當時現金（現貨市場）（current cash（spot））價格是 3.00 美元。今天的期貨契約價格是 3.30 美元。偏差爲 30¢。

六個月內的成熟曲線如圖 2.3 所示。

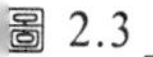 2.3

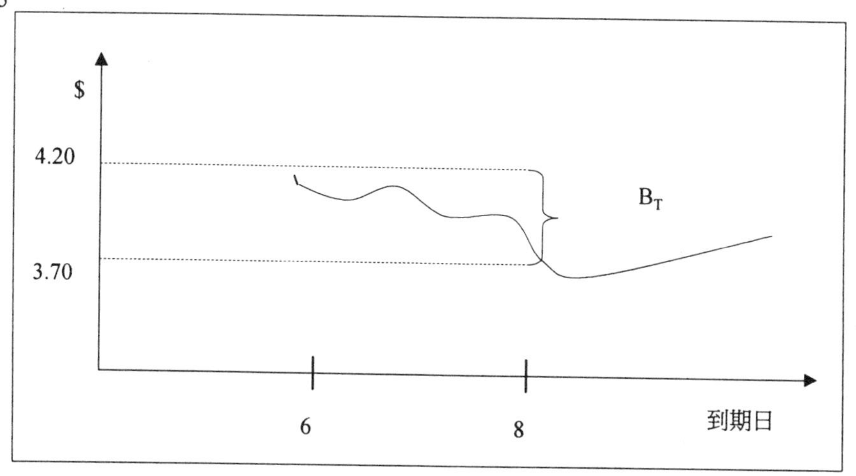

現在的現貨市場價格爲 4.20 美元。最近一口期貨契約價格

（你買的那口）現在爲 3.70 美元。你希望你當初買進的期貨契約與你實際買進的期貨契約，兩者的價格之差爲負 50￠。你整個交易的現金流量爲：-3.30+3.70-4.20=-3.80

買進　賣出　現金
期貨　期貨　採購

現在的問題是，這如何與你希望在當初買進的期貨契約相比較？若成熟曲線不是這樣變化，偏差會拘限[11]於 7.5￠，而你的現金流量將爲：

$$-3.30+4.27\frac{1}{2}-4.20=-3.22\frac{1}{2}$$

你比當初預期的多付出 57.5￠。這種振盪即爲偏差風險。然而，觀察到的偏差之變動性，遠低於價格的變動性。偏差風險是期貨契約的副作用之一（有些商家也做偏差風險契約業務，但是我們不在此討論）。

注意，這種時間性（temporal）的偏差風險，起源於購入到期日不是你所期望的時間契約。你買進（或賣出）的契約，與你真正希望擁有的契約，兩者間的差異，引起偏差風險。第二種偏差風險是地理性的（geographical）。全國各地某類小麥的供需關係，因地區而異。各地的價格差異不至太大，否則將一地的小麥運至他地即可獲利。若你在 Kansas 市買賣芝加哥的期貨，Kansas——芝加哥間是否保持 10￠（比如說）偏差，對你無關緊要。買進時你多付，賣出時你又多賺回來。但是，如果你持有契約時，偏差發生變動，你可能會虧損。若你買進期貨契約時，

[11] 見圖 2.2 的範例。若現金價格僅在成熟曲線上運動，則 6 個月後，它變成到 8 個月的 3/4，將把間隔從 30 縮小到 7 1/2￠。

有 10¢的溢價，但是賣出時，Kansas 市現貨市場也有 10¢的溢價，你的避險，讓你損失每蒲式耳 20¢。幸運的是，這種損失有其上限（主要是一趟 Kansas——芝加哥間的來回票價），除非發生鐵路罷工，或是冬季的暴烈氣候，除去地理性的套利機會。這時，偏差風險變爲無限制。

第三種偏差風險爲交叉產品（cross-product）。農民可能沒有契約裡交易的小麥，若他種的麥類之需求，因爲某些原因而下跌，他的期貨契約價格並不因此而降價配合。契約到期或是他希望賣出時，他必須以遠高於他自己種的小麥所能得到的價格買回契約。他也不能強迫交貨，因爲他的小麥品種不合（在小麥的情況，有可能以其他品種交貨；交易所備有公認的不同品種麥類的溢價／折價表。其他商品不一定可以如此）。

市場圈套（market cornering）

交貨月份來臨時，大多數人逕行平倉。若有人堅持進貨（他們有權這麼做），最後一位平倉的倒霉鬼只有兩個方案：

- 將自己的小麥運到交貨點（費用很高）。
- 找到最靠近交貨點且願意賣他小麥的人，買進後運至交貨點（距離較短）履約（有企業感的人，會專爲此目的而進駐交貨點。他們好似銀行：實體商品不必移動，只動標籤而已）。

現在，假設賣方沒有足量的小麥履約。這時他的命運就在擁有小麥者的手中。如果這位有小麥可賣的人，正是你該交貨給他的人，你就被「圈套」（cornered）住了。據聞，Hunt Brothers 故意買進現貨白銀與期貨白銀，以便他們可以強迫交貨。這些可憐的賣方必須要向 Hunt Brothers 購買白銀來還給他們，以履行期貨契約規定。Commodity Future Trading Commission 爲美國聯邦法規的看門單位（屬證管會轄下），他們的責任即在防止這類情事發生。

愈接近到期日，開放的契約愈少，原已縮小的（時間性的）偏差，因爲低交易量減少了效率之故，開始波動。市場也有畏懼心理，恐怕那人被迫交貨或接貨。因此，多數打算平倉的人，約於到期日兩週前進行。

期貨市場交易商品的性質

下列爲眾所公認成功的市場必須擁有之性質：

- 商品的價格必須會變動。
- 必須有足夠的交易量，以確保連續的價格變化與流動性。尤其：
  - 它不可與現有契約太相似。
  - 它不可爲期過於長遠（沒有太多人對長期契約會有興趣，風險通常只是短期議題）。
  - 契約金額必須大的超過交易成本，成本中包含可能之交貨之內，小的足以誘使人們留住而進行商品交易。
- 必須有些人自然傾向買進或賣出，否則，它只是個賭場（在歷史的理由上，黃金例外）。
- 商品必須可以交付。交貨的威脅，使得期貨價格與市場價格一致，從而維護住避險價值。若交貨不是必然，價格可被最後幾個套住賣方的買主操縱（真正必要的是，決定最後結清價格的客觀方法。股票指數期貨以現金結清，沒有任何投資組合被交付）。

- 商品必須十分標準化，即使在最惡劣狀況下，質的差異尚可藉補償款予以抵消。你無法在期貨市場交易二手車，因質的差異太難以斷定。小麥大致雷同，石油、黃金也是一樣。家畜的差異較大，但是買主如果有補償的話，通常會滿意這些差異。

示圖 3

金屬	肉類	錢幣	穀類
鋁	沒有骨頭的牛肉	英鎊	大麥
銅	雞肉	加幣	玉米
金	家畜	荷蘭基爾德	亞麻子
鉛	家禽	法郎	燕麥
鎳	豬	德國馬克	裸麥子
鈀	豬肚	日圓	裸麥
白金		墨西哥披索	小麥
銀		瑞士法郎	
銀幣		歐元	
錫			
鋅			

財	其他物資	其他食品
商業票據	棉花	可可
商業票據（30 天）	#2 號燃油	咖啡
GNMA	#6 號工業燃油	新鮮雞蛋
美國甲種國庫券	木材	柳橙汁
美國政府公債	合板	馬鈴薯
美國乙種國庫券	丙烷	黃豆
S&P500	塑膠	黃豆食品
價值線	汽油	黃豆油
紐約股票市場		糖
紐約期貨市場		

期貨的練習[12]

1. 1993年3月23日，David Stirzaker同意以7萬美元，在1993年6月11日提供顧客2百特洛伊盎司黃金。Stirzaker現在沒有黃金存貨，擔心到 6 月時，金價可能會遠超過每盎司350美元。運用表2.7爲他決定適當的避險策略。

表 2.7

	開盤	最高價	最低價	成交漲跌	一生中 最高價	一生中 最低價	公開市場 利息
黃金（CMX）－100特洛伊盎司；美元每特洛伊盎司							
1993年3月	331.60	332.00	331.60	331.90－1.00	334.50	326.00	0
1993年4月	332.10	332.00	332.00	332.30－1.00	410.00	325.80	30,920
1993年6月	333.50	334.10	333.40	333.70－ .90	418.50	327.10	30,659
1993年8月	335.00	335.30	334.80	335.00－ .90	395.50	328.50	13,654
1993年10月	336.50	336.80	336.50	336.50－ .80	395.00	330.80	2,056
1993年12月	337.60	338.30	337.60	338.00－ .80	402.80	331.70	14,103
1994年2月	339.80	339.80	339.30	339.50－ .80	376.80	333.80	5,874
1994年4月		－	－	341.00－ .80	360.00	335.20	3,795
1994年6月		－	－	342.50－ .80	383.50	339.40	2,667
1994年8月		－	－	344.20－ .80	351.80	341.50	3,215
1994年10月		－	－	346.00－ .80	346.00	344.00	1,219
1994年12月	348.30	348.30	347.70	348.00－ .80	383.00	343.00	2,552
1995年6月		－	－	354.50－ .80	352.00	351.00	744
1995年12月		－	－	362.20－ .80	403.00	358.00	752
1996年6月		－	－	370.70－ .80	482.70	446.20	362
1996年12月	379.60	380.00	379.60	379.90－ .80	380.00	379.60	389

估計成交量38,000；星期一成交量35,817；公開市場利息113,001，-215

黃金，特洛伊盎司		現金價格	
Englehard工業純金	333.11	333.82	339.63
Englehard飾金	349.77	350.51	356.61
Hardy & Harman基本價格	331.90	332.60	338.40
倫敦固定價格上午331.90下午	331.90	332.60	338.40
Krugerrand，荷耳	a333.50	334.50	341.25
Maple Leaf，特洛伊盎司	a343.50	344.50	350.75
美國老鷹，特洛伊盎司	a343.50	344.50	351.00

華爾街日報，1993年3月24日，星期三

[12] 哈佛大學商學院9－184－113號練習。David E. Bell教授編寫，©1984哈佛大學。

2. 假設 Stirzaker 在 1993 年 6 月 11 日關閉他的部位，運用表 2.7 與表 2.8 計算他在該交易的淨現金流量（不必計算小的交易成本）。

表 2.8

	開盤	最高價	最低價	成交漲跌	一生中最高價	一生中最低價	公開市場利息
黃金（CMX）－100 特洛伊盎司；美元每特洛伊盎司							
1993 年 6 月	370.50	371.20	363.00	366.10－3.50	418.50	327.10	2,586
1993 年 8 月	371.50	373.50	364.50	367.50－3.50	395.50	328.50	87,245
1993 年 10 月	373.10	374.80	366.00	369.20－3.60	395.00	330.80	4,811
1993 年 12 月	375.00	376.50	367.50	370.80－3.70	402.80	331.70	33,058
1994 年 2 月	376.30	378.10	369.50	372.30－3.80	390.00	333.80	9,040
1994 年 4 月	379.90	379.90	375.00	373.90－3.90	393.00	335.20	5,741
1994 年 6 月	381.00	381.00	371.50	375.50－4.00	392.50	339.40	4,447
1994 年 8 月	382.60	382.60	377.50	377.30－4.00	394.00	341.50	3,218
1994 年 10 月		－	－	379.20－4.10	391.30	344.00	2,093
1994 年 12 月	387.20	387.80	377.00	381.30－4.20	400.00	343.00	11,274
1995 年 2 月	384.00	384.00	384.00	383.60－4.30	400.00	368.00	1,100
1995 年 6 月		－	－	388.60－4.30	401.50	351.00	1,819
1995 年 12 月	394.00	394.00	394.00	396.60－4.40	415.00	358.00	1,155
1996 年 6 月		－	－	405.20－4.40	422.00	370.90	453
1996 年 12 月	417.00	417.00	417.00	414.30－4.40	440.00	379.60	488
1997 年 12 月		－	－	435.30－4.40	453.00	406.00	384

估計成交量 50,000；星期四成交量 31,663；公開市場利息 168,949，-4,034

黃金，特洛伊盎司		現金價格	
Englehard 工業純金	371.63	372.08	340.83
Englehard 飾金	390.21	390.68	357.87
Hardy & Harman 基本價格	370.35	370.80	339.60
倫敦固定價格上午 331.90 下午	370.35	370.80	339.60
Krugerrand，荷耳	a368.00	371.00	344.50
Maple Leaf，特洛伊盎司	a379.00	382.50	354.00
美國老鷹，特洛伊盎司	a379.00	382.50	354.00

華爾街日報，1993 年 6 月 14 日，星期一

3. 重複問題 1 與問題 2 的作業，但是該固定價格契約的到期日改爲 1993 年 8 月 27 日。（運用表 2.9）爲何期貨契約到期日從 6 月改爲 8 月後，Stirzaker 的利潤減少了？

表 2.9

	開盤	最高價	最低價	成交漲跌	一生中 最高價	一生中 最低價	公開市場利息
黃金（CMX）－100 特洛伊盎司；美元每特洛伊盎司							
1993 年 8 月	368.10	368.10	368.10	369.30+1.30	409.00	328.50	194
1993 年 10 月	370.40	371.20	369.40	370.30+1.30	411.50	330.80	10,572
1993 年 12 月	372.20	373.00	370.80	372.10+1.30	414.00	331.70	108,915
1994 年 2 月	373.50	373.60	373.20	373.80+1.30	415.70	333.80	15,769
1994 年 4 月	375.10	376.20	375.00	375.50+1.40	418.50	335.20	5,726
1994 年 6 月		–	–	377.10+1.40	417.20	339.40	7,601
1994 年 8 月		–	–	378.80+1.40	415.00	341.50	3,853
1994 年 10 月		–	–	380.60+1.40	417.00	344.00	2,592
1994 年 12 月	380.30	382.00	380.30	382.50+1.50	426.50	343.00	9,455
1995 年 2 月		–	–	384.40+1.50	411.00	368.00	2,865
1995 年 4 月	386.20	386.20	386.20	386.40+1.60	425.00	386.20	1,337
1995 年 6 月		–	–	388.50+1.60	430.00	351.00	2,409
1995 年 12 月		–	–	395.30+1.60	439.50	358.00	1,468
1996 年 6 月		–	–	402.70+1.60	447.00	370.90	694
1996 年 12 月		–	–	411.00+1.60	443.00	379.60	577
1997 年 12 月	429.50	429.50	429.50	430.70+1.60	477.00	406.00	465

估計成交量 19,000；星期四成交量 42,985；公開市場利息 174,495，+1,941

黃金，特洛伊盎司		現金價格	
Englehard 工業純金	370.53	372.53	341.23
Englehard 飾金	389.06	391.16	358.29
Hardy & Harman 基本價格	369.25	371.25	340.00
倫敦固定價格上午 331.90 下午	369.25	371.25	340.00
Krugerrand，荷耳	a372.00	371.00	342.50
Maple Leaf，特洛伊盎司	a382.00	381.00	351.50
美國老鷹，特洛伊盎司	a382.00	381.00	351.50

華爾街日報，1993 年 8 月 20 日，星期一

4. 解釋這三個表中黃金未來價格所呈現出來的簡單趨勢。每年漲價的速率約有多少？現在，解釋表 2.10 中玉米未來價格的趨勢。

表 2.10[13]

	開盤	最高價	最低價	成交	漲跌	一生中最高價	一生中最低價	公開市場利息
穀類（CBT）5000 蒲式耳；分／每蒲式耳								
1993 年 9 月	233	234 1/2	230 3/4	234	+1	271 1/2	217 3/4	29,182
1993 年 12 月	238 1/2	241 1/2	237 1/4	241 1/4	+2 1/4	268 1/2	225 1/4	173,441
1994 年 3 月	247 1/4	249 3/4	245 3/4	249 1/2	+1 3/4	266 1/2	232 3/4	28,790
1994 年 5 月	252 1/2	254 3/4	250 1/2	254 1/2	+1 3/4	270 1/2	238 1/2	9,198
1994 年 7 月	255	257 3/4	253 1/2	257 1/2	+2	270 1/2	241	10,247
1994 年 9 月	248 1/2	250 1/4	248 1/2	250 1/4	+1 1/4	259	240 1/2	957
1994 年 12 月	243	244	241 1/4	243 3/4	+ 1/2	255	236 1/2	9,262

估計成交量 40,000；星期四成交量 63,394；公開市場利息 261,077，-2,432

華爾街日報，1993 年 8 月 30 日，星期一

5. 一個銅線製造商把它的企業安排的，只要他爲開工中的工作的需求在現貨市場上購買銅線時，他都不會暴露在銅價的風險之中。因爲運輸罷工的威脅，他定了四個月的供應量，預計下星期送達。儘管他採購了這麼大量的暫時存貨，他如何運用期貨市場保持他一貫的零暴露部位？

避險的練習

在本練習中，忽略交易成本、稅金、金錢的時間價值等等的

[13] 表 2.7－2.10 均由 The Wall Street Journal 授權再版。©1993Dow Jones & Company, Inc.。

效果。同時，假設以六個月後到期的遠期契約，買進或是賣出小麥是可能的。

1. 一個農夫種的穀類可在六個月後收成。他不確定收穫時的市場價格，也不確定他最後的收穫量。下列何者，若是有的話，是對一位傾向規避風險農夫的忠告？
   - 一貫的事先賣出平均（期望的）總收穫量。
   - 絕不事先賣出比最小可能總收穫量更多的數量。
   - 絕不事先賣出比最小總收穫量的最大值更多的數量或是比最小總收穫量更少的數量。
2. 因為天候、疾病與其他怪異的原因，一位農夫種的穀物將生產 1 萬、1 萬 5 千或 2 萬蒲式耳，三者機率相同。收穫時的現金穀價，有相同的機率出現每蒲式耳 3、5 或 10 美元的價位。他現在可以以 6 美元的價格，事先賣出所有或是一部份的穀子，並可在現貨市場補足不足部份。假設他只能再現在或是在收成時交易。看著風險分配，運用你自己的判斷決定，在每種狀況下，他應該事先賣出多少？
   - 價格與產量獨立時。
   - 產量大時，價格高；產量小時，價格低。
   - 產量大時，價格低；產量小時，價格高。
3. ABC 麵粉廠與 XYZ 麵粉廠在同一地區直接競爭。兩廠傳統上以高出小麥買進價格 50%的價格賣出麵粉。除非競爭對手的成本較低，否則兩廠都不會改變這個政策。當對手的成本較低時，他們要不就是提供類等的價格，要不就是損失大部份的客戶。現在，小麥六個月的期貨價格為 4 美元，並且 ABC 相信六個月後小麥的現金價格，有同等機會是 2 或 6 美元。如果 ABC 準備使用期望值標準作爲決策準繩，他們應該爲多少比例的小麥避險，若：

- 已知 XYZ 準備事先買進他們所有的小麥。
- 已知 XYZ 不準備事先買進任何小麥。
- 已知 XYZ 準備事先買進 f%他們所需的小麥。
- ABC 判斷 XYZ 要不就是先買進所有的小麥（機率爲 p），要不就完全不事先買（機率爲 1－p）。

個案：Southwest Lumber Distributor[14]

1979 年 9 月下旬，Southwest Lumber Distributor 的銷售經理 George Simpson，正在檢討一件大型潛在契約的條件。一家大型達拉斯建商——Plainview Homes 的採購長 Dave Butler，最近找到 George 提出一項奇特的交易。Plainview 提議向 Southwest 買進一百萬才呎的建屋木料，現在商定價格，六個月後，即三月份交貨。Butler 解釋說，Plainview 計畫從明年春天起，在達拉斯東北地區建造大約一百個單位房屋。如果 Simpson 能在九月開出可以接受的固定價格，Plainview 很樂意向 Southwest 採購所有所需木料。因爲近來建築材料價格飛漲，Plainview 對成本非常注意，急於事先盡量鎖定最大部份的建築成本。

Southwest Lumber 遵循產業行規，僅於交貨前三至四週承諾售價。只要可能時，它採用 PTS 定價法，即價格於交貨時生效

14 哈佛大學商學院 9－180－134 號個案。David E. Bell 指導、Robert L. Vaughan 編寫，©1980 哈佛大學。

（Price in effect at Time of Shipment）。因此，沒有任何批發商或是零售商買主，會暴露在訂貨與交貨這段期間價格大幅波動的風險之中。然而，Butler 要求在九月開價三月交貨，顯然是要Southwest 承擔價格風險。但是他曾表明 Plainview 願意在Southwest 平日的直接販售價格之上，再加高 3%。同時，他也暗示：考量這麼大批的採購，Plainview 預期一個有競爭力的價位。

George Simpson 開始思考他的可行方案。他首先查詢紀錄，讓自己熟悉他可能要負擔的價格風險幅度。他比較所要木料——#2 松木，2×4 大小，在過去八年中，每年九月間與次年三月間的出廠價格。他最壞的恐懼被證實了。

表 2.11

	9月	3月	美元（$）	百分比（%）
1971	135	147	12	9
1972	153	175	12	14
1973	201	166	（35）	（17）
1974	118	125	7	6
1975	134	180	46	34
1976	197	193	（4）	（2）
1977	278	238	（40）	（14）
1978	237	247	10	4
1979	319	?		

非常明顯的，這筆交易非常可能是大筆的投機利得或是大量的損失。假若給 Plainview 的報價接近九月份的水準，資料很清楚顯示：過去八年中的五年，他會在春天以更高價格交貨。因爲Plainview 喊出的邊際利潤很小，任何輕微的價格上揚，都將抹光他的利潤。1975－1976 的情形就是個可能發生災難的例證。但是，超額利潤的潛力仍然存在，如 1973－1974 和 1977－1978所示。Southwest 在那些年裡以報價迅速和價格低廉聞名。

Simpson 知道另一個方案，是等到春天再行必要之採購。Southwest 可以現在買進木料，儲存到交貨時。但是，這麼大量的採購，有緊繃存貨與交貨能量的威脅。Simpson 也聽說過批發商運用期貨市場規避交易風險的事。雖說 Southwest 以往從未用過期貨，他想，就 Plainview 案這未嘗不是個好的應用。他要求他的助理，Bob Webster，深入研究期貨避險技術與買進木料儲存的經濟性。表面上，Plainview 案看起來風險重重，但是 Simpson 相信，可以事先預測產業的主要發展方向，再從中找出公司絕對不可錯失的良機。

公司背景

Southwest Lumber Distributor 是由 Greg 與 Bill Simpson 兩兄弟於 1952 年創立，爲兩兄弟緊緊控制的一家公司。Southwest 原先服務德州中、北部和大部份的奧克拉荷馬州的木料零售市場，擔任工廠與零售商兩者間的中介者角色。公司總部設在達拉斯市區，擁有一組約在六至十人左右的旅行推銷員和一些辦公室人員。推銷員直接受 Bill 領導，打電話給責任區內的木材零售商，熟悉他們的特別需求，並將其訂單轉報回達拉斯辦公室。

Greg 率領一個三人組成的採購小組，根據接到的訂單，透過綿密的合約工廠網路下單採購。約有一半的訂單下到德州、路易斯安那州，與阿肯薩州的工廠，其餘訂單則優先給美國西部或是加拿大的工廠。Greg 有辦法在不斷的溝通中，將訂單下到有存貨的，甚至是有剩餘品急於出清的工廠。Southwest 的採買組熟悉生產每一類木料品質最好的生產商。品質差異的原因在於不同的木材來源和生產實務。

對品質的關心極其重要，因爲 Southwest 希望透過出貨品質，區隔出自己的服務。銷售員受到指示，專注於擁有高品質存貨的工廠，並勸導其他廠家升級他們提供的產品。因爲品質之故，Southwest 得以從其服務中，掌握較一般稍高的利潤，但其平均從不超過 5%。這樣低的利潤，銷售量自然是關鍵問題，但這有時和品質導向的要求衝突。然而，Southwest 仍在 1950 與 1960 年代，因爲能幹的銷售與採購和營業區內住宅建築穩定的成長率，而成長茁壯。

與 Plainview 的交易案

Bill 的兒子 George Simpson——最近升任的銷售經理，根據市場競爭情況，考量 Plainview 的建議。他不知道達拉斯附近有沒有其他能夠在六個月前報價的批發商。他懷疑這樣的生意是否能將 Southwest 的銷售合約工作，發展到他覺得可能達成的獲利範圍內。他同時也完全了解這個政策所隱含的價格風險，他決定檢討助手準備的有關儲存方案與期貨避險方案的資訊。

採購與存貨

Southwest 從未對公司的存貨政策（inventory carrying costs）做過系統化的分析，但 Bob Webster 用公司紀錄和他自己最好的估計，準備好一組數字。存貨成本中最大一項，是週轉資本投資。Southwest 通常爲短期資金需求，付出市場主要利率加上 2%的利率。雖然市場主要利率最近高漲到 15%，Bob 相信它在幾個月內即將下跌，並且不願付出 17%的資金成本。他決定 15%的利率，以一年計算，是適當的週轉資金成本估計。他然後接著考慮其他與存貨有關的成本：各種稅負、保險、和每年的固定資產折舊。根據存貨週轉率的歷史紀錄，他得出下列各項存貨成本佔存貨價值比的估計：

稅負	1/2%
保險	3/4%
折舊	2%
資金成本	15%
	18%每年，或每月 1.5%

現在，根據儲存木料六個月的成本資料，George Simpson 可以發展出給 Plainview 的報價了。Plainview 案的成本，在未加進 Southwest 的利潤前，有下列三項：貨品材料成本、相關的六個月存貨成本與 Southwest 的交貨費用。目前，Southwest 的貨品材料成本為$325／M（一千才呎）。其中包括$320／M 的 FOB 工廠價減掉 5%的佣金，加上$21／M 的運費。Simpson 在$325／M 的成本上，加進約$30／M 的存貨成本，與$5／M 通常公司估計的工地運貨費用。結果算出，未加上 Southwest 的利潤前，給 Plainview 的春天交貨成本約為$360／M。對這類型的訂單，Southwest 通常要求 5%－7%的利潤率。

接著 George 又將這個報價與現在交貨的報價相比較。這種數量的訂單，通常安排直接從工廠運貨到 Plainview 的工地或廠房。這種情況下，George 會報價$325／M 的交貨成本（和運到 Southwest 的廠房相同），外加 3%－5%的利潤率。George 懷疑 Plainview 願否付出春天交運的$35／M 溢價。建商沒有儲存木料到春天的設施，這解釋它對 Southwest 的提議。若是這$35／M 溢價的固定春天報價不被接受，Southwest 剩下的選擇就是拒絕建議，或是冒險去賭春天的價格。基於最近的價格表現（見表

2.12），Simpson 很不願意現在就報出六個月後才能定出成本的價格。同時，他也將 Plainview 案視爲引進行銷技巧，增進 Southwest 所需競爭衝力的大好良機。他想期貨市場是否可爲他的困境提供解答。

期貨避險

George Simpson 閱讀過助手整理的避險材料後，他的樂觀心情高漲。他看出所謂的「買進避險」（long hedge）絕對適用於 Plainview 案。理論上，任何危及他在九月與次年三月間的短期現金投資的價格波動，可被他買進期貨部位的抵銷性變動所沖抵。這種效果，當然顯現於在三月到期的合約截止日，現金價格與期貨價格合而爲一的事實之上。他從相關的歷史資料中證實這個理論：

表 2.12

	1971	1972	1973	1974	1975	1976	1977	1978
三月的期貨，清倉	115	182	168	118	151	180	223	213
淨批發價	114	179	169	114	151	179	217	220

表中顯示出來的類似性，並不讓他感覺驚奇，因爲他相信精明的商人會以套利行動，套取上漲差額。Simpson 仍爲如何規避非期貨契約商品的風險而困擾。他懷疑南部松木和期貨價格合而爲一的動作是否會發生。

最後決策

George Simpson 覺得他已經得到他所能蒐集的所有資訊。他現在必須決定是否接受 Plainview 的提議。準確的說，他面臨兩個決策。他首先要提出給 Plainview 的報價(相關成本摘列如下)。Simpson 知道競爭因素將對他所能決定的價格有所限制。以目前 $325／M(外加利潤) 的市場交貨價格，他確信 Plainview 一定會拒絕這個價格，和相關的買進儲存策略。無論他的報價爲何，Simpson 必須決定是否規避報價的風險。他不太確定如何找出 Southwest 的關鍵風險因素。他認爲這整個想法，或許是指出公司重建競爭優勢的行銷實驗。同時，他也瞭解公司的競爭地位，尙未下滑到必須擔負重大風險的程度。

成本摘要

運送成本：（至 Southwest 倉庫或是 Plainview 的工作地點）

$320／M 現在工廠的 FOB 價

（$16／M）減 5%配銷商佣金

<u>$21／M 加運貨至達拉斯地區</u>

$325／M

給 Plainview 的報價：

春天交貨	現在交貨
$320／M（同上）	
$30／M 存貨成本	
<u>$5／M 交貨費用</u>	______
$360／M	$325／M
利潤邊際 5%－7%,$18－$25	利潤邊際 3%－5%,$11－$18

期貨的資料：

100,000BF 的契約約等於四車的南方松木。

交易成本：（每千才呎）

佣金	.55	大約每個契約$55
邊際基金	–	無機會成本
管理費用	.45	概估值
	1. 00	

價格序列

示圖 4 顯示年度價格資料，與期貨契約背後的南部松木、北部期貨與西北部品種在九月至三月間的變化。

示圖 4

現金與期貨價格的歷史紀錄

	9月	3月	美元（$）	百分比（%）
南部現金波動*－9月與下一年3月的FOB工廠價，每MBF				
1971	135	147	12	8.9
1972	153	175	12	14.4
1973	201	166	(35)	(17.4)
1974	118	125	7	5.9
1975	134	180	46	34.3
1976	197	193	(4)	(2.0)
1977	278	238	(40)	(14.4)
1978	237	247	10	4.2
1979	319	?	—	—
期貨波動**－9月訂約合約在下一年3月到期日的價格				
1971	95	115	20	21.1
1972	132	182	50	37.9
1973	117	168	51	43.6
1974	111	118	7	6.3
1975	129	151	22	17.1
1976	168	180	12	7.1
1977	192	223	31	16.1
1978	204	213	9	4.4
1979	234	?	—	—
北部現金波動－9月與下一年3月的FOB工廠價格				
1971	113	120	7	6.2
1972	149	188	39	26.2
1973	176	178	2	1.1
1974	121	120	(1)	(.8)
1975	134	159	25	19.0
1976	174	188	14	8.1
1977	211	228	17	8.1
1978	239	232	(7)	(2.9)
1979	285	?	—	—

*根據1978年Random Lengths年鑑的報告。

**根據華爾街日報1971－1979年的報告。

第 3 章

風險與報酬

目前爲止，我們在本書中均隱含假設降低風險不需要付出成本：唯一的挑戰，只是如何想出降低風險最好的方法。通常風險只能在一定成本下降低。若價格過高，顯然還是忍受風險較好。這種風險——報酬間的抵換，是風險管理中最困難的課題。我們在本章中，將展示如何穿透這種僵局。本章提供三個個案，個案中的主角都在這些問題上奮鬥。想透這些個案，將能讓你瞭解這類問題的複雜性。完全瞭解可能支出的機率分配，只是開頭而已。

人壽保險

從前，過世工人的同事代表喪家募款的做法，不啻是一種有限度的社會保險。礦工間流行的安排，可以鼓勵較多的捐助：每有礦工去世，每人一次交付一筆金錢到基金裡，這基金則歸屬於下一個死去工人的家庭。

美國人大約持有全世界 70% 的保單。這個統計數字，雖然第一眼看到十分驚人，但是當你坐下來，思考誰比較可能買這種保險時，其實並不奇特。社會主義經濟體系相信爲生者提供生存所需，是國家的責任，而非死者的。開發中國家的人民，因爲太窮，即使存有保險機制，也負擔不起保費。這樣只剩下西歐、日本、澳洲和北美洲。美國的特別，是在她擁有的大批中產階級，恰好是人壽保險最大的買主。窮人靠社會安全維持家庭，富人不需要保險。那些生活水準與展望完全繫於一人未來收入的家庭，正是最需要保險這份收入的人。[1]

購買壽險最普遍的理由是：

1. **提供死亡費用**（death expense）　死亡可能很昂貴。不僅要付出像醫藥費（也許已經另外保過險）、葬儀費等直接成本，此外還有如讀大學兒女飛回家的機票費、家庭其他工作者損失的收入、國際電話費等間接成本。律師通常收取處置資產價值 5%的費用。
2. **提供償債所需**（clearance of debts）　家庭主要收入者去世後，兩種最重要的典型債務是房屋貸款與州和聯邦的房地稅。幸運的是，這兩者多少相互抵銷，因爲高價的房地，通常屬於自有。貸款愈多，房地價值愈低，因此稅額愈少。
3. **提供死亡時的變現能力**（provision for liquidity at death）項次 1 和 2 提及的費用，可能在喪家能力所及之內，但是也許大部份資產難以變現。在這個悲哀的時刻，並不是出外爲家裡的銀器尋找好價錢的時機。即使保險公司沒能立刻付現，用保單向銀行貸款通常是極簡易之事。

[1] 哈佛大學商學院 9－182－139 號紀錄。David E. Bell 教授編寫，©1981 哈佛大學。

4. **替代過世者的收入**（replacement of earned income of deceased） 對大多數家庭而言，這是單一最重大的財務打擊——過世者收入佔家庭收入比例低者是例外的。例如，退休的人通常沒有或較少收入，若退休俸收入因爲配偶的去世而大幅減少，則需要人壽保險替代過世者的收入。另一個例外是當生存的配偶能夠外出工作時。
5. **作爲儲蓄的手段**（as a method of saving） 有些壽險保單，允許被保險人在保險期內，可從累積保費內借款。未償還之借款之本金與利息，則從死亡給付額內扣除。這類政策也有放棄價値，在三十年左右也許視同等於死亡給付。這種形式儲蓄的優點在於累積的利息收入是免稅的，僅在放棄保單贖回現金時，利息才需扣稅。

不是只有直接買入人壽保險，才能保險生命。許多公司的團體貸款中，即含有員工壽險，通常保費爲薪資的微小乘數。

人壽保險公司

一般的人壽保險公司，可分爲兩類結構。共同壽險公司（mutual life insurance company） 視自己爲被保險人的集合體，被保險人實質上就是公司的股東。經營保險（underwriting）的利得，不是保留就是變做股利分給股東，通常與保費成比例。另一類型，則與一般公司的結構相同。股利付給或可是被保險人的股東。

壽險公司受政府嚴密監視，以確保存有足夠的儲備金，因應未來經過保證的保險給付。儲備金通常不成爲問題，因爲保費從加入保險的那一刻起即開始繳交，而保險給付則發生在被保險人死亡之後，並且死亡是平均分佈在這時期當中。

所以，公司有兩條賺錢的途徑：保險業務本身和運用浮動保留盈餘所作投資的報酬。全美國最高的大樓屬於保險公司所有並不是巧合，最近紐約的泛美大樓才讓大都會壽險公司買下，售價4億美元現金——這只是他們流動資產中的一小部份而已。

一般而言，若將壽險公司的投資報酬部份拿掉，其保險業務是收支相抵的。壽險公司的利得是手上持有儲備金的時間價值。

人壽保險種類

定期（term）壽險和終身（whole-life）壽險爲兩種最流行的人壽保險類型。

定期壽險

這一類型保單對生命的保險，完全一如火險對房屋的保險一樣。一次事先付清的保費，提供一段特定期間對生命的保障，通常爲一年。保期終止時，若被保險人尚未死亡，共同壽險公司通常會付給被保險人股利。股利大小不事前保證，而是隨壽險公司在那段期間經營定期保險的損失情況而定。國稅局視股利爲應稅收入項目。

因爲每一次續約形同訂立另一張保單，重複使用定期保單的被保險人，將因爲年齡逐漸增長，而必須支付快速成長的保費。示圖 1 顯示一家主要的共同壽險公司，對於一位到 1981 年 1 月爲止，年滿 35 歲，健康狀況列於良好項下，所要求保費的費率。相對於 55 歲的 972 美元保費，意爲任何 55 歲、健康情況良好的老年男性或是任何自 35 歲起即連續參加定期壽險的 55 歲男性所需繳交的保費。

終身壽險

回報從簽訂契約開始，即繳交固定年保費的被保險人，壽險公司在其死亡時，將一次付給適宜之受益人固定額數的保險給付。終身人壽保險的特性，是保險一件確定要發生的事。

這種保單也有股利（dividends），通常由壽險公司保留，或是用來減抵保費，或是用於增加保險給付總額。另有一種稱爲有限期數保費（paid-up）的變形終身保單，其年保費固定但金額較高，可是僅需付至事先決定好的某一年齡，如 65 歲。股利若用來購買其他保險，則不必扣稅。示圖 2 顯示年付 1,792 美元，可使示圖 1 的 35 歲男子獲得終身保險 。

終身保險固定保費（level premium）的特性，意爲保險早期支付的保費要高過真正所需，但是這樣做是必要的，這樣才能彌補晚期過低的保費。從而產生如何處理被保險人死亡前終止契約的問題。可能的方法有：

- 付給被保險人除去管理費與被保險人已消費之保險所有費用之後而剩之本息，這稱爲保單的現金價值。
- 重新以已繳保費計算其可購入之終身保險。被保險人不再繳付保費，但可於死亡時獲得經過保證的、較低金額的有限期數保費保險給付（見示圖 2），和與其相應的股利。

示圖 2 圖示之有限期數保費保險，爲股利用於購買其他保險時，保留於公司的有限期數保費保險總金額。

放棄價值（surrender value）的引進，是 1850 年代麻州保險官 Elizur Wright 提倡的結果。壽險公司相當關心這個做法，因爲有逆向選擇（adverse selection）的問題（健康不佳的人較不願意取消保單）和因爲若在國家發生金融危機時，突然蜂擁而至的大批解約，即是公司本身也會產生流動性的問題。後面這個問題，因爲解約起六個月等待期後付款規定的引進，阻礙了爲了短期流動性而解約的情形，而獲得解決。

定期壽險與終身壽險

雖然沒有理由把自己局限在兩種類型其中之一的保險——很多人兩者都投保，經常有的問題是，投保哪種保險較好？

定期保險顯然對於只有短期保險需要的人較爲有利。定期保險對有現金流量問題的人也比較好，因爲初期的保費低的多了。定期保險對一些特定團體——雖然健康，但可預期死亡較早，也是較爲有利。過去自殺曾被用爲不給付的理論基礎，但是現在這個例外，僅在起約內兩年內有效。然而，高危險群比較偏好定期壽險的逆向選擇認知依然瀰漫著，若是屬實，這將導致高費率。定期壽險費率較高，比較具有說服力的理由，是進出率，因爲它增加管理費用。的確，因爲許多人只買短期保單，管理費用增加，結果處罰到那些希望長期使用定期壽險的人。定期壽險的管理費用，原本就比較高，因爲 25%的第一年保費全都作爲佣金，付給賣出保單的代理商了。在終身保險，這個數字是 50%，但是因爲保費較高，即使終身保單不再續約，公司仍然有利可圖。只要終身保單續約，代理商將可連續四年收到每年 11%保費金額的佣金。但是，注意，示圖 1 所示保單保證被保險人續約權利，只要他連續投保，即使健康急遽惡化時也一樣。

定期壽險的缺點，是對老者的保費急遽上漲，所以「正在最需要給付時」，保險反而難以求得。終身壽險提供的互補優點，是因爲物價上漲，使得實質保險成本在保險期間（與被保險人的生存期間）逐漸下降。保單的現金價值，也提供被保險人擔保的來源，若他以後需要貸款時，簽定保單時，壽險公司同時授予貸款，利率在同時決定。在 1980 年代，這個特性創造了許多加保人，它們可以 4%的利率貸款。也是因爲這種特性，讓很多終身壽險購買者，將它視爲強迫儲蓄的方法之一。有人卻認爲，這些強迫保險，若由個人投資也是一樣好（涵蘊著這樣反而有更高報酬），而利得可用來繳付定期壽險晚期較高的保費。

有人說終身壽險客戶的保費較低，因爲定期數保險的高保費，意味著較早死亡的人多付許多保費。重複購買定期保險的買主，承受了可能由於死前惡化的健康狀況，因而在臨死前失去財力可及的保險，終身壽險因此具有「確保可被保險性」。

保費費率如何制定

四個因素影響保費費率的計算：

- 預期死亡率（mortality predictions）
- 投資報酬（investment return）
- 利潤要求（profit requirements）
- 管理成本（administrative costs）

一般美國人民，依年齡性別區分而得的可靠死亡機率，如此大量的資料提供給公司。雖然平均壽命已經增加，而且預期會繼續下去，保險公司的分析傾向回顧的比較多。若年齡性別是訂定某類保單唯一的區別因素，逆向選擇將導致嚴重虧損，和因此而得之高費率：這將驅使健康的人退保。因此保險公司盡可能精確的預測每位申請人的風險等級。

下列資料是使用於決定風險等級資料中的一部份：年齡、性別、體格、重量、腰圍、健康檢查、家庭健康歷史、習慣（如藥物，含煙草與酒精）、道德[2]、住所、國籍與職業[3]。

風險等級愈多，每一等級內資料可靠度愈差。申請人被分進錯誤等級的風險更高，可能因此導致那人決定不保險或轉向其他公司尋求再評鑑。這又引起逆向選擇與管理費用的問題。

相對於一般可行的投資機會，保險公司的投資報酬相當低。原因之一是因爲長期公債。長期公債是相當吸引保險公司的投資形式，其期限可以配合未到期保單的到期日，因此可消除保險公司的物價上漲與投資風險。低投資報酬進一步的原因，在終身壽險保單的保證報酬。如果真實收入低於保證收入，這種公司的損失將立即波及各類保單。這也是不保證股利多寡的理由之一。

利潤需求顯然隨競爭力量而變。人壽保險從未被認做虧損大王。管理成本幾乎純粹是定期壽險中的續保率與終身保險中的解約率的函數。其中原因，部份是因爲表單處理、健康檢查等成本，部份是因爲前面提過的代理商誘因系統。

道德危機

除了正常的逆向選擇的問題外，當保險影響了被保險人的死亡機率時，產生了道德危機（moral hazard）。

極端的例子，當然是自殺。一般認爲兩年不付款條款，足以阻嚇那些企圖用這個方式詐欺保險給付的人。受益人謀殺被保險人，仍是保險公司必須面對的可能，即使定罪的謀殺者是拿不到

---

[2] 作者坦承這個不知是怎麼衡量的。

[3] 航空公司飛行員不另加保費。

給付的。爲減少這類誘惑，受益人必須（在簽定保單時）有理由偏好被保險人之生勝於死。在十八世紀的英格蘭，一般人可以藉著爲公眾人物購買壽險，而在公眾人物的健康上投機；事實上，報紙還登載它們的健康情形摘要，作爲一種服務。

道德危機對公司利潤的影響較小。就像投保火險的屋主比未保險的鄰居，可能比較不願意費時費力防火，所以有一段時間，有人說有壽險的家庭主要收入者，可能有較少爲家庭活下去的責任感，有些團體基於這些理由而反對人壽保險。

示圖 1

限期壽險保單樣本

保險計劃：一年期可續保，可轉換限期壽險[a]
分類：優先權　年齡：35 歲男性　保險額：$100,000 元
年保費：如下

保險年數	年保費基本計劃	殘障減免利益	總年保費	年末股利	淨年保費
1	$242	$!3	$255	無	$255
2	250	14	264	76	188
3	260	15	275	79	196
4	269	16	285	82	203
5	282	18	300	85	215
6	299	20	319	89	230
7	319	23	342	94	248
8	340	27	367	99	268
9	365	32	397	104	293
10	393	39	432	109	323
11	426	47	473	116	357
12	464	56	520	124	396
13	503	66	569	125	444
14	549	78	627	126	501
15	606	91	697	128	569
16	683	108	791	130	661
17	748	129	877	134	743
18	816	154	970	139	831
19	891	184	1,075	145	930
20	972	218	1,190	151	1,039

期間摘要：	10 年底	20 年底
總保費	3,236	11,025
總股利	817	2,135
以股利抵付保費，或收回現金時：總保費減總股利	2,419	8,890
當股利累積利息時[b]：計息累積股利	1,052	3,769
總保費減計息累積股利	2,184	7,256
利益調整指數 5%（基本計劃）	10 年	20 年
壽險淨支付成本指數	$2.21	$3.33
年股利相當值	$0.75	$0.94

[a] 在 70 歲前，可在保單期滿時續保；在 60 歲前，可在保單期滿前轉換。
[b] 保證 3%；現在 6.65%，利息應扣聯邦所得稅。

圖 2

終身保險保單樣本

保險計劃：終身保險

分類：優先權　年齡：35 歲男性　保險額：$100,000 元

	年保費	付款年數
基本計劃	$1,792.00	終身
殘障減免	71.00	29
總年保費	1,863.00	

年股利用於購買額外保險

保單結束年度	年股利	保證現金價值	現金價值範例[a]	保證保險	保證保險	死亡利益範例[b]
1	無	無	無	無	無	$100,000
2	$117	$100	$217	$400	$788	100,388
3	189	1,100	1,412	3,600	4,602	101,002
4	228	2,500	3,057	7,800	9,531	101,731
5	282	4,000	4,870	12,100	14,715	102,615
6	343	5,500	6,760	16,100	19,769	103,669
7	404	7,100	9,032	20,600	24,986	105,086
8	461	8,700	11,386	23,800	30,049	106,649
9	522	10,300	13,930	27,300	35,063	108,463
10	588	12,000	16,574	30,900	40,337	110,337
11	649	13,700	19,416	34,200	45,452	112,452
12	723	15,400	22,376	37,300	50,535	114,735
13	795	17,200	25,456	40,400	55,778	117,078
14	867	19,000	28,763	43,300	60,975	119,675
15	945	20,800	32,206	46,000	66,136	122,436
16	1,116	22,700	35,886	48,800	71,756	125,456
17	1,191	24,600	39,718	51,400	77,327	128,627
18	1,263	26,500	43,603	53,800	82,835	131,835
19	1,340	28,400	47,754	56,100	88,391	135,291
20	1,419	30,300	52,080	58,300	93,995	138,895
60 以上	1,993	40,400	77,208	68,200	124,351	159,561
65 以上	2,402	50,700	108,118	75,800	156,350	184,050

[a] 保證現金價值，額外保險與最終股利之現金價值。

[b] 基本保險、額外保險與最終股利。

個案：Louise Simpson

Louise Simpson 盼望很快完成企管碩士學業，好展開他在亞特蘭大金融界的事業。因爲目前的家庭支出不需要用到她的薪資，並且她丈夫 Philip 預期今年會大幅加薪，Louise 想要訂定計畫將他們的閒置資金拿去投資。她也要檢討她和 Philip 現有的投資是否適合他們改變中的財務狀況和現在的投資環境。[4]

Philip 現年 40 歲（Louise 也一樣），在一家稱爲 Valu-Mart 的全球性零售公司的美國西南區域辦公室擔任店址選擇部門主管。他在 Valu-Mart 服務的十九年歲月中，從庫存管理員逐次升遷到現在的職位，年薪 4 萬美元。而且，今年內他將再次升級，因而至少加薪 8 千美元。

Simpson 夫婦有兩個孩子。Roger，去年十二月剛滿十七歲，高中三年級學生；William，剛滿十四歲，高中一年級學生。

Roger 和 William 想要在高中畢業後繼續上大學，最好是私立學校。估計三個學季的學費、雜費、住宿費、膳食費、文具費與交通費等，若是像喬治亞州立大學類的公立大學，學生爲州內居民、住在家中、乘公車通學，約需 2,899 美元；若是像 Emory University 這樣的私立大學，學生住在校園內，約需 7,001 美元。因爲孩子的成績不錯，Simpson 夫婦相信他們可以獲得某些以成績爲標準的獎學金補助。然而，如果沒有獎學金的支持，Simpson 夫婦打算從現在收入裡，提供孩子大學教育所需的費用。

Philip 也要部份負擔他 78 歲老母親生活的責任。目前，這

---

[4] Moses, Kare, Thompson 所著 Cases in Investments 一書再版，©1982West Publishing Company。

些費用每年共約 1,200 美元，可從現有的收入中支應。但是往前看，Simpson 夫婦決定，爲了處理 Philip 的母親可能有的緊急狀況和他們的其他責任，他們應該保持一筆儲備基金，其額度等於他們每年主要費用預算的一半。

Simpson 夫婦想要他們的投資報酬，大的足以抵銷物價膨脹率並可增加他們的實質（或物價膨脹調整過的）價值。然而，Simpson 夫婦並不喜歡承受大量風險，他們知道這種態度將會限制他們的報酬。

Simpson 夫婦找到一家叫做 Margan, Lodge, Paine, Felton & Straus 的投資經紀公司，僱請一名投資顧問，協助他們制定執行適當的投資策略。Simpson 夫婦也提供了下列有關他們的財務狀況與需求的額外資訊。

財務狀況（financial statements）

Simpson 夫婦過去一年的收入、稅金、費用與儲蓄和到去年年底的收支表，都列在示圖 3 上。Louise 是從下述假設的基礎上，預測她和 Philip 今年的收入、稅金、費用與儲蓄。她將在 4 月 1 日開始工作，年薪 1 萬 8 千美元。Philip 將在 7 月 1 日起加薪 8 千美元。投資收入至少將有 1,050 美元。這樣，她和 Philip 今年的總收入共有 58,550 美元。據此，他們的社會安全稅、州所得稅和聯邦所得稅，總共將爲 20,700 美元。雖然他們的喬治亞累進所得稅仍是 6%（最高級），他們的聯邦累進所得稅，將從去年的 39%上升至今年的 50%。去年預算中的費用項目，不是固定金額的，因爲物價膨脹之故，都將上升 12%；此外，4 月 1 日起，Louise 將需要交通、午餐和衣服費用，每月約需 90 美元，僱用女傭每週清潔一次房屋，每月費用 25 美元。今年的家庭總費用預算爲 29,212 美元，尚結餘 9,068 美元可做儲蓄與投資。

房屋所有權（home ownership）

Simpson 夫婦擁有一棟市場現值 5 萬 5 千美元的房屋，7.5% 的房屋貸款利率，和 1 萬 9 千美元的未付餘款。他們的每月支出，包括本金、利息、稅金和保險，約計 226 美元。雖然 Simpson 夫婦付得起更貴的房屋，他們在最近的將來並沒有搬家的打算。但是，他們正考慮購賣第二個房子作爲休閒之用。

保險（insurance）

Philip 持有價值 31,000 美元的人壽保險，到他 65 歲時，將全部付清保費；該保險現在的現金價值約爲 4,500 美元，並且他可以用 5%的年利率向保險公司借到這個數額的錢。透過 Valu-Mart，Philip 也有 7 萬 6 千美元的團體定期壽險（可在加薪時增加額度），價值 15 萬美元的商業旅行意外保險（保費由雇主支付），與完整的醫療、長期殘障和意外保險。

社會安全福利（social security benefits）

若 Philip 過世，Louise 將可一次領到 225 美元的葬儀費；此外，家中每位尚存者，將可根據 Philip 的收入紀錄，每月領取 490 美元福利金，但全家每月最多不能超過 1,142 美元。每個小孩直到十八歲前，每月將可收到 490 美元；如果還是全時學生身分，則可延至 22 歲。只要 Louise 留在家中照料十八歲以下的小孩，她每月可得 162 美元。社會安全福利免扣聯邦和州所得稅，並且每月福利金（不是一次付給者）會隨生活成本的上漲而增加。但是，若 Louise、Roger 或 William，他或她的收入超過每年 3,720 美元，他或她的福利，將按超過 3,720 美元部份，每 2 美元收入減少 1 美元福利。

家庭尚存者的其他收入（other income for the surviving family）

如果 Philip 死了，並且 Louise 出外工作，她將有每年 18,000 美元收入和從家庭現有投資獲得約 1,050 美元的股利與利息。若是她以戶長身分納稅，並且繼續住在現在的房屋中，她將在年總收入 19,050 美元的基礎上，支付 4,770 美元的聯邦所得、州所得和社會安全稅金。任何來自因爲將 Philip 的保險給付投資而得的的收入，應課徵 28%的聯邦累進所得稅和 6%的州累進所得稅。

相反的，若 Louise 過世，Philip 今年將收入 44,000 美元和 1,050 美元的股利與利息。若他以戶長身分課稅並且繼續住在現在的房屋中，他將在年總收入 45,050 美元的基礎上，付出每年 15,489 美元的聯邦所得、州所得和社會安全稅金。他的累進聯邦和州所得稅，若是如薪津之類的個人服務所得，各爲 50%和 6%；若是如股利和利息之類的個人服務以外所得，則各爲 51%和 6%。

儲備金（reserves）

Simpson 夫婦在一家商業銀行擁有 6 百美元的共有支票帳戶。此外，他們有 1 萬美元在利率 5.5%、九十天之定期儲蓄帳戶，利率 6.5%、爲期四年、4 千美元的聯邦存款保險的儲蓄貸款銀行所發出的儲蓄定存單。若 Simpson 夫婦沒有事先通知就從儲蓄帳戶提款，從上一季期末起所滋生利息將被沒收。同樣的，若 Simpson 夫婦在今年 12 月 31 日儲蓄定存單期滿前提款，利率將降爲 5.25%，並且三個月的利息將被沒入。但是，Simpson 夫婦可以以 8.5%的利率，借至儲蓄定存單面值 90%的現金。

投資（investments）

過去幾年，Philip 從員工購股計畫買進 126 股 Valu-Mart 的股票；該股票每股現值 20 美元，現金股利每股 1.2 美元。此外，公司給 Philip 在未來三年中任何時間，以每股 30 美元價格買進 2 百股公司股票的選擇權。最後，Simpson 夫婦已經存進管理 Philip 母親居住公寓的公司 4 千美元訂金；這個強制性訂金有 3%利息，並將在 Philip 母親逝世後歸還給 Simpson 夫婦。

退休計畫（retirement plan）

Simpson 夫婦預期從三個來源收到退休金。首先，Philip 已經是 Valu-Mart 退休計畫的既得者。他的退休年金數額，大約等於他在 Valu-Mart 的服務中薪資最高三年年薪平均值的 50%；因此，看起來 Philip 的退休金在他退休前是有保障的，但不是退休後。其次，Louise 開始工作後，她也會有某種類型的退休計畫。第三，退休後，Simpson 夫婦有資格享受社會安全福利。

分析過這些事實後，投資顧問建議 Philip 購買價值 3 萬美元的定期保險和利率 7.2%的六年延期年金。年金的保證利率是：第一年後每年 6%，每年可提出 7%之原始本金，不受處罰。但是，超出 7%的金額，有遞減的提款處罰：從第一年 7%到最後一年 1%。

Louise 很好奇，究竟這個計畫是否真正符合他們得需要？若不，他們的投資計畫應該爲何？

示圖 3

財務報表

去年所得

薪資	$40.000
股利與利息	1,050
總所得	$41,050

去年稅金、費用與儲蓄

社會安全保險、喬治亞州與聯邦所得稅	$10,920
食品與衣服	6,000
住屋	2,712
貸款	1,356
汽車消費	2,500
水電、瓦斯、電話費用	1,500
母親的費用	1,200
保險	2,574
儲蓄與投資	5,000
假期與休閒	2,000
禮物與獻金	1,500
醫藥及牙醫費用	500
其他費用	3,288
總費用	$41,050

去年底資產

房屋	$55,000
儲蓄	14,000
支票帳戶	600
投資	6,520
房屋裝修與個人動產	20,000
二部汽車與一艘汽艇	8,000
壽險現值	4,500
總資產	$108,620

去年底負債與淨值

房屋貸款	$19,000
汽車貸款	2,150
總負債	$21,150
淨值	87,470
總負債與淨值	$108,620

為何偏好曲線對風險性決策有用[5]

劇目 I

本劇以一位商人（B）與一位管理顧問（C）的俱樂部午餐開始。

B：我們的生意十分稀奇。每天，我們獲准去檢查兩排金粉。每排金粉中每單位長度的金粉數量都相等。我們獲准從這兩中選擇一排，保有上頭所有的金粉。通常，很容易看出來哪一排比較長，但不是永遠這樣容易。當兩排金粉離的很遠，或是形成角度時，那是最難判斷的時候了。

C：讓我問你幾個問題。在什麼情形時，你覺得你絕對確定這一排比那一排長？

B：若兩排平行，靠在一起，並且每排有一個端點在大約相同的位置，另一端延伸出去較遠的，就是較長的一排。像這個樣子。

———————————— 較短

—————————————— 較長

C：你剛剛提到延伸這個字眼，讓我想起一個主意。你是否同意下列規則：「若第一排與第二排等長，第三排與第四排等長，若第二排必定比第三排長，則第一排必定比第四排長？」（我將叫這個爲「R 規則」）

B：（沉默一陣後）是的，我想那樣是對的。

C：那麼我知道你可以怎麼做了。

---

[5] 哈佛大學商學院 9－183－030 號紀錄。此劇本由 David E. Bell 教授編寫，©1982 哈佛大學。

1. 找一支至少和你平常看到的金粉排線長度一樣長的棍子。將一端漆成白色。
2. 如果你希望比較第一排和第四排的長度，從將棍子平行靠近第一排開始。確定棍子的白色一端十分接近第一排的一端。
3. 在棍子上靠近第一排另一端的地方做上記號。令從棍子白色端至有記號之處為第二排。當然，第一排與第二排等長。
4. 重複第 3 步驟，但是與第四排比較。令棍子上的新線為第三排。現在，第三排和第四排等長。
5. 比較第二排和第三排。你能夠比，因為他們平行、靠近、有共同端點（棍子的白漆端）。若第二排比第三排長，則第一排比第四排長。若第三排比第二排長，則第四排比第一排長。因為 R 規則之故，這是有效的。

B：你是對的！（停了一會）。你介意嗎，還有件事讓我困擾。一直用那支棍子會搞得很亂。

C：你不必一直使用棍子，只有當你不信任你的判斷，而你認為使用棍子的工夫值得精度的增進時才用。事實上，就像其他事情一樣，如果你不怕麻煩練習使用它，你會發現你少不了它。

B：我看到光明了。從現在起，我永不離開我的「R 規則」棍子。

劇目 II—幾年後

場景 I

B：你還記得幾年前你幫我們設計用棍子量金粉排的事嗎？你可能已經知道，那個黃金機會沒能持續多久，但是我父親靠著出售這種量尺賺近不少錢。很不幸，他最近過世了，可是他也留下一個難題給我。你知道他一向有多瘋狂。他的遺囑昨天公佈，他在遺囑裡留給我兩件事。第一件是我有權在兩個瓶子中任選一個，每個瓶子內各有 1 百張支票，每張支票的面額不同。我有一小時時間檢查這些瓶子的內容，之後我可以選擇其中一瓶，隨機摸出一張支票，將其兌現後那就是我的福利。剩下的其他支票通通燒掉。他的遺產扣除掉我的支票後的差額，全數捐給慈善機關。

C：令尊真是極不平凡。

B：這些瓶子的事嚇得我半死，那些支票可以從多到 1 千萬美元到少到 1 分錢。我如何確定我挑對了瓶子？

C：讓我問你幾個問題。什麼情況下你會覺得你絕對確定選到較好的瓶子？

B：嗯，若是一個瓶子中所有的支票比另一個瓶子中所有的支票都大，我就知道我挑對了較大支票的瓶子。

C：這沒有多大幫助。附帶一個問題，令尊留給你的第二件事是什麼？

B：一條法國曲線。我告訴過你，我父親瘋了。

C：等等，那讓我想起一個主意。假設我們現在練習玩選瓶子的遊戲，你有你所需要的所有時間來挑選。

B：我們如何確定我們練習的瓶子中，支票的分配和我父親挑的事一模一樣？

C：那不是這個主意的重點。我會用你從練習中得到的答案，和你的法國曲線，給你挑選瓶子的量尺。

B：那是十萬分的妙。如果你能這樣做，我一輩子感激不盡。

C：首先，我需要問你幾個問題：

一，假設你對瓶 1 與瓶 2 有同樣偏好，對瓶 3 與瓶 4 有同樣偏好。而且，你進一步判定，對瓶 2 的偏好超過對瓶 3 的偏好。你是否同意這代表瓶 1 比瓶 4 好？

B：當然。

C：二，假設瓶 A，B，C 和 D 都裝有相同數目的支票，你已經決定瓶 A 和瓶 B 的價值相等，瓶 C 和瓶 D 的價值相等，爲了推論方便，我們直接說對瓶 A 和 B 的偏好大於對瓶 C 和 D 的偏好。

B：可以。

C：假設我把瓶 A 和 C 的支票移到另一個新瓶子，叫它瓶 1 好了，把瓶 B 和 D 的支票移到另一個新瓶子，稱呼爲瓶 2。你是否同意，現在從瓶 1 或瓶 2 隨機抽出一張支票，對你沒有任何差別？

B：是的，看起來是對的。

C：好。現在看這兩個瓶子。瓶 1 內有 50 張各值 1 千萬美元的支票和 50 張各值 0 美元的支票。瓶 2 內有 1 百張各值 1 百萬美元的支票。你會挑那一瓶？

B：（想了一會兒）1 百萬美元那瓶。

C：瓶 2 中的支票必須各值多少，你才會對這兩個瓶子有同樣偏好？

B：（想了很久）好難的問題。感謝上帝我不是只有一小時思考這個問題。我會說 80 萬美元。

場景Ⅱ　更久以後

C：所以就是那樣。我畫一張圖回答你的瓶子問題。從圖 3.1 我們可以推衍出與任何比例 1 千萬美元支票和 0 美元支票的組合相等的支票價值。例如，一個裝有 75%1 千萬美元支票和 25%0 美元支票的瓶子，相等於一個裝滿每張 2 百萬美元支票的瓶子。

B：是，法國曲線真方便。但是，這些東西明天怎麼幫我？

C：我首先會告訴你怎麼做，然後我會告訴你爲什麼這麼做是對的。讓我們假設你必須在瓶 1 和瓶 2 中間做一選擇。找兩張紙，一張寫上瓶 1，另一張寫上瓶 2。一張一張抽出瓶 1 的支票，把每張支票的「相等百分比」寫在瓶 1 的紙上。這個百分比是你從橫軸的支票面值，向上找到與曲線交點，在縱軸上讀到的數字。這樣做完 1 百次後，對瓶 2 做同樣的工作。然後，分別加總瓶 1 和瓶 2 的相等百分比。你要的是總值最高的那個瓶子。

3.1

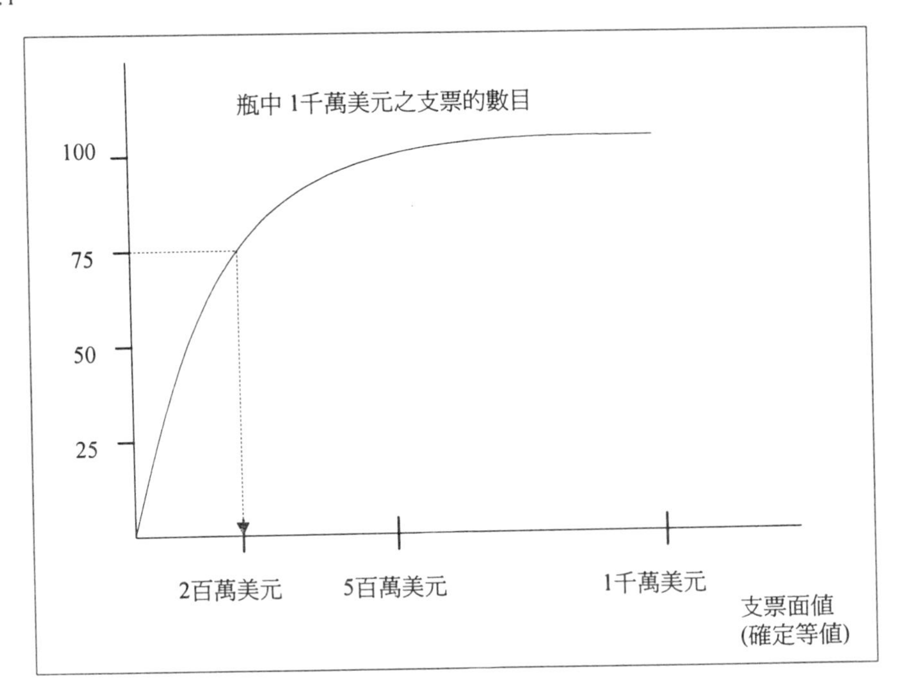

B：我可以在一小時內做完這些事，但是那和什麼又有什麼關係？你讓我糊塗透頂，我好擔心。

C：想想下面的程序：

✜ 排列 4 排每排各有 1 百個空瓶的行列（共計 4 百個空瓶），並在附近準備 4 個空瓶備用。令這 4 排為 A、B、C、D

排。

- 拿瓶 1 過來，抽出一張支票。將這張支票複製 1 百份，放入 A 排第一個空瓶內，支票原件放到一旁。
- 從瓶 1 抽出第二張支票，重複上述程序。放進 A 排的第二個空瓶內。繼續下去，直到瓶 1 所有支票複製完畢。將所有支票原件放回瓶 1。
- 對瓶 2 重複所有的程序，用 C 排的空瓶放複製支票。現在 C 排每一瓶子都有 1 百張瓶 2 中的一張支票之複印本，每個瓶子與瓶 2 中的一張支票關連。同樣的，A 排每一瓶子都有 1 百張瓶 1 中的一張支票之複印本。
- 現在回到 A 排第一個瓶子。從你的圖上決定瓶中支票面值，相等於幾張 1 千萬美元支票。例如，若瓶中支票每張各值 2 百萬美元，則與其相等的瓶子應有 75 張 1 千萬美元和 25 張 0 美元支票在內。從 B 排拿來第一個空瓶，裝滿相等百分比的 1 千萬美元支票，然後補充 0 美元支票至瓶內共有 1 百張爲止。
- 對 A 排其他瓶子重複上述程序，用 B 排的瓶子配對。然後，對 D 排其他瓶子重複上述程序，用 C 排的瓶子配對。
- 你已經裝滿 4 百個瓶子，每瓶中有 1 百張支票。
- 最後，拿出 4 個其他空瓶，稱爲 A、B、C、D 瓶。將 A 排所有支票放進 A 瓶（所以瓶 A 裝有 100×100=10,000 張支票）。將 B 排所有支票放進 B 瓶。同樣的，分別將 C、D 排所有支票放進 C、D 瓶。

現在，使用你給我的規則，很清楚的，從瓶 1 或瓶 A 隨機抽出一張支票，對你毫無差別。

B：當然，瓶 A 只是把瓶 1 複製 1 百次。

C：好極了。現在使用你給我的第二條規則，從瓶 A 或瓶 B 隨機抽出一張支票，對你毫無差別。

B：那是因爲每一次我抽出一個瓶子的內容放到瓶 A 時，我放進瓶 B 相等的一個瓶子。

C：完全正確。同理可推，瓶 2 與瓶 C 無異，瓶 C 又與瓶 D 無異。

B：沒問題。

C：現在，你偏好哪個瓶子，瓶 B 或瓶 D？注意，若你比較偏好 B 而不是 C，意思是，你比較偏好瓶 1 而不是瓶 2。

B：如果我一直照著做，瓶 B 和 D 只有 1 百萬美元支票或是 0 美元支票。

C：正確。

B：所以照我看，我偏好有比較多張 1 百萬美元支票在內的瓶子。

C：相當對。瓶 B 中有多少張 1 千萬美元支票？

B：（想了很久）瓶 1 中支票相等百分比的總和！

C：瓶 D 中有多少張 1 千萬美元支票？

B：瓶 2 中支票相等百分比的總和！爲什麼，多麼神奇啊！你又成功了！

C：別忘了，如果沒有你的「老爸的法國曲線」，我們不可能完成。

個案：Risk Analytics Associates[6]

Risk Analytics Associates（RAA）的顧問，Michael Warren 與 Chad Kent，已經在 Hartford Stream Boiler（HSB）保險理賠經驗的蒙地卡羅（Monte Carlo）電腦模擬模型上，工作了幾星期之久。這個模型的目的，在協助 HSB 制定再保險決策。這兩位顧問正準備去見 RAA 的保險風險部副總裁 Jerry Spila。

在發展這個模擬模型時，因爲 Michael 與 Chad 無法獲得 HSB 的索賠與理賠數字，碰到一堆困難。然而，第一個切入這個問題的模擬模型已經發展成功。但是，如果想讓模型的輸出成爲對 HSB 再保險決策有用的工具，進一步的精進絕對有其必要。

向 HSB 副總裁提報的展示會已經排定於 1976 年 9 月 27 日舉行，離今天只剩下兩週時間。Jerry Spila 幾次向 Michael 和 Chad 強調這個案子對他倆的重要性。HSB 是美國鍋爐與工業機械的大保險商，若 RAA 能夠有說服力的展示出這個模型的價值，他們一定可以贏得一個新而有利可圖的客戶。

Risk Analytics Associates 的背景

RAA 於 1970 年由兩位企研所畢業生創立。公司專長於可保險損失（insurance losses）方面的風險分析。它協助客戶回答像購買什麼樣保險、多少錢這類的問題。RAA 成立後的前六年成長快速，它的分析服務擴展到其他與商業有關的風險。其中最有

---

[6] 哈佛大學商學院 9－181－032 號個案。David E. Bell 教授指導、醫生後選人 Keith B. Jarrett 編寫，©1980 哈佛大學。

發展前途的，是投資財務風險分析、資本預算決策和多國籍公司的貨幣波動風險處理。

保險相關的風險一直是 RAA 營業的重心。在 1970 年代，因爲保險需求與成本的急速增加，這類服務的需求因而急遽增長。許多責任保險的費率高漲。數不輕的法庭判例、工人薪資福利的擴大、法律定義的損壞與傷害（如製造商的產品責任）的財務責任普遍性的擴張等，不斷逼迫保險費率增高。結果，企業對保險需求與成本比以往變的更爲警覺，RAA 的生意因此更加興隆。

Hartford Stream Boiler 案

Hartford Stream Boiler Inspection and Insurance Company（HSB）創設於 1867 年，其後迅速成長爲美國領先的鍋爐、壓力器械、機械等的工業保險商。他們的保險客戶包括製造公司、公用事業與商業和公共大樓。HSB 和他的加拿大夥伴——Boiler Inspection and Insurance Company of Canada（BI&I），在 1975 年囊括約 40%的鍋爐與機械保險業務。那年，他們在 119,000 張保單下，保險了大約 1 千 7 百萬項器械（見示圖 4），收入 8,270 萬美元保費（見示圖 5，HSB 和 BI&I 的聯合財務報告）。

鍋爐與機械保險和大部份其他種類保險最重要不同之處有二。第一，HSB 檢查被保險的器械，以減少意外次數。第二，理賠申請相對的較少，但是數額可能很大。大部份 HSB 的保單不但涵蓋器械本身，也包括連帶的損害，和損害引起的收入損失。正因爲這些可能的巨額損失，使得 HSB 持有再保險。

再保險（reinsurance）只是 HSB 向其他保險公司購買保險，負責 HSB 客戶損失超過事先訂定額度部份的保險。再保險的目的在保護 HSB 不致遭受極端的重大損失，以減輕重大損失影響 HSB 收益的規律性。

再保險劃分作幾「層」，每一層涵蓋重大損失中的一部份。每一層有它自己的費率結構，和承保的保險公司組合。

1977 年時，再保險分爲六層。最近與再保險企業組合談判，初步建立明年的費率結構，第一層涵蓋超過 50 萬美元以上任何 1 百萬美元的損失（即從 50 萬美元至 150 萬美元）。將由再保險公司組合中，來自倫敦的 Lloyd 公司承保。費率爲 100/80 所有本層的損失，但不少於 2.5%，不多過 7.5%的 HSB1977 年總保費收入。

第二層涵蓋介於 150 萬美元至 500 萬美元，最多 350 萬美元的淨損失。同樣由第一層承商承保。這層的費率結構爲單一費率——5%的 HSB1977 年總保費收入。HSB1977 年之總保費收入預測將接近 1 千萬美元。

三至六層的費率結構也是單一費率，與第二層相同，涵蓋從 5 百萬到 4 千萬美元的損失。

HSB 擁有參加第一、二層再保險企業組合的選擇權。該選擇權規定 HSB 至少「保留」該層涵蓋損失的 10%，但若企業組合希望保留較大的百分比，他們可以這樣做。100%的保留即等於完全沒有再保險。三至六再保險層則無參加選擇權。

HSB 和第一、二層再保險承商過去幾年的標準協議，是附帶事先訂明的最小百分比的參加選擇權。過去，再保險相對的便宜，同時基於再保險觀念的精神，使得 HSB 傳統上選擇最小比率的參加權。但是 1977 年的情況顯然不同。的確也是，HSB 在 1977 年再保險的參加水準，就是 RAA 計畫的中心議題。

HSB 自 1973 年起，經歷到明顯而次數日益增加的「打擊」

——穿透再保險層的事件（見示圖 6，理賠歷史）。這個更因物價膨脹、修復工作和新設備成本高漲的情況所惡化，大幅增加再保險商承擔的損失。結果，再保險企業組合也大幅度調高 HSB 的再保險保費。第一再保險層的上下限，從 1976 年的 30 萬美元至 120 萬美元，改為 1977 年的 50 萬至 150 萬美元。這一層最低與最高再保險保費，從 1976 年的 1.5%和 6%，變為 1977 年的 2.5%和 7%的 HSB 年保費收入。100/80 的損失公式仍維持不變。第二再保險層的上下限，從 1976 年的 120 萬至 150 萬美元改為 1977 年的 150 萬至 500 萬美元。這一層的 1977 年再保險成本，是 5.5%的年總保費收入——從 1976 年的 3.5%上升而來。雖然第二層涵蓋的上下限範圍縮小了（因而再保險商的風險暴露也減少了），單單第二層的再保險，就增加約 2 百萬美元的成本。

1976 年初，基於前面三年的重大損失經驗，HSB 開始徹底檢討最近的理賠，因而發現一些問題。例如，他們的加拿大夥件 BI&I，有著不成比例的損失。但是，HSB 也不能免於自責。過時的保險和定價程序、大量新的高風險客戶，都是 HSB 從 1973 年起遭受巨額損失的因素。HSB 採取的更正措施，包括新的監視與定價政策、檢討客戶帳戶、與退掉約值 3 百萬美元的風險帳戶。HSB 的管理階層充滿信心，他們相信這些行動，已經掃除過去大部份的問題，而這些問題正是產生近年來不平常巨大損失的根源。

即使有這些矯正行動，再保險企業組合依舊堅持 1977 年較高的保費。HSB 覺得在他們積極的更正計畫下，巨額損失的問題已然解決，這樣的保費已經超過必要的程度。抵銷較高再保險成本的方法之一，是增加他們在第一、二再保險層的參與程度。他們按規定至少要負責 10%，但是現在他們懷疑是否應該負責更多。關鍵問題是多少的比例才是適當的比例？而這個比例對收入和收入變動性的衝擊爲何？

模型

爲了回答這些問題，Michael 和 Chad 覺得 HSB 一定要有具體的辦法去比較不同再保險策略對可能成本的影響。他們決定解決這個問題唯一可行的方法是蒙地卡羅電腦模擬模型。他們發展出這樣的一個模型，以估計與第一、二層再保險保費有關的所有成本和因爲 HSB 在第一、二層的參與而直接付給客戶的支出。這兩者所形成的累積機率分配（cumulative probability distribution）或是稱爲風險分配（risk profile）。藉著改變參與百分比「策略」，產生出各種風險分配，一個分配對應一種策略。這些風險分配應該更能清楚的說明增加的參與百分比對收益的影響。

電腦模擬模型產生頭兩層風險分配的過程是這樣的。首先，產生一個代表穿入再保險保單數的隨機數字。例如，若此數字是 7，則再抽出 7 個數（從不同的分配），各代表 7 次「打擊」的個別損失的額數。加上再保險保費，和參與結構，就此計出 HSB 的成本。重複這個程序數次，得到 HSB 的成本累積頻率分配（或是風險分配）（示圖 7 爲模擬模型的流程圖）。

模擬所用的損失頻率與嚴重程度的機率分配是以歷史資料求出的。在損失頻率分配中，任一保單索賠機率 p 的估計值是從可以獲得的歷史資料裡，將某一時期穿透某一再保險層的打擊次數，除以該時期內的總保單數。Chad 和 Michael 知道這個估計值，只是個有許多隱含假設的粗估值。僅對所有保單估計一個 p 值，是假設每張保單都有同樣穿透再保險層的機率。易言之，他們假設 HSB 與 BI&I、各種產業與各式保單具有同質性。更複雜的是，一張保單可能代表許多「保險標的」，其中有些散佈在不同地點。任何保單保險標的數目當然對索賠的機率會有影響。

將保單類別加入 1977 年 p 值的估計中，也就是分別估計各類保單的 p 值，要靠獲得適宜的歷史資料。不幸，大部份資料並未備便。雖然 HSB 最近設置了電子資料處理系統，但是該系統在爲資訊目的的運用方面仍是處於嬰兒階段。此外，1966－1967 年唯一適合的摘要資料，就是列在示圖 6 至 8 之中，以產業區分的再保險損失與保單數目。除了保險標的分配以外，沒有每張保單平均保險標數目的摘要資料（見示圖 4）。保險標分配年復一年改變不大。更多詳細的資料保存在公司檔案室中個別保單的手寫檔案裡。數以百萬計的保單和過去十年數以萬計的理賠，使得從個別檔案加總額外摘要資料的成本龐大無比。損失嚴重程度機率分配的決定，也是根據歷史資料而來。穿入再保險層的損失，僅存有自 1966 年至 1976 年 7 月的摘要資料（見示圖 6）。這資料已經使用產業商品物價指數調整過，所以所有的損失是以 1976 年幣值列示。從這個基礎出發，取得自 1966 年至 1976 年 7 月所有穿進再保險層超過 46 萬 5 千美元損失的資料（見示圖 9）。這些資料的頻率分配，被用來估計模型裡每個再保險打擊損失額度的分配（見示圖 10）。儘管資料裡報告的最大損失是 602 萬美元，最高損失額選定爲 750 萬美元。雖然最高損失額看起來很配合頻率分配，它的選擇多少是隨興而爲的。注意，單一損失額度分配這個方法，是在假設所有 HSB 與 BI&I 的保單，其損失額度之分配具有同質性。

這個模型第一次運作，只使用兩個損失機率頻率，一個是對

HSB所有的保單。一個是對BI&I所有的保單。分別從HSB和BI&I的歷史資料中，決定每年每一保單之平均再保險打擊次數值，並將其用來估計模型中的兩個p參數值。HSB與BI&I 1977年的有效保單數目分別從示圖8獲得。示圖11，12，13顯示在各種可能保留策略下，電腦模擬8百次後的1977年情況。Michael和Chad知道這個模型只是粗略的切入點，但是即使如此，他們感覺這個成果應該對HSB具有相當的參考價值。他們希望Jerry Spila能給他們一些指導。

示圖 4

HARTFORD STEAM BOILER 1995 年保單與保險標的位置分配

標的數目	保單	百分比	位置數目	保單	百分比
1	23,233	22.8	1	86,013	84.4
2	20,610	20.2	2	7,759	7.6
3	13,790	13.5	3	2,824	1.8
4	8,852	8.7	4	1,490	1.5
5	5,702	5.6	5	881	.9
6	4,389	4.3	6	597	.6
7	3,143	3.1.	7	429	.4
8	2,575	2.5	8	324	.3
9	2,001	2.0	9	624	.3
10	1,646	1.3	10	215	.2
11	1,363	1.3	11	146	.1
12	1,228	1.2	12	123	.1
13	996	1.0	13	104	.1
14	861	.8	14	87	.1
15	752	.7	15	73	.1
16	684	.7	16	53	.1
17	626	.6	17	41	.0
18	562	.6	18	48	.0
19	541	.5	19	32	.0
20	503	.5	20	26	.0
21－25	1,840	1.8	21－25	119	.1
26－30	1,223	1.2	26－30	83	.1
31－35	897	.9	31－35	29	.0
36－40	658	.6	36－40	31	.0
41－45	491	.5	41－45	16	.0
46－50	393	.4	46－50	22	.0
51－60	595	.6	51－60	27	.0
61－70	392	.4	61－70	12	.0
71－80	299	.3	71－80	8	.0
81－90	224	.2	81－90	6	.0
91－100	151	.1	91－100	8	.0
101－125	249	.2	101－125	9	.0
126－150	125	.1	126－150	6	.0
151－200	124	.1	151－200	2	.0
201－300	114	.1	201－300	5	.0
301－400	31	.0	301－400	7	.0
401－500	21	.0	401－500	2	.0
500 以上	37	.0	500 以上	4	.0

資料來源：公司紀錄

示圖 5

1975 年 HARTFORD STEAM BOILER INSPECTION AND INSURANCE 公司

統一所得報表

年底於 12 月 31 日結束	1975	1974
營業收入		
實施之保費	$2,650,000	$70,581,000
工程服務收入	$113,000	4,185,000
	90,763,000	74,766,000
營業費用		
理賠與調整	36,917,000	30,909,000
簽約與檢驗	48,728,000	44,023,000
工程服務	6,995,000	3,736,000
	92,640,000	78,668,000
營業損失	(1,877,000)	(3,902,000)
淨投資所得	6,854,000	6,827,000
聯邦所得稅前所得	4,977,000	2,925,000
聯邦所得稅		
現在	(201,000)	(1,222,000)
遞延	602,000	259,000
聯邦所得稅總計	401,000	(963,000)
淨所得	$4,576,000	$3,888,000
根據流通的 1,800,000，每股	$2.54	$2.16

統一資本利得與損失報表

年底於 12 月 31 日結束	1975	1974
實現利得（損失）	($629,000)	($4,245,000)
未實現利得（損失）	11,809,000	(20,937,000)
	11,180,000	(25,182,000)
資本利得稅	(5,000)	(76,000)
現在	3,567,000	(6,330,000)
遞延	3,562,000	(6,406,000)
淨利得（損失）	(624,000)	(4,169,000)
實現	8,242,000	(14,607,000)
未實現	7,618,000	(18,776,000)

統一保留盈餘報表

年底於 12 月 31 日結束	1975	1974
年初餘額	$55,772,000	$73,954,000
淨所得	4,576,000	3,888,000
淨資本利得（損失）	7,618,000	(18,776,000)
支付股東現金股利	(3,384,000)	(3,294,000)
年底餘額	$64,582,000	$55,772,000

續示圖 5

1975 年 HARTFORD STEAM BOILER INSPECTION AND INSURANCE 公司

統一資產負債表

12 月 31 日	1975	1974
資產		
現金	$3,202,000	$2,732,000
短期投資，以成本計，以市價計	15,260,000	,000
債券，以分攤成本計（市價$50,770,000 與$48,498,000）	57,684,000	57,839,000
股票，以市價計（成本$43,332,000 與 $38,455,000）	65,619,000	48,714,000
對未統一子公司之投資	6,070,000	0
辦公房屋、設備與汽車以成本減累積折舊 $5,155,000 與$4,695,000	5,091,000	4,812,000
應收保費	10,833,000	8,347,000
預支採購成本	9,914,000	9,184,000
應退回聯邦所得稅	453,000	1,653,000
其他資產	3,353,000	3,447,000
總資產	$177,479,000	$152,511,000
負債		
未實現保費	$55,705,000	$51,762,000
理賠與調整費用	33,375,000	27,634,000
應付股利	846,000	846,000
遞延聯邦所得稅	11,724,000	7,466,000
其他負債	5,974,000	3,731,000
總負債	$107,957,000	$91,439,000
業主權益	1975	1974
股票資本，面值 55%計，授權 6,000,000 股	10,000,000	$10,000,000
保留盈餘	64,582,000	55,772,000
簡國庫券 200,000 股，以成本計	(4,700,000)	(4,700,000)
總股東權益	69,882,000	61,072,000
總負債與股東權益	$177,479,000	$152,511,000
根據 1,800,000 股流通股票，每股股東權益	$38.32	$33.93

示圖 6

10 年來超過 HSB 保留水準損失歷史資料（以 1976 年幣值計算）

年度	HSB 保留水準	超過 HSB 保留水準的損失	產業別
1966	$231,000	$358,400	化學
		2,204,000	化學
		503,800	化學
		295,500	化學
		275,500	化學
		669,100	化學
		428,500	公用事業
		1,531,900	鋼鐵
		443,900	化學
		266,700	化學
		366,800	造紙
		1,210,000	化學
		251,000	化學
		409,200	化學
		637,200	煉製
		623,900（C）	混擬土
		350,900	倉儲
		518,000（C）	化學
		335,200	化學
		370,000	化學
1967	$465,000	$519,000	化學
		1,759,000	公用事業
		574,600	公用事業
		782,300（C）	造紙
		474,700	化學
1968	$445,000	$1,276,500（C）	化學
1969	$430,000	$1,089,500（C）	化學
		1,238,900	公用事業
1970	$415,000	$682,400	造紙
		908,400	鋼鐵
		1,824,000	公用事業
1971	$400,000	$2,930,900	公用事業
1972	$387,500	$702,900	混擬土
		1,222,200	公用事業
		626,600	公用事業

展示圖 6

10 年來超過 HSB 保留水準損失歷史資料（以 1976 年幣值計算）

年度	HSB 保留水準	超過 HSB 保留水準的損失	產業別
1973	$435,000	$572,700	造紙
		519,500	化學
		709,900	公用事業
		1,493,000	化學
		464,400	化學
		911,400	化學
		802,100（C）[a]	礦業
		1,549,500（C）	礦業
		4,218,100（C）	礦業
		1,341,000	煉油
1974	$357,000	$5,929,800	公用事業
		1,222,600	化學
		1,748,200	煉製
		967,600	造紙
		662,000	公用事業
		451,200	旅館
		509,900	化學
1975	$318,000	$4,271,000（C）	煉製
		866,800	煉製
		607,100	礦業
1967	$465,000	607,100	礦業
		307,900	礦業
		374,200	公用事業
		441,200（C）	公用事業
		467,600	化學
		781,700	化學
		428,100（C）	造紙
		1,040,400	造紙
1976	$300,000	$1,200,000	公用事業
		1,700,000（C）	煉製
		950,000	公用事業
		6,022,170（C）	公用事業
		525,734[b]	造紙

[a]（C）指加拿大分公司 BI&I 的損失。
[b] 所有數字已經調整過物價膨脹，調整為 1976 年幣值。
資料來源：公司紀錄。

示圖 7

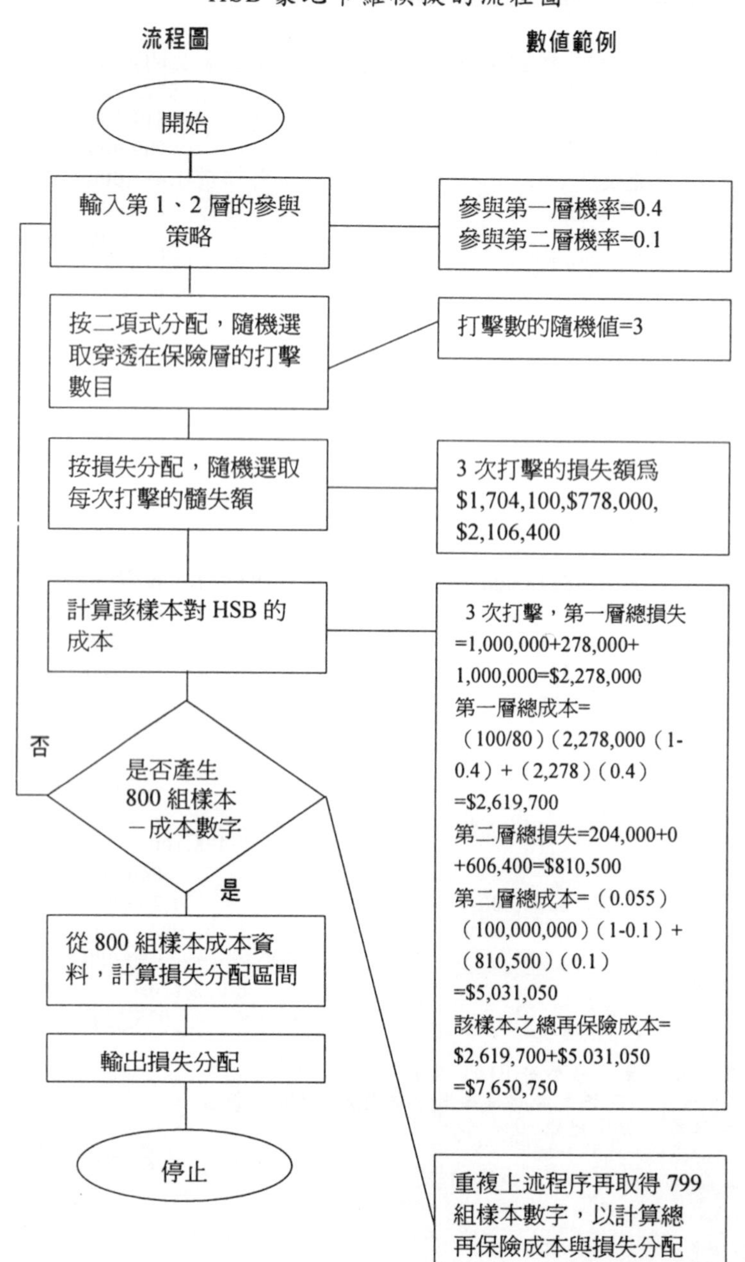
HSB 蒙地卡羅模擬的流程圖
流程圖
數值範例
開始
輸入第 1、2 層的參與策略
參與第一層機率=0.4
參與第二層機率=0.1
按二項式分配，隨機選取穿透在保險層的打擊數目
打擊數的隨機值=3
按損失分配，隨機選取每次打擊的髓失額
3 次打擊的損失額爲 $1,704,100,$778,000, $2,106,400
計算該樣本對 HSB 的成本
3 次打擊，第一層總損失 =1,000,000+278,000+ 1,000,000=$2,278,000
第一層總成本=（100/80）(2,278,000（1-0.4）+（2,278）(0.4）=$2,619,700
第二層總損失=204,000+0 +606,400=$810,500
第二層總成本=（0.055）（100,000,000）(1-0.1）+（810,500）(0.1）=$5,031,050
該樣本之總再保險成本= $2,619,700+$5.031,050 =$7,650,750
否
是否產生 800 組樣本一成本數字
是
從 800 組樣本成本資料，計算損失分配區間
輸出損失分配
停止
重複上述程序再取得 799 組樣本數字，以計算總再保險成本與損失分配

示圖 8

BI&I 公司以產業分類的保單數目統計

	化學業	礦業	煉油業	紙漿與紙業	公用事業	其他	統計
1966	49	85	41	76	44	9,998	10,293
1967	61	108	38	74	37	10,915	11,233
1968	69	115	35	73	27	11,709	12,028
1969	68	106	26	64	19	12,853	13,136
1970	61	77	26	65	15	13,632	13,876
1971	54	54	29	67	14	14,452	14,670
1972	55	40	40	70	15	15,277	15,497
1973	60	35	55	70	17	16,103	16,340
1974	72	25	70	67	18	17,024	17,276
1975	72	21	83	65	18	17,927	18,186
1976	72	19	95	61	17	18,688	18,952
1977[a]	79	17	111	58	17	19,651	19,933

[a]1977 年之值為預測值。

Hartford Steam Boiler 公司以產業分類的保單數目統計（僅計美國保單）

	化學業	礦業	煉油業	紙漿與紙業	公用事業	其他	統計
1966	765	78	227	354	529	82,874	84,827
1967	731	73	208	338	440	82,901	84,691
1968	744	69	228	331	394	84,560	86,326
1969	793	68	273	327	377	87,832	89,670
1970	902	73	281	362	510	98,620	100,748
1971	1,103	92	295	400	611	104,345	106,756
1972	1,053	104	275	396	681	107,366	109,857
1973	981	105	279	335	632	101,330	103,662
1974	861	88	280	330	619	99,813	101,991
1975	813	82	288	314	583	99,751	101,831
1976	752	78	269	305	587	101,424	103,415
1977[a]	692	71	258	293	572	101,391	103,277

[a]1977 年之值為預測值。

資料來源：公司紀錄。

示圖 9

二項式分配「P」參數值的決定

P=任一年中，任一保單發生再保險「打擊」(>$465,000）的機率

範例
兩類

1. HSB（限於美國）　　2. BI&I（加拿大）

$$P_{HSB} = \frac{\text{打擊總次數}(1/66-7/76)}{\text{總保單數}(1/66-7/76)} = \frac{39}{1,030,702} = .00003784$$

$$P_{HSB} = \frac{\text{打擊總次數}(1/66-7/76)}{\text{總保單數}(1/66-7/76)} = \frac{11}{1,533,590} = .00007162$$

十二類（限於美國）

化學	礦業	煉製	造紙	公用事業	其他
$\frac{14}{9,095}$	$\frac{2}{877}$	$\frac{3}{2,791}$	$\frac{5}{3,665}$	$\frac{12}{5,718}$	$\frac{3}{1,008,556}$

化學	礦業	煉製	造紙	公用事業	其他
$\frac{2}{663}$	$\frac{3}{677}$	$\frac{3}{498}$	$\frac{1}{727}$	$\frac{1}{234}$	$\frac{1}{150,791}$

示圖 10

超過$465,000元（1976年幣值）所有損失的累積機率分配
1966年7月－1976年

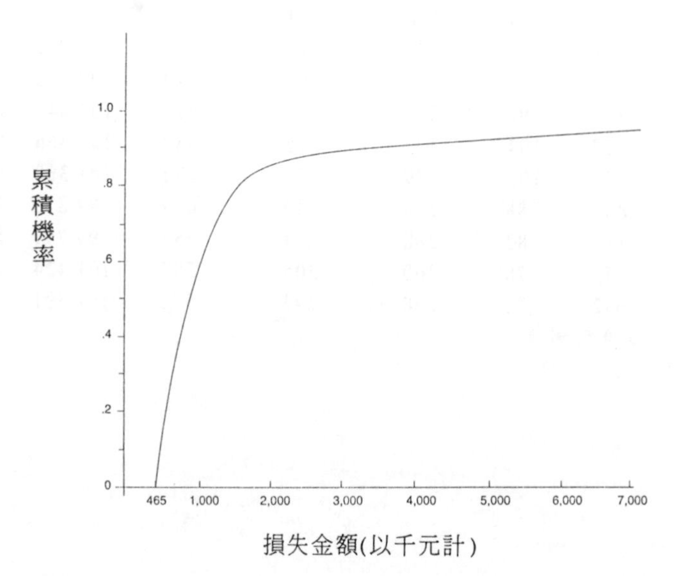

示圖 11

HSB 模擬模型電腦程式

*****HARTFORD STEAM BOILER SIMULATION MODEL*****

INPUT N(=NUMBER OF YEARS TO BE SIMULATED)(...MULTIPLE OF 20 PLEASE.)
800.

INPUT THE NUMBER OF INDUSTRY CATEGORIES
2

INPUT THE HISTORICAL VALUES FOR THE MEAN NUMBER OF HITS PER YEAR PER POLICY FOR THE 2 INDUSTRY CATEGORIES.
.00003784 .00007162

INPUT THE NUMBER OF POLICIES TO BE INSURED IN INDUSTRY CATEGORIES 1 THRU 2 FOR THE UPCOMING YEAR
103277. 19933.

INPUT THE TOTAL DOLLAR AMOUNT OF PREMIUMS FOR THE SIMULATED YEAR(IN$000)
100000.

*********** RETENTION STRATEGY: 1ST LAYER = .10; 2ND LAYER = .10.***********

FRACTILES:	0.01	0.05	0.10	0.25	0.50	0.75	0.90	0.95	0.99
TOTAL COST:	7494.3	8161.3	8389.5	9306.2	10730.6	12874.2	14799.9	16113.9	18247.9
LAYER 1:	2259.9	2309.6	2347.9	2417.2	3169.2	4470.6	5715.9	6538.4	7507.9
LAYER 2:	4950.0	4950.0	4950.0	4954.6	5069.8	5302.1	5526.7	5642.0	5951.8

TOTAL COST MEAN= 11255.6 STD DEV= 2488.0

*********** RETENTION STRATEGY: 1ST LAYER = .10; 2ND LAYER = 1.00.***********

FRACTILES:	0.01	0.05	0.10	0.25	0.50	0.75	0.90	0.95	0.99
TOTAL COST:	2544.3	3263.8	3613.2	4802.3	7488.0	10727.4	14175.6	15950.4	21485.2
LAYER 1:	2259.9	2309.6	2347.9	2417.2	3169.2	4470.6	5715.9	6583.4	7507.9
LAYER 2:	0.0	0.0	0.0	45.6	1198.1	3521.3	5766.8	6920.2	10017.9

TOTAL COST MEAN= 8228.1 STD DEV= 4124.1

*********** RETENTION STRATEGY: 1ST LAYER = 1.00; 2ND LAYER = .10.***********

FRACTILES:	0.01	0.05	0.10	0.25	0.50	0.75	0.90	0.95	0.99
TOTAL COST:	5369.7	6540.0	7185.3	8498.1	10128.3	12031.2	13772.2	14931.1	18328.9
LAYER 1:	98.5	569.0	978.8	1672.3	2587.1	3649.5	4666.1	5374.2	7605.5
LAYER 2:	4950.0	4950.0	4950.0	4954.6	5069.8	5302.1	5526.7	5642.0	5951.8

TOTAL COST MEAN= 10377.5 STD DEV= 2585.7

*********** RETENTION STRATEGY: 1ST LAYER = 1.00; 2ND LAYER = .50.***********

FRACTILES:	0.01	0.05	0.10	0.25	0.50	0.75	0.90	0.95	0.99
TOTAL COST:	3169.7	4367.1	5088.5	6618.1	8723.7	11028.6	13403.2	14645.0	19607.8
LAYER 1:	98.5	596.0	978.8	1672.3	2587.1	3649.5	4666.1	5374.2	7605.5
LAYER 2:	2750.0	2750.0	2750.0	2772.8	3349.1	4510.6	5633.4	6210.0	7759.0

TOTAL COST MEAN= 9031.9 STD DEV= 3240.2

*********** RETENTION STRATEGY: 1ST LAYER = 1.00; 2ND LAYER = 1.00***********

FRACTILES:	0.01	0.05	0.10	0.25	0.50	0.75	0.90	0.95	0.99
TOTAL COST:	419.7	1637.4	2367.7	4101.8	6828.5	9933.5	13211.0	14886.8	21517.3
LAYER 1:	98.5	596.0	978.8	1672.3	2587.1	3649.5	4666.1	5374.2	7605.5
LAYER 2:	0.0	0.0	0.0	45.6	1198.1	3521.3	5766.8	6920.2	10017.9

TOTAL COST MEAN= 7349.9 STD DEV= 4226.9

示圖 12

入選保留策略的風險分配

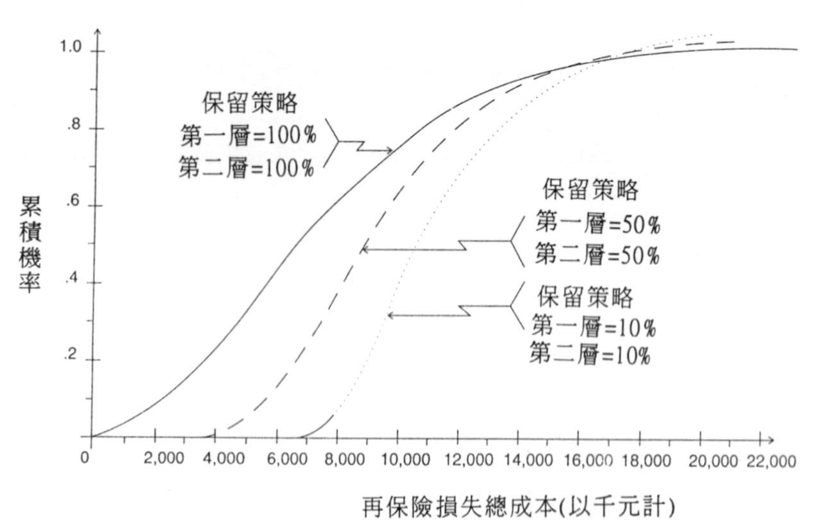

示圖 13

入選保留策略第 1、2 層總成本的平均數與標準差

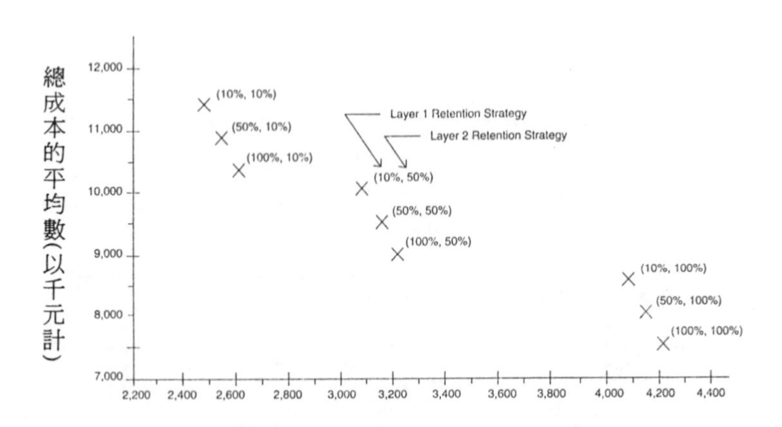

財產－意外保險

財產－意外（property-casualty，簡稱 P-C）保險，大概是除了人壽保險和健康保險以外保險業內其他種類的保險。它包括對個人財產（房屋、汽車），因爲損害他人人身或財產的個人責任、與商務夥伴——含工人的薪資福利中付給受僱者的職業傷害補償等的保險。有些保險公司完全專營 P-C 業務（如 Commercial Union），有些並重壽險與 P-C 業務（如 Travelers），有些較偏重人壽保險（如 Metropolitan）。有些 P-C 公司是一般擁有股東的股票公司（如 Travelers），其他的是共同公司，分派股利給被保險人（如 Metropolitan）。所有股票公司在 1979 年的總保費（收入）爲 630 億美元，其保險損失（保費減理賠額減費用）約爲 350 萬美元。如同所有的保險業務，先收保費後給理賠金，使得在先後之間有贏取收入的機會，這也補助了保險業務。因爲保險本身或多或少是收支相抵的，投資收入的角色變成收益與成長的重要因素。

索賠類型：保險精算費率設定[7]（Claim Pattern：Actuarial Rate Setting）

保險產業的困難之一，是它必須在知道成本之前，就要建立價格表。公司發出的每張保單有三種風險：

---

[7] 哈佛大學商學院 9－182－143 號紀錄。David E. Bell 教授編寫，©1981 哈佛大學。

- 保單索賠的可能性
- 索賠額數
- 索賠時間

以汽車保險而言，索賠的可能性爲下列因素的函數：駕駛者的個人屬性、車型（不僅其安全性而已，比如跑車，還要考慮駕駛者會怎樣開車）、預期的行駛里程與地理區域。索賠額爲下列因素的函數：預期駕駛種類（高速公路或地區道路、通學、上班或休閒）、車的價值、保費設定日期與索賠日期間的物價膨脹率。索賠時間也很重要，因爲加保第一天就索賠，比起最後一天才索賠，在運用保費投資所得報酬要來得少。如果冬天車禍較多，保險公司會比較喜歡客戶春天時繳付保費。

當然，整個保險公司的主要精神，是由眾多的保險大眾分攤掉賠償額。這話是正確的，只要保險精算資料能夠不斷的預測未來的索賠類型。任何系統化扭曲索賠頻率或索賠額數的事，都威脅到保險公司產品線的獲利率。

例如，1965 的 Betsy 颶風帶給保險業歷史上最糟糕的一年。1973 年的阿拉伯石油禁運事件，促使物價膨脹率從 6%驟然跳升到 12%以上（修車成本的增加率甚至更高），這幫助 P-C 公司經歷了到 1975 年前歷史上最艱苦的一個年頭。時速 55 哩速限，加上汽油漲價，使得車禍減少，創造出 1966－1967 年的意外之財。這事後來被拿來作爲對抗保險業的藉口：在設有保險長官的州裡，這個短暫的現象被解釋做一種趨勢的明顯信號，因此強制規定出較低的保險費率。兩個大型颶風（David 與 Frederic）導致 1979 年超過 16 億美元的理賠，這事爲該年最主要的保險損失。

從這樣看或是那樣看，比起壽險，P-C 保險事業對收入變動的抗拒力要脆弱許多。死亡趨勢改變得很慢（通常是朝更好方向發展)，並且死亡給付金額是事先固定的。

無論如何，保費的設定，或是受政府管制的規定費率，大都遵照下列的精算公式：

保費=期望的索賠費用+管理費用+保單的利潤邊際

財產-意外保險產品線

財產損壞險（property damage）

約有 37%的 P-C 保險業者做的是對財產損壞的保險。屬於這個範圍的有汽車、房屋與工廠。除了像天候或是暴動之類的大災難，財產損壞的頻率通常十分容易預測。索賠額也是很容易預測，因爲索賠案通常在繳付一年保費後的十八個月內解決。

責任險（liability）

約有 33%的保費來自於防護對別人的索賠要求，其中三分之二屬於汽車責任保險。另外還有產品責任保險與業務過失保險。責任險領域的風險特別大，因爲索賠案經常是在保險期之後才提起，雖然發生的時長也是可以預測的，但是未知的物價膨脹率同時也在影響索賠案。另外還有一種比物價膨脹率漲得更快的膨脹率，就是所謂的社會膨脹率（social inflation)。陪審團做出有利原告判決的次數增多，賠償的金額會更大。

工人賠償險（worker's compensation）

工人賠償險約佔總保費的 15%，並且是保險中具有最大不確定性利潤的一種。在醫院成本高漲的日子裡，保護員工任何與工作有關的健康傷害，賠償醫療費用與收入的損失，是風險極高的想法。還有，醫療（與其費用）可以延續好多年。此外，一些像與石綿有關的疾病，要到三、四十年後才發起索賠，並且是一次好幾起索賠案一起來。在這些之上，公司還有上述各種責任線索沒有的無線責任。

資產與負債

無論何時，保險公司的資產（assets of insurance companies）都必須大得足以保證支應所有未來的索賠。從保單上收到的保費，直接進到未實現保費儲備金（unearned premium reserve）。隨著時間進展，與時間成比例的保費變成「實現」。一年期保單開始六個月後，仍有一半的原始保費存放在未實現保費儲備金。公司不但要有儲備金支付將要發生事故的索賠，也要支付那些已經發生但是尚未理賠的案件。理賠案件共可分爲三類：已經完全解決，但是賠償金分在數年中支付（如工人賠償案）；已經提出索賠申請，但是金額尚未決定（因爲處理遲緩、調查或訴訟之故）；與尚未提出，而公司也不知道的案子。這三種分類與估計適當儲備金風險程度不同。

這個分類裡的總預期索賠稱爲損失儲備金（loss reserve）。處理索賠所發生的費用稱爲損失費用儲備金（loss expense reserve）。

剩下的資產形成股東（shareholder）（或是被保險人（policyholder））結餘。股東權益真正的數額，包括結餘加上30%－40%的未實現保費儲備金。理由是索賠與相關的處理費用通常佔保費的 60%－70%。從某種意義上來講，這 30%－40%的保費是已經實現的，因爲它是由承銷與訂約成本所組成的。

因此，一家 P-C 公司的資產負債表看起來像表 3.1 一樣。表中所列的比例，近似於 1979 年業界的平均水準。

表 3.1

資產		負債	
地方政府公債	36	未取得之保費	20
工業債券	15	保留損失	40
普通股	20	保留損失費用	10
特別股	3	其他負債（稅金、股利）	10
現今與國庫券	11		
其他（房地產、貸款）	15	結餘	20
	100		100

因爲大部份賺得的利息是免稅的，所以通常聯邦稅很低；大部份的其他投資報酬屬於資本利得，而保險業務的收入是唯一以公司稅課征的收入，該項業務幾乎是損益兩平。州對保費課 1%至 4%的稅，通常爲 2%。

習慣上，也是政府的規定，所有的債券與貸款以面值計值（到期時的數目）。若債券是以折扣價格買進的，則以分攤的方式使得它到期時等於面值。股票則以市價計算。像商譽這類資產與像家具、裝修、文具等這類一般資產，一頒佈包括進資產負債表中。對股東的報告，而不是對政府機構的報告，則允許在保險費用上作輕微的變動以與保費收入一致。這時，股東結餘正確代表真正的權益。

業務指標（business indicators）

雖然公司的獲利率決定於保險利得與投資收入的總和，公司的生命力有賴於它在保險商業務上的成功。使用於 P-C 公司的標準績效指標，爲費用比例（expense ratio）（費用×100÷簽約保費）與損失比例（loss ratio）（索賠額×100÷已實現保費）。聯合比例（combined ratio）（費用比例加上損失比例）則是以產生保費百分比的方式代表保險的總成本。示圖 14 顯示 1979 年產業主要產品線在各項比例上的平均值。

因爲愈來愈大的競爭壓力與愈多的政府管制，這些比例一值在惡化當中（增加）。因爲沒有正式的債務，所以也沒有正式的負債／權益比。比較接近的統計數是損失儲備金／結餘與簽約保費／結餘（premiums written／surplus）。保費多寡（premium volume）代表公司吸收業務和市場佔有率的能力，因而多少有前瞻的意味在內。損失儲備金反應最近的損失歷史，因此是產品線組合的指標。這兩個比例指出對於突然增加的損失經驗或是持有資產的巨大損失，儲備金的安全程度。

1974年的經驗仍舊是縈繞在保險主管腦海揮之不去的惡夢，那時惡性膨脹率同時導致高賠償額與股票市場嚴重下跌。許多公司受到慘重打擊而退出市場，因爲結餘迅速爲跌到谷底的股票市場所吸盡。

政府管制（regulations）

保險業歸州政府管理。加強聯邦政府在這一方面權利的嘗試從未成功。雖然美國各州的管制規定與標準相當一致，全國性保險公司經常發現在特定的州設立分公司營業較爲有利，因爲這樣整個公司不必受限於該州的標準。州保險官員有權要求公司符合某些財務條件，比如意欲確保公司而有能力實踐未來承諾的各類儲備金。此外，有些州的保險官員也有制定某些產品線，特別是汽車保險，如定價結構的權利。在這樣做時，他們企圖在股東希望以其權益獲取滿意報酬的欲望與消費者希望獲得可以負擔的保險這兩者中間，取得一個平衡。這在愈來愈貴而且是強制需要的汽車保險中，是特別難做的一件事。州政府曾經實驗無過失保險的費率結構，以降低汽車保險損失。許多公司說自己在某些特別沒辦法賺錢的州裡，是損失領導人。

州保險官員可以核發或撤銷在該州銷售保險的執照。通常執照的撤銷，只是暫時撤銷到公司財務狀況恢復到州保險官員要求標準之前而已。中斷營業與壞名聲的威脅，足以確保保險公司自我的警覺。例如，1976 年懷俄明州與亞利桑那州限制 GEICO 公司在財務狀況改善以前（當時極糟），不得繼續承攬保險。

全國保險總會（National Association of Insurance Commissioners）負責監督財產－意外保險公司的財務狀況。它有個過濾程序，先計算每個公司的十一個比例，然後檢查是否有異常水準。表 3.2 摘要列出一般認爲異常的比例水準：

表 3.2

比例	異常值等於或大於	異常值等於或小於
1. 保費對結餘	300	–
2. 保單改變	33	-33
3. 結餘加上結餘	25	–
4. 二年整體營運比例	100	–
5. 投資殖利	–	5.0
6. 盈餘的改變	50	-10
7. 負債對流動資產	105	–
8. 代理商結餘對結餘	40	–
9. 一年的保留發展對結餘	25	–
10. 二年的保留發展對結餘	25	–
11. 估計現有不足對結餘	25	–

若有四個或五個比例的水準不正常，該公司要接受進一步的檢查。雖然有些公司現在認爲損失儲備金／結餘才是財務健康最重要的指標，保費／結餘比例（surplus ratio）長久以來一直是公認的最主要的統計數字。因爲較高的比例通常意味較高的權益報酬（結餘），公司必須在更高獲利率與避免州保險官員的注意中間，做一平衡的選擇。

表 3.3 提供 1979 年底許多公司的 P／S 與 L／S 比例。示圖 15 爲這些比例的散佈圖。

表 3.3

公司	保費／結餘	損失保留／結餘
Aetna Life & Casualty(AET)	3.20	2.86
Allstate（S）	2.58	1.71
American Express（AXP）	3.52	3.60
American General（AGC）	2.68	2.35
American International Gp. （AIG）	1.73	1.71
Chubb Corp. （CHUB）	3.02	2.64
Connecticut General（CGN）	2.96	2.97
Continental Corp. （CIC）	2.49	2.38
Crum & Forster（CMF）	3.37	3.63
Hartford Fire（ITT）	2.36	2.61
INA Corp.（INA）	2.96	3.20
Lincoln National（LNC）	2.60	1.59
Ohio Casualty（OCAS）	3.08	1.70
SAFECO（SAFC）	1.70	1.23
St. Paul Companies（STPL）	2.69	2.91
Trans America（TA）	3.79	2.73
Travelers（TIC）	2.33	2.03
United State F&G（FG）	2.66	2.14

其他的管制限制，包括明白限制儲備金所能從事的投資範圍。有些州要求不得將一般資產的 10%或是結餘的 100%，以普通股方式持有。州的會計程序對保費成長率做了隱藏性的限制。

因爲未實現保費是高估的（它包括已經花在初次簽約與行銷的成本），保費成長會引起結餘下降而增高關鍵比例之值。其效果是，除非有足夠的結餘產生，保費的快速成長必須受到限制。

保險週期（underwriting cycle）

P-C 產業許多年來一直重複爲期六年的獲利週期。從週期獲利率最高點（低聯合比例）開始，公司取得大量結餘，使它們有財力降低總保費。許多個別公司可以從市場佔有率的增加中獲取這些盈餘，所以無虞降價。因爲利潤看好，州險官業要求降低保險費率。因爲整個市場大小是固定的，降價提高的聯合比例，因此減少利潤。保險官員痛恨提高費率，產業開始向下移動。在週期的其餘部份，保險費率一直爬升到恢復獲利能力爲止。

投資策略（investment strategies）

本金的安全是最重要的投資目標。公司通常採取比管制官員要求的還要保守的立場。投資報酬自然也是目標，比較積極的公司——通常是股票公司，會將較高比例的結餘放在普通股上面。尋找具有規避物價膨脹風險能力投資的誘因，要大過尋求壽險的誘因，因爲負債自動隨物價膨脹而上漲。第三個目標爲流動性。儘管壽險公司可以購買完全私人發行的債券，並持有至到期日，P-C 公司喜歡大量購買市場性更好的公開交易債券，以確保流動性。最後一個目標是分散風險。P-C 公司長久以來在實務上以地理區域分散保險風險，或是借產品線行之（有一段時間，許多 P-C 公司只專門於一條或二條 P-C 產品線）。

外在競爭（external competition）

近年來，P-C 社團受到來自其他領域競爭者的「侵略」。一些大型共同壽險公司已經擴張了他們的目標領域。許多非保險公司已經成立保險子公司，以規避自我保險基金不得減免稅金的稅法。這些俘虜保險公司最後蔓延到其他保險業務，以降低有效的營運成本。因此，對他們而言，獲利率不是最重要的考量。再保險公司也向前整合進入直接保險的範圍。最後，外國保險公司挾著高聯合比率，以搶佔美國 P-C 市場灘頭堡的觀點進入市場。

示圖 14

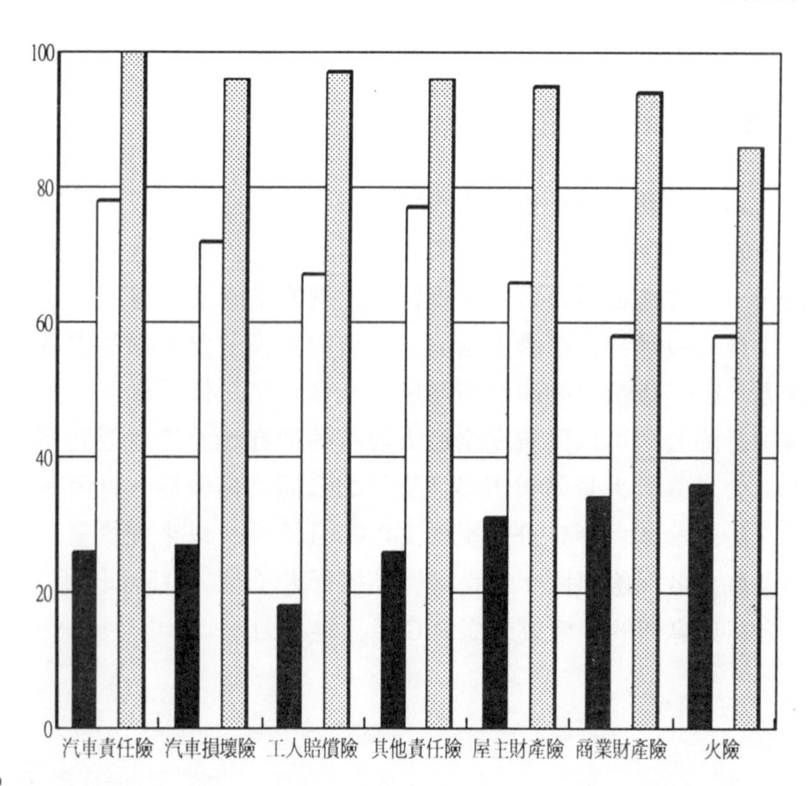

1979 年 12 月 P-C 公司比率

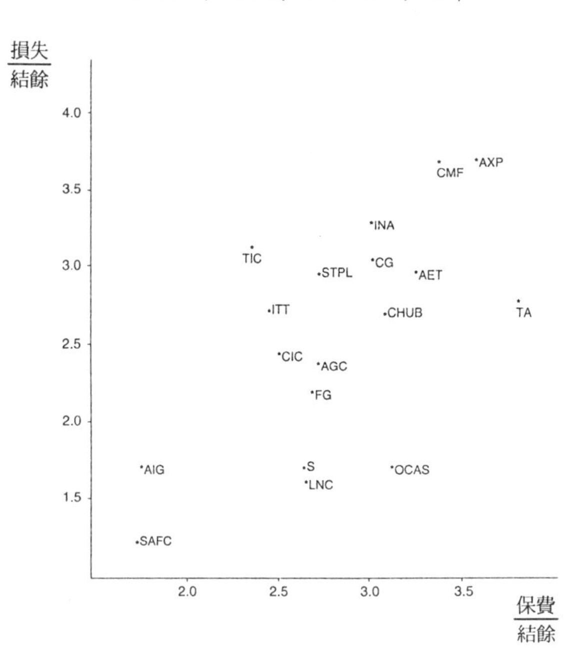

個案：Travelers 投資管理公司[8]

1980 年 6 月 2 日，Traveler 投資管理公司（TIMCO）董事長 Kevin Bradley 與公司總裁 Eliot Williams、資深副總裁兼投資組合構建部經理 David Dunford 見面，討論三天後他們要向公司財務委員會做的報告。TIMCO 被要求就財委會尚未議決的事項——Travelers 意外－財產保險群（TCPG）投資組合中權益證券的

[8] 哈佛大學商學院 9－182－210 號個案。David E. Bell 教授編寫，©1982 哈佛大學。

比例，提出報告。

Kevin Bradley 在 1977 年加入 TIMCO。在這之前，他擔任過 College Retirement Equities Fund 的副總裁與投資組合經理，和 Bache Hslsey Stuart 公司的研究經理、資深副總裁與董事會成員。Eliot Williams 於 1980 年帶著十一年的 TIMCO 經驗到公司總裁的位置。他是維吉尼亞大學企管碩士，擔任過三年的研究部經理。David Dunford 拿到紐約大學企管碩士學位後就加入公司。他在 1978 年接任投資組合構建部經理職務前，當過六年的分析員。

Travelers 公司

Travelers 保險公司於 1864 年從銷售車禍意外保險起家。到 1906 年時，Travelers Indemnity 公司開始在 Travelers 保險公司的贊助下提供財產與意外保險。直到 1965 年，成立 Travelers Corporation 作爲購併整個完整 Travelers 集團所有權的工具，包括像 Phoenix 保險公司、Charter Oak 火災保險公司，這類名稱上沒有掛上 Travelers 稱呼的公司。

在 1980 年時，Travelers 意外－財產保險公司集團（TCPG）是美國第五大保費收入的多產品線保險公司。長期擴張後，前幾年來保費總收入水準只維持在一般水準而已。雖然最近幾年已經恢復保險獲利力，從 1974 至 1976 年的績效並不讓人高興。這三年的聯合比例之和共爲 109%，是公司歷史上最差的年頭。這一時期的公司結餘又因爲投資組合報酬表現不佳，受到更進一步的侵蝕。在 1974 年時，結餘幾乎落下 20%，導致公司訂出新投資政策，大量縮減投資於普通股的比例。

公司也採取措施改進保險業務的獲利力。包括更精密估計損失儲備金的技術，尤其是針對工人賠償險產品線，大幅提高個人險的費率，與改進商業客戶的損失控制計畫。

TOMCO

TIMCO 是 Travelers Corporation 完全自有的子公司。其業務爲專業管理顧客的投資組合。他們有大約 25 名的投資專家，負責大概 15 億美元的資產，其中約有 5 億美元放在保險公司結餘投資組合，2 億 5 千萬美元在浮動年金與共同基金，7 億美元在退休基金與利潤分享投資組合。

比方說，一個退休基金可能將 20%的資產交給 TIMCO 管理。TIMCO 瞭解投資組合的報酬是與冒的風險相關，所以和顧客共同建立投資組合的總風險目標（risk objective）。風險的定義有兩種，一是相對於 S&P500 指數的「貝他」值（beta）（β），也就是波動性（volatility），另一是剩餘風險（residual risk），這在衡量投資組合風險分散的程度。在評估期終了時，顧客會將 TIMCO 的績效（performance）與受其他公司管理具有相同風險目標的基金相比較。貝他目標變成 TIMCO 的名目風險水準，公司可以按照自己對相對機會或是資本市場中存在的風險的估計而稍加偏離。

Travelers 意外－財產保險公司群是 TIMCO 的客戶之一。這次報告之前，TIMCO 爲他們管理 2 億美元的股票投資組合。

TCPG 投資組合的投資策略

TCPG 主要的投資工具爲債券與普通股。和每一位投資者一樣，必須在普通股較高的預期報酬率與相對風險較少的債券報酬率之中，做抵換的選擇。示圖 16 提供 TCPG 從 1972－1979 年的收入報表、資產負債表與投資組合。該圖顯示，在 1979 年時，普通股資產僅佔該公司總資產的 4%、總權益的 19%而已。後面這個比例（見示圖 17）不僅只是因物股價變動而變化，同時也是投資政策的一個函數。股票市場 1973－1974 年的「崩盤」，恰恰發生在普通股對結餘比例超過 90%之時。市場下滑與不振的保險業務的綜合結果，使得敏感性最高的保費對結餘比例從稍微超過 2:1 跳到大大超過 5:1（見示圖 18）。雖然沒有一家保險公司能夠倖免於這場災難，那些普通股對結餘比例高的公司受創最烈。

像許多公司一樣，TCPG 被迫減少在股票市場上的暴露，以避免進一步傷害到已經十分脆弱的結餘。當股票市場在 1975－1976 年復原時，事情反而更糟糕，因為他們的股票部位很小，只獲得微薄利潤。這些事件是 TCPG 心中永遠的創痛，這也導致他們在極力避免暴露於這類價格搖擺的風險。

到 1978 年 3 月時，傷痛已經痊癒的足以讓 Travelers 的財務委員會批准比從「崩盤」後一直保持的水準稍為高一點的股票參與比例。TCPG 新的投資指導綱要變成：

1. 股票應該至少佔公司結餘的 30%以上。
2. 投資於股票的最大結餘比例，應該視市場機會與公司需求而隨時變動（1978 年 3 月的會議中，這個比例訂為 75%，換句話說，22.5%的結餘將被投資於股票）。
3. 股票投資組合應該具備下列特性：
   - ❖ 市場風險（β） 0.80 至 1.05
   - ❖ 剩餘風險 1%至 5%
   - ❖ 滋生股利 1.0 至 1.5 倍的 S&P500 指數孳利

   剩餘風險係指與市場無關的報酬變動（非系統化風險）。

兩年以後，在 1980 年春天，財務委員會主席 Roderick O'Neil 懷疑這個政策是否為不合時宜的保守。在主要股票財產－保險公司，TCPG 的普通股對結餘比例之低，只比 Connecticut General 稍高（見示圖 19）。關於投資股票市場的言論氣候改善許多，並且連年的高聯合比率增加了加大投資報酬的需求。因此，O'Neil 請求 Bradley 分析股票市場可行的前景，並建議是否應該提高原先 30%的股票／結餘比例，若是應該，又該提到多少？

未來績效的資訊

David Dunford 從準備股票市場未來幾年的績效(stock market performance）預測開始。從股票市場過去五十年歷史資料中（見示圖 20），計算平均年報酬（11.3%，標準差 22%）是很簡單的事。但是使用 1920 年代的資料來講 1980 年代的報酬，大有小心謹慎的理由。特別是現在的物價膨脹率比起那五十年期間要高的多。Dunford 覺得比較好的分析報酬的方法，是將報酬分開為物價膨脹與實質報酬（real return）兩項：

總報酬=物價膨脹率+實質報酬

示圖 20 顯示在 1948－1978 這段期間，年股票報酬與物價膨脹率呈負相關關係。這是因為不預期的物價膨脹之故，它會抑制短期的股票報酬。即使不計這些困難，仍有預測模型所需的未來物價膨脹率的問題。Dunford 克服這些困難的辦法，是使用五年連續持有股票的報酬，這樣可以得到較小的波動性（年報酬 9.8% ±9.1%，五年複利計算），然後拿來與同期五年美國政府公債的報酬比較。他的結果顯示，股票比五年公債多出每年 5%的溢酬，目前公債報酬為 9%。他因此預測在五年中每年報酬率為 14%，而標準差為 9.1%。可以證明出五年期中每年 14%±9.1%的報酬率，等於每年 15.7%±20%的報酬率。也就是說，從每年 15.7%±20%報酬率的機率分配中選擇年報酬率實施模擬，將會產生持有五年每年 14%±9.1%的報酬率。

Dunford 該投資組合的主要部份——對債券的投資，可以以6%的保證報酬處理之。這事因為債券是以面值計值，而不是以市價計值，所以他們產生的收入完全可以預測。

此外，TCPG 的公司規劃小組提供給 Dunford 有關保險績效的預測。示圖 21 顯示他們對 TCPG 未來五年聯合比例的預測。他們預測接下來十二個月（1980 年 6 月－1981 年 6 月）的聯合比例約為 104 左右，最壞的情況時也有 109。Dunford 將他們的預測解釋為相當於 104±2 的機率分配。

Dunford 靠著這些資訊，得以決定保費／結餘比例（premium／surplus ratio ）在增加股票／結餘比例時的敏感度。現有結餘為 11 億美元，損失儲備金為 33 億美元，下一年預定簽約的保費（其額數大小基本上屬於公司的決策問題，而不是不確定性的問題）可以放心的估計為 31 億美元。若是股票／結餘比例（stock／surplus ratio）增加 50%，則在「最好的猜測」的情況下，這個情況指股票有 15.7%的報酬而聯合比例是 104 時，將有下列的現金流量（不計稅金）:

債券報酬　（3,300+0.5×1,100）×.06=$231,000,000 元
股票報酬　1,100×0.5×0.157=$8,635,000,000 元
保險損失　3,100×.04=（$124,000,000 元）

因此，年底將有 1,100+231+86.35-124=$1,293,000,000 元。這表示將有 3,100÷1,293=2.4 的保費／結餘比例。示圖 22 顯示 P／S 比例對增加股票／結餘比例的敏感性。

將風險加上權重

Bradley 與 Williams 仔細看過 Dunford 的分析。「做的好！David。」Bradley 先開口說話。「但是我們回到事情本身而言，這些數字只是證實我們已經知道的事：如果市場運行的很好，也沒有災難，增加我們在股票市場的投資是個好策略。我個人深信我們應該更積極，這些數字沒有明確的建議那個股票／結餘比例好過那個。我們一定要找出能給我們建議更堅強理由的辦法。」

示圖 16

Travelers公司與其子公司意外－財產保險業務聯合所得與保留盈餘表
（每年12月31日止，單位：百萬元）

	1979	1978	1977	1976	1975	1974	1973	1972
收入								
保單保費	$2,681.6	$2,529.2	$2,524.5	$2,447.8	$2,087.8	$1,811.0	$1,609.5	$1,602.7
未實現保費的增加（減少）	50.1	（12.1）	38.1	22.4	87.3	49.7	1.5	28.4
實現之保費	2,631.5	2,,541.3	2,486.4	2,425.4	2,000.5	1,761.3	1,608.0	1,574.3
投資所得	335.6	315.7	276.8	230.1	183.0	156.3	134.7	119.7
	2,967.1	2,857.0	2,,763.2	2,655.5	2,,183.5	1,917.6	1,742.7	1,694.0
損失與費用								
損失	1,674.7	1,633.5	1,676.1	1,758.2	1,463.5	1,240.2	973.3	958.3
損失調整費用	244.1	202.6	237.8	228.3	166.3	127.7	132.1	135.9
遞延採購成本分攤	352.5	345.3	329.8	342.7	438.6	403.51	377.6	361.7
投資費用	11.6	12.4	13.2	15.3	14.3	16.1	18.4	17.9
一般管理費用	402.8	367.9	323.2	280.4	135.2	125.9	128.4	114.4
支付被保險人股利	48.1	24.5	15.7	23.8	16.1	19.9	14.8	14.6
	2,733.8	2,586.2	2,595.8	2,648.7	2,,234.0	1,933.3	1,644.6	1,602.8
聯邦所得稅前之營業收入	233.3	270.8	167.4	6.8	（50.5）	（15.7）	98.1	91.2
聯邦所得稅								
現在	42.6	（1.0）	（5.0）	（1.6）	（.7）	（11.9）	（.6）	4.2
遞延	（3.0）	83.8	63.2	（30.6）	（51.9）	（36.4）	9.1	11.1
	39.6	82.8	58.2	（32.2）	（52.6）	（48.3）	8.5	15.3
營業所得	193.7	188.0	109.2	39.0	2.1	32.6	89.6	75.9
稅後投資的實現利得（損失）	3.3	（3.6）	3.3	（14.0）	（4.5）	（14.1）	7.7	.3
淨所得	197.0	184.4	112.5	26.0	（2.4）	18.5	97.3	76.2
年初保留盈餘	1,033.6	864.1	677.1	632.2	664.5	639.4	550.6	464.7
特別股轉換	（26.3）	—	—	—	—	—	—	—
其他	—	—	—	—	—	—	.9	（.6）
與連鎖企業的交易	84.4	56.4	130.8	69.6	42.4	56.1	35.1	51.2
特別股股利	（1.8）	（3.4）	（3.4）	（3.4）	（3.4）	（3.4）	（3.4）	（3.4）
普通股股利	（89.2）	（67.9）	（52.9）	（46.4）	（46.4）	（46.1）	（41.1）	（37.5）
年底保留盈餘	$1,197.7	$1,033.6	$864.1	$677.1	$654.7	$664.5	$639.4	$550.6
稅後未實現投資利得的改變	$5.6	$（1.9）	$（15.1）	$50.4	$53.1	$（131.5）	$（138.2）	$66.1

續示圖 16

Travelers 公司與其子公司意外一財產保險業務聯合所得與保留盈餘表
（每年 12 月 31 日止，單位：百萬元）

	1979	1978	1977	1976	1975	1974	1973	1972
資產								
債券	$3,987.3	$3,801.5	$3,228.4	$2,822.3	$2,243.5	$1,960.7	$1,762.5	$1,706.4
普通股	235.1	190.9	146.4	179.1	171.1	245.3	569.7	727.5
特別股	114.1	93.7	95.8	101.1	88.3	94.8	113.4	91.5
貸款	170.5	194.8	223.7	125.4	62.4	.9	.9	.9
房地產投資	2.2	.6	.6	.4	—	—	—	—
其他投資	.6	.1	.1	.2	.5	.4	.4	.3
現金與短期證券	278.1	232.0	414.4	245.6	341.0	226.6	131.4	125.8
給子公司的貸款	92.7	77.1	80.8	83.1	81.5	83.8	106.7	163.3
投資所得	92.4	90.1	79.6	66.1	51.9	42.7	35.9	30.2
應收保費	735.6	611.0	542.6	463.0	401.8	327.4	275.7	260.7
可從再保險回收之金額	16.7	13.0	7.1	4.4	2.8	4.2	2.7	3.7
遞延採購成本	3.5	150.8	144.5	132.1				
其他資產	193.5	156.2	158.7	213.4	192.5	124.2	146.9	117.1
總資產	$6,072.3	$5,611.8	$5,122.7	$4,436.2	$3,804.8	$3,272.4	$3,290.1	$3,357.4
負債								
損失	$3,051.4	$2,892.3	$2,629.6	$2,274.7	$1,794.4	$1,509.4	$1,329.4	$1,251.2
損失調整費用	493.0	457.3	423.3	348.0	259.0	218.2	215.7	199.0
未實現之保費	810.6	760.6	772.6	734.4	712.0	624.7	575.0	573.6
其他被保險人基金	33.4	20.1	20.7	21.4	19.0	19.4	18.3	19.0
1995 年到期的債務	70.8	76.3	86.3	92.0	95.5	97.0	100.0	100.0
滋生費用	91.5	74.0	61.0	54.1	53.6	41.8	51.6	48.1
其他負債	278.2	230.2	180.3	135.4	169.3	103.4	201.9	285.3
總負債	$4,828.9	$4,510.8	$4,173.8	$3,660.0	$3,102.8	$2,613.9	$2,491.9	$2,476.2
業主權益								
特別股	1.9	4.6	4.8	4.8	4.9	4.9	4.9	4.9
普通股	113.7	113.6	113.3	113.2	113.1	113.1	113.1	113.1
額外增資	5.3	3.4	1.8	1.3	.1	.1	1.9	1.8
未實現之投資利得	35.8	30.2	32.1	47.2	(3.2)	(56.3)	75.2	213.4
保留盈餘	1,197.7	1,033.6	864.1	677.1	654.7	664.5	639.4	550.6
國庫證券，以成本計	(111.0)	(84.4)	(67.2)	(67.4)	(67.6)	(67.8)	(36.3)	(2.6)
	$1,243.4	$1,101.0	$948.9	$776.2	$702.0	$658.5	$798.2	$881.2
	$6,072.3	$5,611.8	$5,122.7	$4,436.2	$3,804.8	$3,272.4	$3,290.1	$3,357.4

示圖 17

Traveler 意外－財產保險公司普通股／結餘比例的歷史水準，1950－1979 年

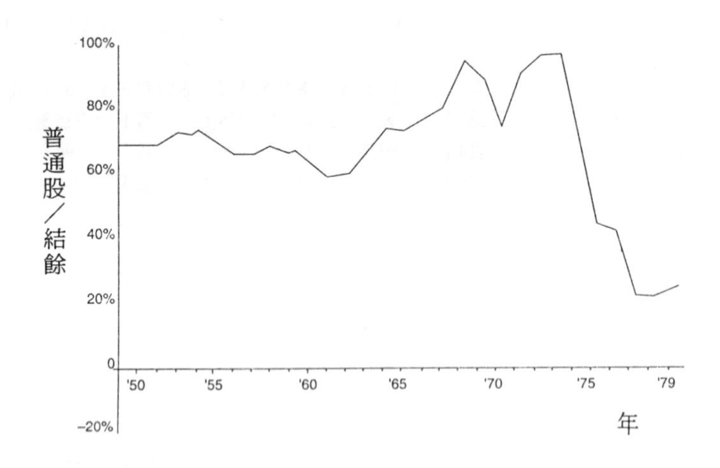

示圖 18

Traveler 意外－財產保險公司保費／結餘比例的歷史水準，1950－1979 年

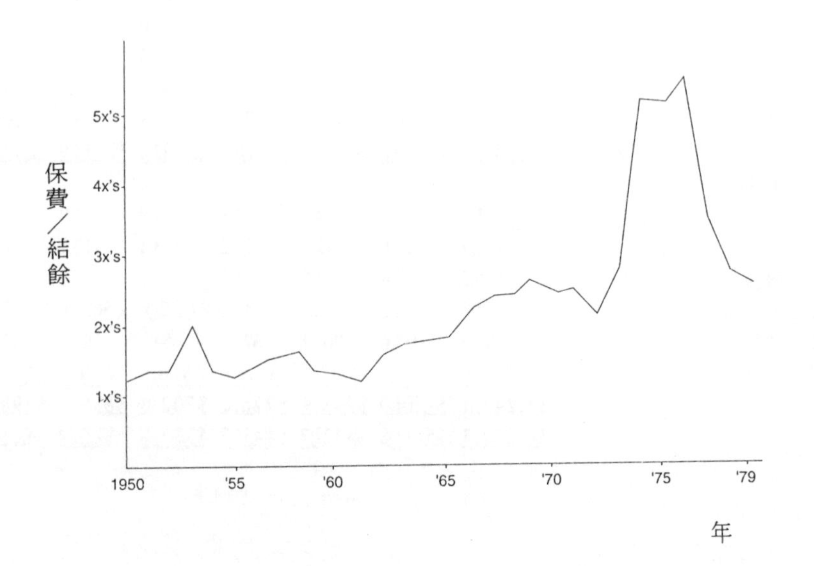

示圖 19

普通股÷結餘/簽約保費÷結餘　1979年12月31日

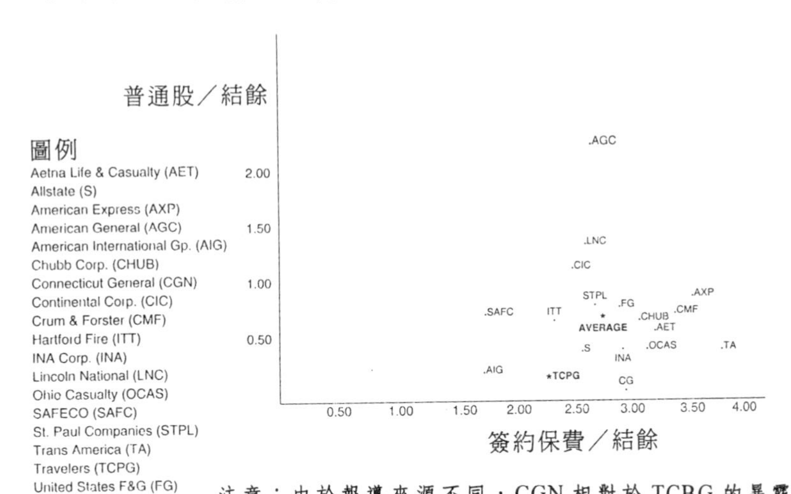

注意：由於報導來源不同，CGN 相對於 TCBG 的暴露可能低估

示圖 20

股票報酬率與物價膨脹率，1948－1978

年	股票報酬率[a]	物價膨脹率[b]	年	股票報酬率	物價膨脹率
48	5.5	2.7	64	16.5	1.2
49	18.8	-1.8	65	12.5	1.9
50	31.7	5.8	66	-10.1	3.4
51	24.0	5.9	67	24.0	3.0
52	18.4	0.9	68	11.1	4.7
53	-0.1	0.6	69	-8.5	6.1
54	52.6	-0.5	70	4.0	5.5
55	31.6	0.4	71	14.3	3.4
56	6.6	2.9	72	19.0	3.4
57	-10.8	3.0	73	-14.7	8.8
58	43.4	1.8	74	-26.5	12.2
59	12.0	1.5	75	37.2	7.0
60	0.5	1.5	76	23.8	4.8
61	26.9	0.7	77	-7.2	6.8
62	-8.7	1.2	78	6.6	9.0
63	22.8	1.6			

[a] S&P500 的總報酬率（股利加升值）

[b] 消費者物價指數。

迴歸方程式：股票報酬率=20.8-2.8 物價膨脹率（估計標準差 15.9）

示圖 21

Travelers 公司 1948－1979 年確實的聯合比例與其趨勢；
確實的，1948－1979，預測的， 1980－1984

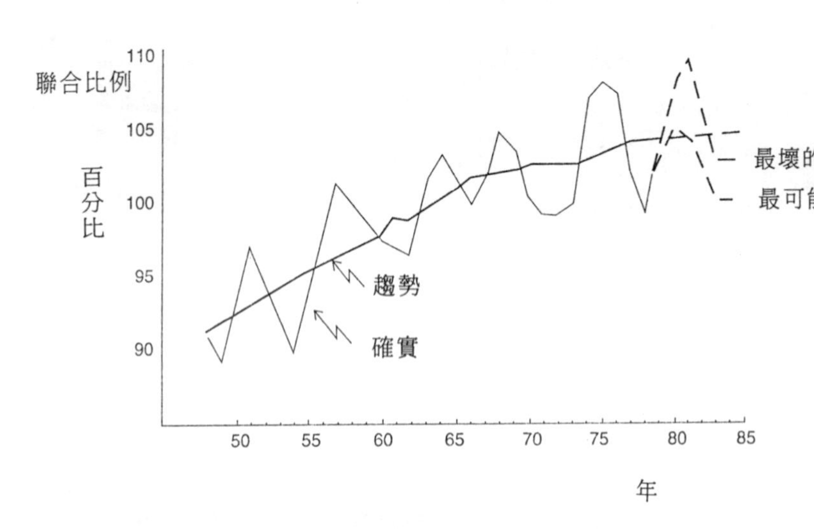

示圖 22

保險／結餘比例的敏感性分析

聯合比例	股票報酬	股票／結餘		
		0	0.5	1
102	55.7	2.4	1.9	1.4
102	15.7	2.4	2.3	2.2
102	-24.3	2.4	2.7	3.0
104	55.7	2.5	2.0	1.4
104	15.7	2.5	2.4	2.3
104	-24.3	2.5	2.9	3.2
108	55.7	2.8	2.1	1.4
108	15.7	2.8	2.6	2.5
108	24.3	2.8	3.2	3.6

所有計算，假設：
保費=$3,100,000,000 元
現有結餘=$1,100,000,000 元
損失保留=$3,300,000,000 元
固定債券報酬率=6%

第 4 章

個人風險

前三章中充滿著財務意味，雖然如此風險也發生於非財務的領域中。本章裡有健康問題、事業選擇、政府官員面臨官僚系統的危難個案，最後還有我們身爲消費者面對的心理挑戰個案。簡介這一節說明如何突破這類問題，但是真正的挑戰，是誠實面對自己認爲重要的事。

偏好分析[1]（preference analysis）

做決定可能是十分困難的事。面對三個可行方案，每一個方案也許可能有十種情況（不確定性）和六個重要的因素（相互衝突的目標），因此你必須在 3×10×6＝180 種情形中評估每一方案。決策分析（decision analysis）是一種方法，它擁有它所允許我們的根據對每種狀況的偏好，判斷出每種狀況的可能結果。

---

[1] 哈佛大學商學院 9－184－133 號紀錄。David E. Bell 教授編寫，©1984 哈佛大學。

有些機率可以十分客觀的估量（如撲克牌遊戲、像天氣、存貨需求量等這類重複發生的事）。其他時候，我們可能會決定：最好用幾個更簡單更基本事件的機率乘積，來估量出機率（一種稱爲分解（decomposition）與組合（recombination）的方法）。有時候，狀況太複雜也太主觀了，使得我們只好單單信賴自己的直覺判斷。同樣的技巧也可以用到偏好的評估之上。本節中，我們將檢視基本的偏好程序，並且說明如何將其運用在更複雜的情況。

直覺判斷（holistic assessment）

假設你面臨如圖 4.1 的決策。

圖 4.1

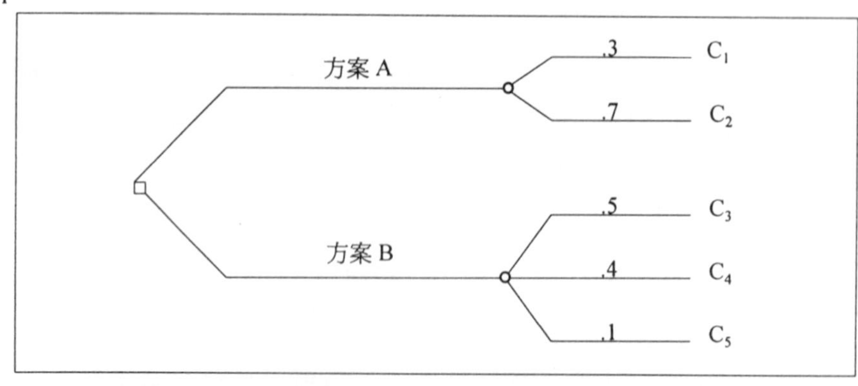

圖中的 C 代表不同的結果，它可能是簡單的以元表示的金錢收入，或是需要幾頁才能描述清楚的複雜結果。例如，若問題的重點是導入新產品的最佳方法，C_3 可能是產業裡從未見過全新的競爭結構。

這個問題的簡單偏好分析法是從排列結果的順序（rank order of consequences）開始。最喜愛的結果是哪一個，最不喜歡的結果又是哪一個？（目前，我們先假設問題簡單明瞭的可以這樣做）假設排出的順序是這樣的：$C_1 > C_3 > C_4 > C_2 > C_5$。下一步是賦予最好的結果 100 分，最壞的結果 0 分（精確的尺度可隨意自訂，但是 0 到 100 分通常就很實用）。C_2 在這個尺度上的分數是多少？你是否希望 C_2 發生，或是寧願賭博 C_1 C_5 有 50－50 的發生機會？若你喜歡 C_2，則 C_2 的分數至少有 50 分。若你喜歡 50－50 的賭博機會，則 C_2 的分數低於 50 分。另一個思考 C_2 分數的方法，是考慮 C_5 到 C_2 與 C_2 到 C_1 間的差距，哪一個比較大？

假定概略賦予的偏好分數是：$C_1 = 100$，$C_3 = 60$，$C_4 = 30$，$C_2 = 25$，$C_5 = 0$。做幾個一致性檢查（consistency checks）通常是個好主意。例如，C_4 應該等於 C_5 與 C_3 間 50－50 的賭博。從 C_4 到 C_1 的增量，看起來應該比從 C_5 到 C_3 的增量大。C_1 與 C_2 間 50－50 的賭博，應較 C_3 的偏好程度高。

當結果有自然尺度表示時，如元，通常很有用的一致性檢查方法，是畫一張偏好曲線圖（preference curve）（如圖 4.2）。

 4.2

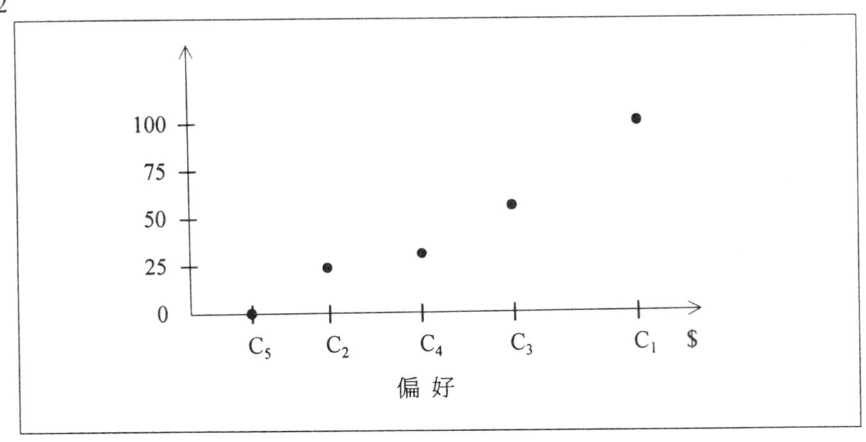

就合理而言，預期通過圖上諸點的曲線應是光滑的。圖中

C_4的偏好分數似乎有點過低。

另外一種檢查一致性的有用方法，是將原本不在問題之中，但是可以提供幫助的結果，加入結果的單子裡。這樣做時，實際結果可以與假想值進行比較，但是看起來似乎是可能，以便更能精確賦予實際結果的偏好分數。

圖 4.3

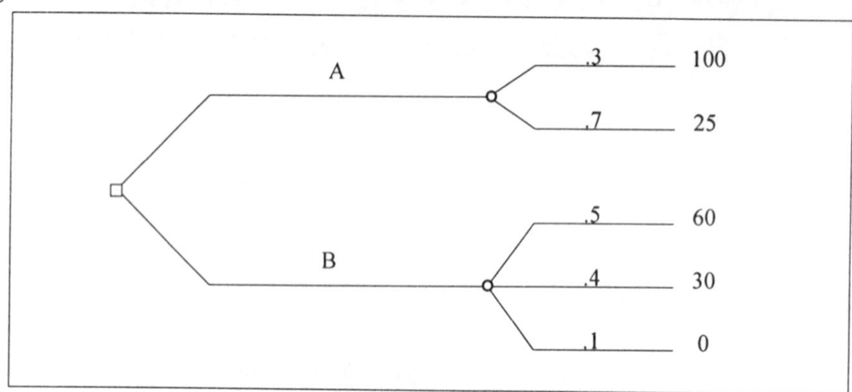

A 方案的期望偏好分數為 47.5，B 方案為 42。A 方案看起來較佳。若你直覺 B 方案較好，試著去決定究竟是分析或是直覺上有問題。機率與偏好分數都是複檢的對象。特別是想想是否還有你所考量但是尚未反映在偏好分數裡的因素。

個案 1：Somers 軍艦叛亂案[2]

美國海軍訓練艦 Somers 號艦長 Alexander Mackenzie 再三思量是否應該將艦上三名叛亂船員處以絞刑。當時為 1842 年 11 月

[2] 「The Somers Mutiny」，本個案為 Duke 大學 M.C. Voorhees 與 J.W. Vaupel 教授所編的濃縮版。

30 日，Somers 號正航行於中大西洋；Mackenzie 必須自己做這個決定。他不能確定哪一個人有罪，或者是所有三個人都有罪。證據包括，一位證人指證三人中之一的水手 Philip Spencer 曾招募他參加叛亂，而在 Spencer 身上找到一張寫著密碼的皺紙和 Spencer 的違規紀錄。

Mackenzie 已經把這三個人關進牢裡。然而，他擔心其他船員中可能也是這場計畫性叛亂中的份子可能會制服艦上軍官並放出這三個人。幾乎所有的船員都是新手，如果沒有這三個人的專業技能，他們無法開動這條船。Mackenzie 認爲，處決這三人，將可消除所有可能的叛亂。

因爲兩樁非常複雜的考量，Mackenzie 艦長尚未下令實施絞刑。第一，根據海軍法令，一條艦上的官員無法單獨構成軍事法庭，並且即使組成軍事法庭，只有艦隊司令（艦隻出海時）或是美國總統（靠岸時）才有決行死刑的權利。第二，Philip 的父親 John Canfield Spencer，是當時的戰爭部部長。

若這三人被處決，Mackenzie 自己也將面臨軍法審判，很可能被吊死。但是，Mackenzie 覺得，只要他能說服軍法庭，他的行動是合理必要的，他可望淸白脫罪。

所以，他的僵局是，無論他是否處決這三人，他都有生命危險。他應該怎麼做？

示圖 1 用決策樹（decision trees）方法分析 Mackenzie 的問題。圖中的機率是我們爲了說明方便而假定的，沒有任何資料記載 Mackenzie 的個人看法。注意，第一條事件分支——有關這三人有罪的可能性，與 Mackenzie 的行動無關。Mackenzie「脫罪」的勝算，在於這三人是否有罪。事實真相也許永難查明，但是如果他們是無罪的，其他船員提出更具毀滅性證據的機會，要比他們是有罪時大得多了。若這三人清白的可能性大過有罪的可能性時，Mackenzie 就會被定罪，那麼他也可能被判處絞刑。

配賦偏好分數：端點 I 與 J 看起來是最好的，而 G 是最差的。有些人可能認為 A 與 D 較 G 更糟，因為 Mackenzie 必須忍受審判，任令名譽掃地。從另一個角度看，Mackenzie 可以活得更久。一次失敗的叛亂 H，比沒有叛變 I 與 J 更糟糕，因為即使是失敗的叛變也比沒有叛亂多出危害生命或身體的風險，也因為 Somers 號必須帶著公開叛變的船員在剩餘航程中掙扎回港。

E 點的 50 分偏好值表示 Mackenzie 對於坐牢與 50－50 機會叛變成功及完全沒有叛變，這兩者的偏好是一樣的。也許 E 點的 50 分稍微高了一點。

計算決策樹每一分支的期望值，「處決」得到 42.68 分，「等待」得到 49.6 分。

Mackenzie 在 1842 年 12 月 1 日凌晨下達行刑命令，處決三人。三人最後的遺言顯示，Spencer 與其中之一人是有罪的，第三人則是清白的。1843 年 2 月 1 日，Mackenzie 的軍法審判開始。1843 年 3 月 28 日，Mackenzie 無罪開釋。續服一段現役後，他在 1848 年 9 月因為健康不良過世，時年 45 歲。

互相衝突目標間的偏好（preferences over conflicting objectives）

有的時候，整個問題的核心可能落在排列出結果的偏好順序。例如，因為你心中對你會多喜愛這些工作的不確定性，高過你對這些工作性質的不確定性，使得在幾個不同工作機會中做選擇，可以變成極其困難的工作。示圖 2 顯示影響你評估一個工作機會考慮因素的階層圖。問題是如何運用這些層面，為每個工作評出一個綜合分數。

為了簡化事情，假設你只關心工作裡的三件事：薪水、休假與工作地點。決策樹看來就像圖 4.4 所示一般。

圖 4.4

	年薪	休假週數／年	工作地點
A	42,000	2	波士頓
B	30,000	1	紐約
C	25,000	3	舊金山
D	45,000	6	邁阿密

解決這個問題的方法之一，是一次消去一個層面。例如，你可將這些工作轉換為與舊金山相類等的工作（圖 4.5）。

圖 4.5

	年薪	休假週數／年	工作地點
A'	36,000	2	舊金山
B'	27,000	1	舊金山
C'	25,000	3	舊金山
D'	34,000	6	舊金山

我們假設工作 A'可使該工作與工作 A 偏好相同（我們也同時假設舊金山是你較喜愛的工作地點）。在這個修正過的決策樹中，很清楚的 A'＞B'與 D'＞C'。剩下的只是 A'與 D'的比較。你願否從 3 萬 6 千美元的薪資中放棄 2 千元，以便將休假從二週加長至六週？我想你願意。所以工作 D 最好。注意，我們藉著同時抵換兩個目標，解出這個問題。在建構修訂的決策樹時，我們以抵換工作地點。選擇工作 D'優於工作 A'時，我們以抵換假期。

這種方法在僅有幾個可行方案情況時很好用。情況若不是如此時，構建每一屬性的偏好量尺較有幫助。當可行方案的確是結果不確定時，偏好量尺的作用也是極重要的。如果工作 A 的地點，在接受工作 D 的截止日期之前仍未確定，你將如何分析這問題？

累加性偏好的分解（additive preference decomposition）

下面是估量偏好值（preference values）的步驟。如果你接受偏好的基本觀念，這些步驟實際上只是常識而已。第一步，估量每一目標的個別偏好量尺（preference scales）（圖 4.6）。

圖 4.6

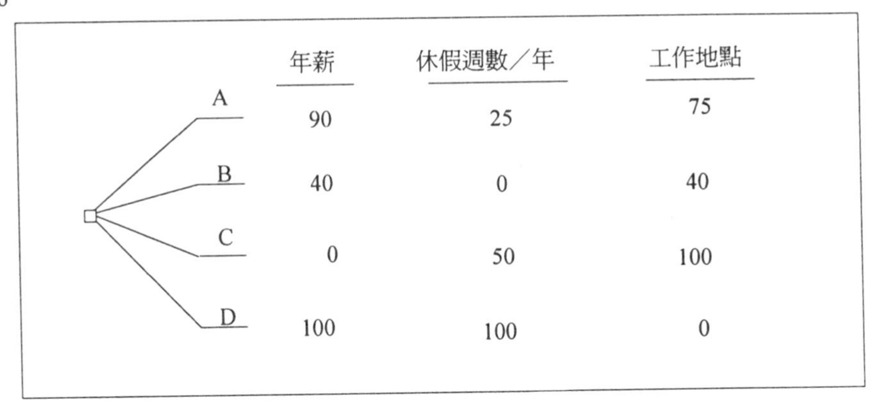

年薪
休假週數／年
工作地點
A
90
25
75
B
40
0
40
C
0
50
100
D
100
100
0

邁阿密的 0 分並不代表邁阿密是毫無價值的工作地點或 2 萬 5 千美元的不值一顧。0 分僅是表示該一特定的方案，在特定的目標下，得分最低（工作 B 在這階段即可剔除，因爲工作 A 的各個條件都較其爲佳。爲解說起見，我們仍然予以保留）。

現在，到最困難的部份了。我們希望定出每一個目標的權重（weight），使得我們可將每一工作的個別分數加權平均。下面是估量權重的方法之一。

假設有人提供你一個在邁阿密，年薪 2 萬 5 千美元，年假一週的工作機會。這個工作在我們的偏好量尺上分別得到 0,0,0 的分數。下列何者較此爲佳？

1. 年薪提升至 4 萬 5 千美元。
2. 休假增加至六週。
3. 遷調至舊金山。

你對上述三項改進的偏好順序，就是該屬性權重的偏好順序。爲什麼？令 W_1、W_2、W_3 爲三者之權重。A 改進使得工作得分 100 W_1；B 改進使得工作得分 100 W_2；C 改進使得工作得分 100 W_3. 若你的結論是 A 比 B 好，B 又比 C 好，則 $W_1 > W_2 > W_3$。對你而言，$W_2 > W_3$ 的順序，並不表示假期比工作地點重要，只代表在這四個可行方案裡，工作地點的分布比起年假的長短，對你而言，工作地點是件較不重要的事。

唯有權重的相對值才是重要的，所以你可任令 W_1 之值爲 1（若最後的權重分別爲 1, 1/2, 1/4，你將其改爲 8, 4, 2 也無妨）。要得出 W_3 值，你必須在年薪與工作地點間做一抵換。若你有一個在舊金山，年薪 2 萬 5 千美元的工作，至少要加薪多少才能吸引你轉到邁阿密工作？假設答案是 3,750 美元。也就是說，一個在邁阿密年薪 28,750 美元的工作，相當一個在舊金山年薪 2 萬 5 千美元的工作。要算出 W_3 值，你需要知道 28,750 美元的偏好分數。因爲 3 萬美元的分數是 40，我們猜測 28,750 美元的偏好分數大約是 30（我只在這個例題中猜想。你現在已經是一位決策者，以後你自己估量分數）。

因此，你知道：$0W_1 + 100W_3 = 35W_1 + 0W_3$

\$25,000+舊金山　\$28,570+邁阿密

所以，$W_3=0.35$

欲得出 W_2，假設你說一個年薪 2 萬 5 千美元年假六週的工作與一個年薪 3 萬美元年假一週的工作相當。

因此：$0W_1 + 100W_2 = 40W_1 + 0W_2$

\$25,000+6 週　\$28,570+1 週

所以，$W_2=0.4$

現在，最後一步，計算每一工作的加權平均分數：

$A: 90 \times 1 + 25 \times 0.4 + 75 \times 0.35 = 126.25$

$B: 40 \times 1 + 0 \times 0.4 + 40 \times 0.35 = 54$

$C: 0 \times 1 + 50 \times 0.4 + 100 \times 0.35 = 55$

$D: 100 \times 1 + 100 \times 0.4 + 0 \times 0.35 = 140$

結果工作 D 最佳。顯然，較高的年薪與休假足以克服較差（對這人而言）的工作地點。

累加程序應注意事項

某些複雜的情況，可能使得這個累加程序讓人懷疑。首先，年薪 3 萬美元在波士頓與紐約可能意味著不同的生活水準。假期六週對 4 萬美元可能很理想，但對 2 萬 5 千美元大概用途不大。易言之，在估量某一目標時，很難抽離其他目標水準的影響。

即使偏好可以累加，仍有其他問題。假設決策樹中包括著不確定性，如圖 4.7 所示。

無論如何處理不確定性，工作 A 可能比工作 B 更可以接受，因爲工作 A 有它的優點。然而，兩個工作都得到相同的偏好分數 70（圖 4.8）（事實上，這個問題用偏好曲線來解，要比用偏好分數解來的好，但是我們不在這裡討論）。

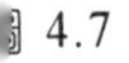 4.7

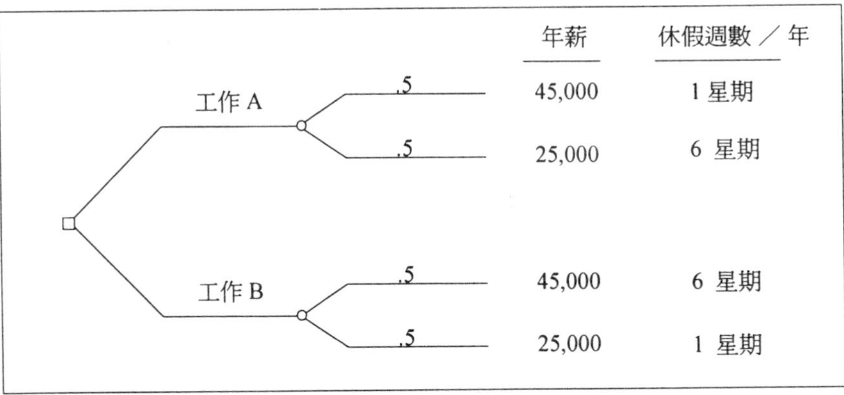

圖 4.8

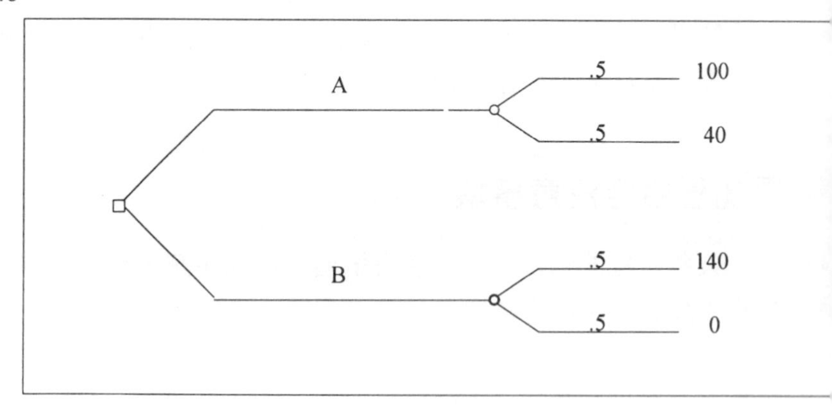

儘管有這些注意事項，偏好分析仍是十分有效的分析方法。它可應用於也一向被用在：從複雜的電腦模型到簡易的研究上。

Brown 與 Ulvila 在哈佛商業評論（Harvard Business Review）的一篇文章中（1982 年 9－10 月號）討論這類分析的商業應用。他們列舉的例證有：廠址選擇、是否實施垂直整合、是否進入新的經營領域與研發預算的分配。他們也提到十分重要的應用範圍，如磋商與談判。你決定你要什麼，準備用什麼去抵換。

個案 2：William Taylor and Associates

William Taylor 在 50 年代末期創設了一家工程顧問公司[3]。到 1979 年，公司已經成長分化到使 Taylor 覺得應該是改變公司法律結構的時機。當時它是獨資企業，但 Taylor 覺得這有許多

[3] 本個案為 Virginia 大學 Darden 商學院 S.E.Bodily 教授撰寫之真實但為假名的 William Taylor and Associates(A)個案的濃縮版。

不利之處。Taylor 要單獨負擔財務與行政重責，它的資深員工也因爲認爲公司的前途握於單一業主的利益與健康之上，因而產生事業不確定性的感覺。

Taylor 根據他兒子的建議——他兒子修過多重目標（multiple objective）偏好分析課程，把自己藏身在一間休閒旅館，發展出一張可行方案與目標的單子。示圖 3 顯示他的工作成果。單子最上面一列，是七個可行的法律結構方案（含現況），包括 Taylor 與其他潛在投資者共享主權的各種變化。左邊一行爲十三個目標，根據目標是否反映出他對員工、自己與公司的關懷，分成三大集群。注意，我們可以諷刺的說，Taylor 事實上只關心他自己，他在單子上的其他顧慮僅是因爲他們對他的福祉有影響。無論是真是假，只要 Taylor 不重複列述，這張目標名單即適合用在偏好分析。

Taylor 針對每個目標在每種法律結構下賦予 0 至 100 的偏好分數，並且至少有一方案得到 0 分，至少有一方案得到 100 分。例如，這個配分系統並不暗示員工在現況下沒有收入與安全（見示圖 3）。例如 Taylor 覺得，從方案 1 移動到方案 4 時員工收入與安全的增長程度，與從方案 4 移動到方案 7 時是一模一樣的。

根據這些資訊，Taylor 先生應該怎麼做？

注意，沒有一個方案在十三個目標上的得分，全低過其他任一方案。方案 1 很接近全被方案 6 主宰（dominated）的地步，但是被目標 5「解救」了。

假設每一集群中，每個目標的價值被評定爲等值。這時示圖 3 可縮減爲圖 4.9。

圖 4.9

		方案						
		1	2	3	4	5	6	7
目標	A	0	90	200	170	240	100	200
	B	290	70	130	280	220	340	190
	C	330	260	400	350	390	410	320

注意現在方案 6 主宰方案 1，方案 3 主宰方案 2，方案 5 主宰方案 7，方案 5「幾乎」主宰方案 3。

這樣我們只剩下方案 4, 5, 6。更完整的分析顯示，方案 5 是壓倒性最有利的方案。分析過後，Taylor 先生混合方案 4 和 5，構建出一個新的、他認爲比方案 5 更好的案子。他宣稱這個分析不但協助他選擇組織型態，也大大幫助他思考公司的策略。他兒子評論說，沒有這個方法，他父親會「抓狂」。這個問題他已經拖延有年，還可能再拖下去；公司會因而受害。特別是，這個分析讓 Taylor 相信，現況必須改變。

示圖 1

Mackenzie 艦長的決策樹

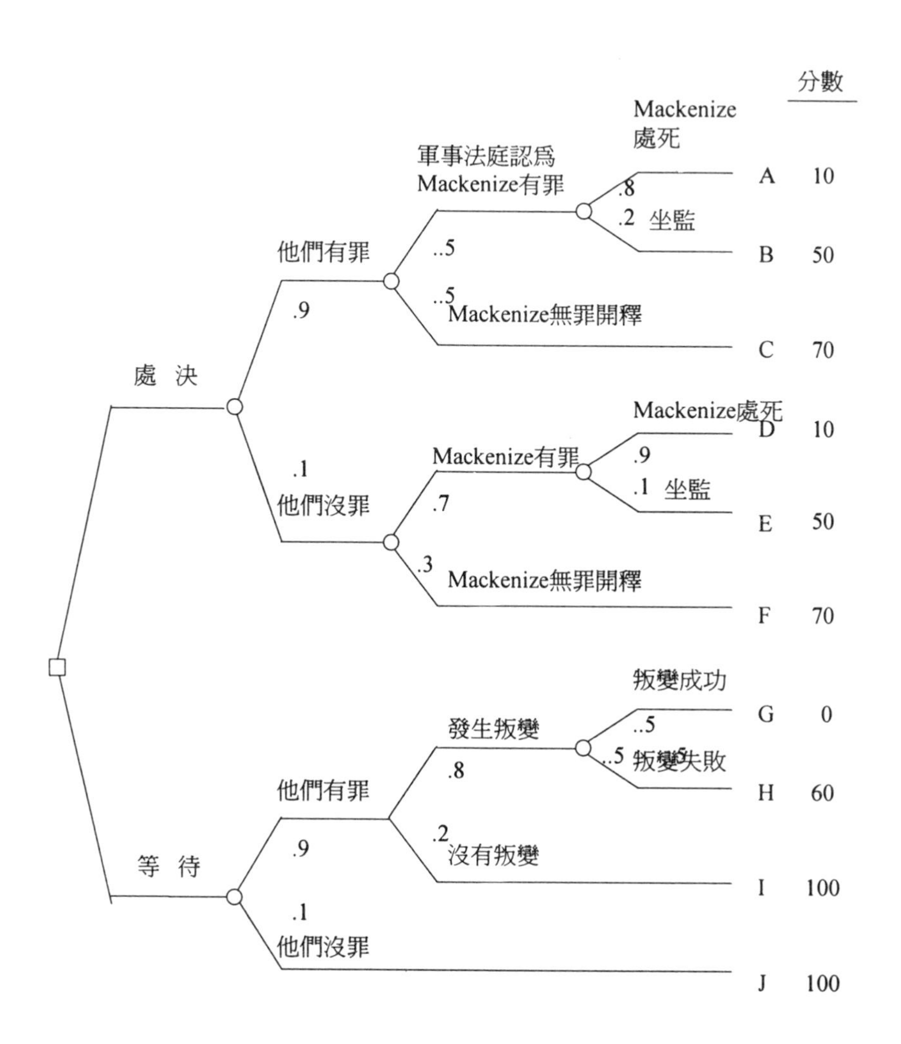

示圖 2

比較工作時的目標層級

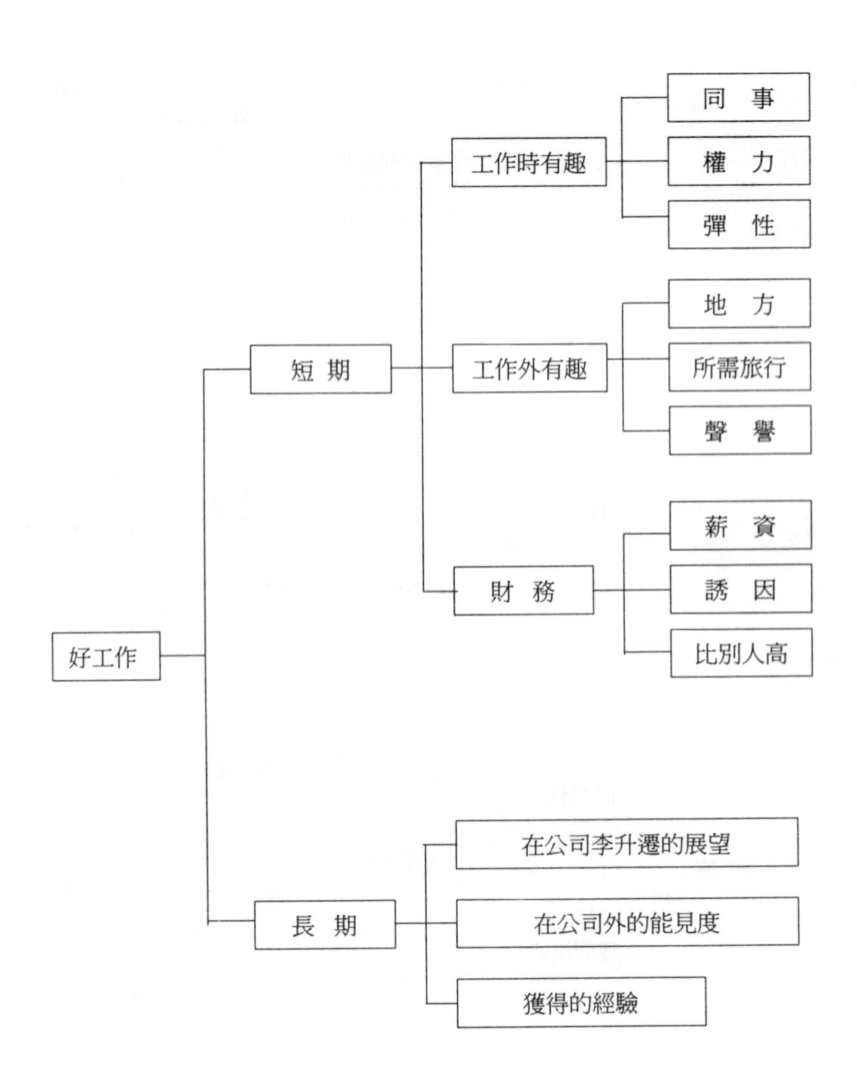

示圖 3

	1.維持現狀	2.一個合夥人	3.多個合夥人	4.專業公司+獨資	5.專業公司+一位或多位合夥人的一般公司	6.獨資但設立責任中心	7.單一公司
A.員工福利							
1.員工所得+安全	0	20	40	50	80	20	100
2.員工的工作滿足	0	20	60	80	100	60	50
3.高級員工的「企業精神的滿足」	0	50	100	40	60	20	50
B.個人福利							
4.個人所得與安全	40	0	20	100	80	50	60
5.個人所有權與控制權	100	20	40	70	60	90	0
6.個人自由	50	0	20	70	80	60	100
7.個人稅務利益	100	50	50	40	0	100	30
C.企業福利							
8.專業的群體	50	50	100	100	100	50	0
9.成長潛能	50	0	100	50	100	80	20
10.財務	0	40	60	50	90	0	100
11.統一的行銷	90	90	20	30	0	90	100
12.新的冒險事業	40	0	100	70	100	90	0
13.管理與控制	100	80	20	50	0	100	100

個案：John Brown (A)[4]

這是一位 42 歲英國男性，我們稱他為 John Brown 的真實自述。John 在一家大型英國公司負責人事服務與員工發展。他的

[4] 哈佛大學商學院 9－182－127 號個案。David E. Bell 教授編寫，©1981 哈佛大學。

家人有他的太太（41 歲）、一個兒子（17 歲）和一個女兒（14 歲）。

上星期三下班回家後，我決定在花園裡鋸些木頭。工作時，突然覺得十分不舒服，當下立即決定趕快回家——大約十碼遠之外而已。離後門約十呎遠時，我失去平衡，癱倒在地。跌倒時我一定撞擊到門，因為家人聽見聲音，過來一探究竟。我大概昏迷五分鐘。甦醒時，我躺在跌倒的地方，家人已經替我蓋上毛毯，並召喚醫師前來。醫師抵達前，家人並未移動我的位置，但是半小時後，我感覺情況稍為好轉，所以他們將我移入客廳。我們沒有叫救護車，因為前面發生的事，有太多解釋。醫師抵達後做了一系列包括彎身與扭轉在內的檢查，他宣佈無法解釋發生的事情。我可以說這位先生——從那時起我才知道，他幾星期後即將退休——絕對不該移動我。幸運的是，沒有任何傷害發生。

後來，救護車載著我通過顛簸崎嶇的道路，約在午夜時，抵達一家地方小醫院。我在那裡見到長途跋涉三十哩而來的專科醫師。他給我做腰髓神經刺穿，目的在檢查腦部血液。他診斷為次蛛網膜出血。這時，我的私人醫師——一位和專科醫師年歲相仿但是最為我信任的人——已經趕到，並和專科醫師商談。他向我證實，我有個動脈瘤爆破，因而引起腦部出血。

動脈瘤是兩條血管交口處的弱點。它是與生俱來的，每一百人中有超過三人生來就有一個以上這樣的弱點。若是血壓引起血管壁破裂，有 40%的機率在送到醫院前即已死亡。事實上，雖然我自己度過這一關，但是幾個月前，我一個同事因為腦溢血，在送到醫院前很快過世了。

我去的醫院沒有可進一步幫助我的設備。下一步唯一積極的行動，只有腦部手術，且手術必須在很短時間內進行，約在第一次病發後五至十四天內，以減少再發的機會。所以這個時候，我可以回家試著過正常生活。但是我也被告知，統計資料指出這種病初發後，再發時有 50%的致命機會。也就是說，有一半的初發病人，隨後死在再發之中。

另一方案是搬到大醫院檢查，我的情形是到華盛頓去。這種檢驗不是小事。從插進頸部的兩條管子，每一條通到腦的一邊，注射放射性追蹤劑，再照射 X 光圖。檢驗在麻醉下進行，但是麻醉過後難忍的疼痛，是我在此之前從來不知道的。即使到了今天，我仍然覺得極不舒坦。

檢驗後，我很快得知結果，立刻就面臨了主要決策——我該開刀嗎？檢驗顯示，我只有一個動脈瘤。他們華盛頓這裡看過有人有五個瘤的。像我這樣的病人中，約有 20%的人證實有超過一個以上的瘤，但是，我很幸運。

醫院的諮詢醫師深入向我和我的太太，解釋後續矯正這個問題的手術。基本上，他們將在我頭殼上鋸開一個半圓，然後穿進腦部中央的某個一特定部位，再切除破漏的血管。他們從 X 光知道它的確實位置。除了手術本身的危險外，血管的切除同時會阻斷血液流入腦部。雖然其他血液供給有補償這一部份流失血液的傾向，但份量可能不足。

手術結果依照涉及血管的不同而有所差異。我的案例，他們說會有語言障礙，甚至有完全失去語言能力的機會。第二個可能是，我會左半身癱瘓。另外，也有很大可能性發生未知的後果。也有我會死掉的真實機會。今天早上，隔壁床病人死於同樣的手術中。的確，從我住進這個專為這類手術設置的二十六號床的病房裡，平均每天一人因為各種原因而過世。

當然手術有成功的機率。如果是這樣，唯一可能的問題是夾子可能鬆開或發生類似的相關問題，但他們說這種可能性大約在五百次中只有二次的機會。其他手術的可能結果，一個是血管完全無法夾合，這時，我的情形完全沒有改變。另一個是外科醫師可能無法確定是否正確的植入夾子。若是如此，這又需要另一次檢驗，如果證實無誤，那麼大約從現在算起六星期後，要再進行一次手術。

你可以確定我完全瞭解個人健康的嚴重情況。我知道，我的醫生已經和我的孩子談過我的死亡對家庭帶來的可能影響。一位家庭的朋友也是一位極富經驗的小兒科醫師，也花了很長時間分別陪我和我的家人。我太太和我詳細討論過各種可行做法：不動手術，長久生活於致命性復發的恐懼中；動手術，又有各種隨伴的風險。如果我選擇手術，手術可以在二十四小時內完成。

死亡的展望並不特別讓我驚悚，因為在某種意義上，那解決掉一些問題。我有充分的保險，我的家庭不會有頭痛的財務問題。現在，他們已經獲得許多我可能死亡的警訊，所以如果我現在就走了，他們的震驚會比其他任何時間來得小。

喪失語言能力的展望，雖然不好但是可以忍受。我太太從事社會服務工作，定期與一位部份癱瘓又喪失語言能力的婦女打交道，所以她有和這類人打交道的經驗。然而，這會把她和我都變成殘障。

癱瘓是所有可能性中最糟糕的一件。同樣的，我太太可以照顧我，但是這對她是不公平的負擔，這將不可避免的限制她的事業，嚴重改變我們的生活。我將需要再創另一事業——很困難的一個工作。

我尚未深思其他的可能結果，因為它們還沒有清楚的定義，因此難以具體考量。即使手術結果是不更好也不更壞，至少我獲得勇於嘗試的滿足。否則，我將會在餘生中，不斷猜疑如果當初動手術這時已經把每件事情擺正了。

不動手術的方案，看起來完全沒有答案。我每分每秒都不能夠確定什麼時候死亡要向我衝擊。每個人都會死，但是我的機會比他們大多了。更糟的是，這是會突如其來的發生。如果我正開車載著家人，它突然來了怎麼辦？顯然，有這種威脅懸在身上，我不會認為我可以開車。我不能爬梯子，因為如果我在梯頂時我沒有避免死亡的機會；在地上我至少還有機會。這只是兩個將要跟隨我限制我我一生的惡夢例子。我總是會得到最輕鬆工作；我的醫師可能反對我去旅行；我的老闆會極力避免賦予我重大任務。

總之，我認為我對最後結果具備極大信心。我知道，這個外科大夫是全國首屈一指的，他做過好幾年這類手術。今天下午，他們告訴我一個長了五個動脈瘤的女孩，在一年前動過五次手術，每隔六星期一次，返回醫院來看他們，而她已經完全康復。我有信心，我很樂觀，我將選擇手術。

個案　John Brown（B）[5]

下面是 John Brown 太太的自述。

奇怪的噪音促使我奔向花園。John 的身體一動也不動的躺在門檻上。他慘灰蒼白的臉色告訴我，他死了。

午夜時分，醫院的場景。我曾在醫院服務，所以制服是熟識的，但是我們的角色卻是陌生的。John 是他們小心翼翼搬動的病人，我是病人的家屬。他們在做腰髓刺穿的準備工作時，我才瞭解到他們在找腦部出血的證據。凌晨二點，專科醫師證實是腦出血。John 仍然處於病危狀態。

翌日，孩子和我繼續日常工作，腦子裡卻不斷試著在這個重大變故裡整理個頭緒出來。我們的醫生前一天晚上不在，當時已經上班了。他到醫院見過 John 以後，過來家裡看我們。他很坦白說明他對 John 生存機會的評估。雖然他沒有提出確實的數據，卻給了我 John 能活過這星期的機會是 50－50 這樣的印象。我們在他病危的訊息中，掙扎著去了解有關病情的技術名詞。靜脈瘤是血管上由凝結的血暫時封閉住的裂隙。震動可能打破凝血塊，引發進一步的出血，所以 John 必須盡可能保持不動。他的藥物處方中，含有強烈的鎮靜劑，可望減輕他頭部的痛楚。

星期五，John 被轉送到四十哩外 Westingbrough 醫院的

---

[5] 哈佛大學商學院 9－182－129 號個案。David E. Bell 教授編寫。©1981 哈佛大學。

神經外科部。救護車的每一個顛簸感覺起來都很危險，陽光一直在刺痛他的眼睛。那時，我們是一分鐘一分鐘的過活著。Westingbrough 醫院很大，我覺得我在醫院裡把他弄丟了。但是，至少現在是一個有經驗的專業單位在照顧他。

最後，到星期六，終於有點喘息機會。John 接受以每四小時為一週期的藥物治療。在四小時中，他大約只有一小時的清醒時間。即使在那個時候，我也不知道他能夠聽到多少，又瞭解多少。

昨天，他被送到檢驗室照 X 光。全身麻醉後，染劑從頸子兩邊注入動脈大血管，然後照射 X 光片。檢驗之後，John 感到十分痛苦，騷擾和震動擴大他的問題，喉嚨和頸部又腫又痛。如果有什麼可以說的，他當時看起來比病發時糟。

今早，John 稍稍好轉，諮詢醫師告訴我們檢驗結果。他建議動手術，並列出三種選擇：

1. 包裹住動脈瘤。這是相對最簡單的手術，也不需要多少時間，所以手術的併發症很少。然而，手術效果不很好，John 只有三分之一機會活過今年。
2. 在動脈瘤的「頸部」放一個夾子。通常夾子支持的住，但是可能會有很嚴重的併發症。手術中死亡機會是 5%－10%，後續效果可能有癱瘓、語言障礙，也可能兩者都有。
3. 把夾子放到出血血管稍遠處。這樣做的效果和上述做法差不多，但是夾子有較高的成功率。然而，因為夾子會阻斷更多血液，發生後遺症的機會更大。手術中死亡機會仍是 5%－10%。

外科醫師今天就要我給他一個答覆，他建議選擇方案

3。John 問醫生，癱瘓和語言障礙是否妨礙他的理解能力，醫師再次向他保證不會。John 又問 Westingbrough 醫院做過多少類似手術。醫師說大約每星期有五、六次腦科手術。John 說他等不及趕快開刀。

雖然說從星期五起我就知道它的可能性，腦部外科手術這個觀念，現在仍然令我頭暈目眩。我說需要多一些時間考量並和外科醫師約定今天下午碰面，確認我們的決定。

我自然會花很多時間思考手術失敗帶來的問題。如果他能說話，那麼即使要坐輪椅，我倆也都能忍受。我瞭解，語言障礙是一般性癱瘓的結果之一，但是它不是不可避免的副作用。真正具有威脅性的兩種結果，第一，是癱瘓加上語言障礙同時而來，這將完全綁死他和我。我不確定 John 準備那樣過一生。另一個讓我害怕的是 John 復原了，但是器官功能逐漸衰退。這是有可能的。手術區域在腦部前葉。在這麼關鍵的地方，任何手術上的細微失誤，不但威脅到生命安全，也有喪失記憶、喪失心智或是人格變化的威脅。我曾和這樣的人相處過，事實上，我的一個親戚，在六個月中，從完全喪失能力，復原到接近自足的地步。如果 John 退化到他不能知道自己的限度，事情比較不困難。若是他知道自己的情況，我倆的生活就會無法忍受了。

這些都不是無謂的考慮。John 的私人病房位於長長的大病房後面，每次我去看他時，都會經過其他病人面前。病人有的失語，有的心智錯亂。我昨天看到一位還跟著家人談天說笑的老人家，今天居然就在手術過後逝世。每個病人不是剃個光頭，就是被繃帶包紮滿滿的。John 並沒有真正看到他們，他只是聽見他們而已。

今天下午，我如約回去會見外科醫師。我可以分辨出，他很不願意再檢視一遍我們可以有的選擇，也許是因為害怕我是在找尋他不能提供的再一次保證。我告訴他，我對當前的可行方案並不滿意，希望再多得到一些資訊。他問我是否有醫院工作經驗，我說有，他把我叫進他的辦公室，拿出 John 的 X 光片子。他指出的動脈瘤，在 X 光片上十分細小。外科醫師手指著清晰可見圍繞在動脈瘤附近著的一團血管，肯定的說，這是為什麼很樂觀不會發生缺血的原因。你也可以看到血管的頸部十分纖細，這解釋為何夾子必須放在更下面部位的理由。我說：「一直到你打開他腦袋之前，你實在不知道你會怎麼做，是不是？」他點頭同意。

他也說，若是 John 沒能在第一次出血十天內手術，他生存的機會大為下降，不動手術的話，大多數的病人在六週內死亡。我心中的主觀部份，已經在為 John 的遭遇、他將遭受的痛苦和橫在眼前的損害感到悲悽。手術一定痛苦得不得了，為什麼他應該那樣死去？也許把他帶回家，讓他在家人陪伴的熟悉環境中過世比較好。相對這個想法，如果我沒有給他每一個可能活命的機會，我如何原諒自己？他究竟要什麼？

個案：環保署：緊急狀況下，豁免使用註冊

殺蟲劑的權力[6]

環保署（Environmental Protection Agency, EPA）成立的目的在防護重大的環境破壞，特別是人類工業對環境的干擾。環保署對殺蟲劑（pesticide），尤其是 DDT，與其對動植物的潛在傷害，下了很大功夫。不當使用殺蟲劑，不但影響自然環境，家畜、飲用水與食物也常受到影響。環保署負責註冊殺蟲劑，唯有註冊過的殺蟲劑方可使用。有些情況下，某類殺蟲劑可能註冊適用於某些用途，而非其他方面。環保署也可以註銷註冊過的殺蟲劑。

聯邦殺蟲劑、殺菌劑、滅鼠劑法第十八章，依 1972 年聯邦殺蟲劑控制法修訂而成，授權環保署在緊急狀況時，以個案批准方式，准許聯邦或州官署使用未經註冊之殺蟲劑。

符合下列三項標準時，方可豁免使用註冊之殺蟲劑：

1. 蟲害已經或是將要發生，並且沒有註冊之殺蟲劑或其他方法，可以消除或控制該蟲害時。
2. 不使用該殺蟲劑，將發生重大之經濟或衛生問題時。
3. 從發現或預測蟲害起，可用的時間，不足以使該殺蟲劑完成註冊時。

[6] 哈佛大學商學院 9－180－018 號個案。David E. Bell 教授編寫，©1979 哈佛大學。

豁免申請共分三類。特定豁免申請，爲美國境內自有之瘟蟲。隔離豁免申請，適用於美國本土以外之害蟲。這兩類申請可能費時一週到三個月時間。危機豁免申請，爲發生不可預測的蟲害，且有立即之衛生或經濟災難，不及進行上述兩類申請時使用。危機申請通常在使用殺蟲劑後辦理。

Graham Beilby[7]負責所有緊急狀況的豁免申請。處理申請的固定作業方面，大都爲環保署的法令所規定。申請者必須呈送大量支持申請聲明的資料，與描述使用申請之殺蟲劑後預期不利後果的資料。雖然環保署通常沒有足夠時間針對特定狀況蒐集自己的資料，申請者的聲明基本上是否真實，通常十分明顯。言過其實的聲明足以作爲駁回申請的理由。無論如何，申請者爲了將來可能再次申請，並不希望在環保署損害自己的信譽。

Beilby 與申請官署主管常在發起正式危機豁免申請之前，尚未使用殺蟲劑之前，先行電話討論。這是因爲如果危機豁免申請最後未得到批准，申請者會面臨十分嚴厲的法律處分。所以，這類討論總圍繞著何者較可能或較不可能獲准的共識打轉。

Beilby 現在擔心，面臨當前緊急豁免申請大量增加的情況，這種非正式的個案評估方式並不適宜。1972 年聯邦殺蟲劑控制法通過後的頭兩年，收到 7 件申請案；1974 年收到 36 件，1975 年看來會更多（1974 年的 36 件申請，12 件批准，14 件駁回，2 件屬於危機申請，7 件後來撤回，1 件仍在處理中）。

Beilby 在 1975 年春天，收到美國森林管理局（U.S. Forest Service）的申請，要求准許在它的太平洋西北區林地使用 DDT。

---

[7] 這個姓名與一些日期經過更改。個案中，主觀的意見與機率，僅供說明使用。它們並不代表環保署任一官員之意見。

該地區土生的 Tussock 蟲與 Douglas 樹的定期落葉有關。1968 年以前，森林管理局使用 DDT 控制該蟲，但是後來他們自動停止使用。他們在 1974 年又再度希望使用當時已被註銷的 DDT，但被環保署拒絕。1974 年的申請，預測 130 萬美元損失，是基於原子多邊形菌將自然消除 Tussock 蟲的信念，而被駁回的。Tussock 蟲並沒有被消滅，反而成為 7 千 7 百萬美元損失的主凶。

Beilby 十分明白壞決策與壞結果間的區別，但是這個事件對環保署的信譽不能有所助益，環保署的信譽已因稍早一次豁免決策的結果而受損。那個案子裡，環保署批准了某一州使用 DDT 豁免權的申請，但是蟲害在造成嚴重損害之前居然自然消失了。幸運的是，殺蟲劑尚未動用，但是 Beilby 覺得這次事件，不僅傷害他的聲望，也波及環保署的聲譽。美國國會和一般大眾自此以後，都睜大眼睛盯著環保署的決策。甚至於某些豁免申請還具有政治上的爆炸力。

Beilby 心中記掛著這樣的背景，仔細檢查眼前的申請案。森林管理局希望在包括華盛頓、奧瑞岡與愛達荷州部份地區在內的 65 萬英畝土地上，使用 49 萬磅的 DDT。其中三分之二的土地屬於聯邦所有，六分之一屬州地，六分之一是 Colville 印地安保留區。印地安區的森林提供該區人民 40%－50%的就業量，約佔該族總收入的 95%。他們的森林在 1974 年的落葉事件中，受損最嚴重。不斷的落葉導致樹木死亡，不僅產生經濟損失，並且大大增加森林火災的機率。對 Colville 印地安保留區而言，這不啻是一場浩劫。

這個申請有附帶條件，就是先測試大量的雞蛋樣本，這些樣本必須是從 1975 年大雞瘟後取出的雞蛋。這個測試會顯示幼蟲群體是否已為多形原子菌所控制。若是這種自然控制沒有發生，而且豁免申請沒有獲准，森林管理局估計將有 6 千 7 百萬美元的經濟損失。

雖然預測的損失很大，但 Beilby 並不十分情願批准這項申請。如果他拒絕申請，必須有十分清楚合理的理由。他突然想到一份由一家著名的劍橋顧問公司在二月間爲環保署完成的一份報告，應該對他現在的情況很有幫助。他閱讀完這份報告以後，畫了下列的決策圖（圖 4.10）。因爲如果雞蛋測試結果有利，森林管理局將撤回申請，所以他以雞蛋測試結果不利情況估計機率。

圖 4.10

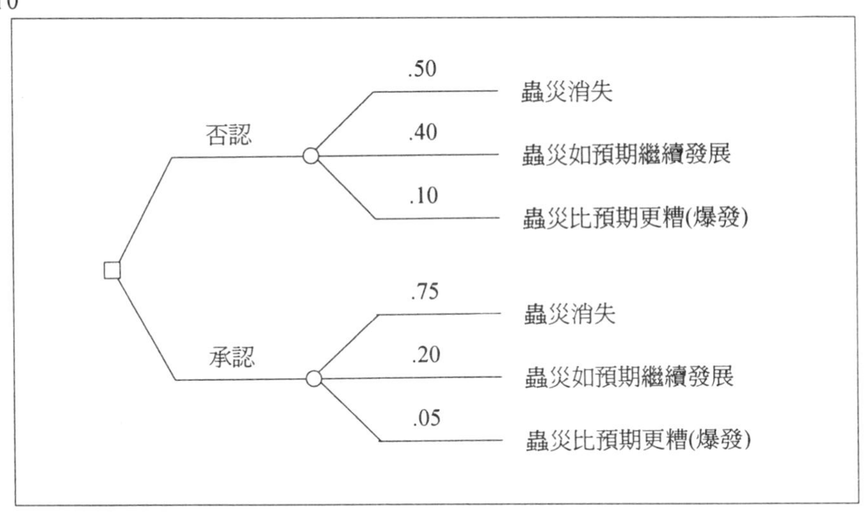

Beilby 估計的經濟損失，情況最好的時候（蟲災消失）是 3 百萬美元，最壞時（蟲災爆發）是 9 千萬美元。他用這些數字與主觀機率計算出「批准」的期望損失約在 2 千萬美元，「駁回」的損失約爲 4 千萬美元。Beilby 覺得這兩個方案似乎都不妙，雖然拒絕申請的損失有批准的兩倍之多，但是在批准項下 DDT 的使用應該有負的權重才對。同時這些數字也沒有反應他不願意再做一次「錯誤」決策的願望。

他坐下來，在打電話給顧問公司以前，心理頭想著，看起來再精細的方法對手上這種問題似乎都爲沒有用的進一步證據。

個案：Kenneth Brady[8]

Kenneth Brady 是一位 29 歲的二年級 MBA 學生的化名，這個個案是他撰寫的。

> 我成長於德州一個人口只有 9 千人的 Dumas，畢業於德州中部的一家小型學院。畢業後我立即進入德州奥斯丁的 Thorne Entrprises 擔任電腦程式員。工作六個月以後，Thorne 先生派我擔任一家銷售輸送帶量尺子公司的總經理。該子公司包括我自己共有六個員工。事實上，我只是銷售員的頭頭而已。從 1973－1974 年經濟衰退以後，輸送帶量尺的銷售平平而已，在我的管理下也沒有多大起色。十八個月以後，我辭職轉而進到 Amarillo 的保險界。
>
> 在五年當中，憑著一個秘書一隻電話，我賺到大約 6 萬美元的年薪。日子很舒適，但問題是我只是一人樂隊。我度假時甚至休一下午假時，整個銷售程序就驟然全部停擺了。我這種經營方式，無法建立往上衝刺的動力。
>
> 我向哈佛企管所申請入學，看看我是否進得去。我一點也沒想到，如果我真的進去了，我以後要做什麼。但是當我收到入學許可，我立刻決定我要進去讀書。我仍然還

---

[8] 哈佛大學商學院 9－184－024 號個案。©1983 哈佛大學。

有老客户續保的收入，所以我們夫妻倆人不必在生活型態上作太多犧牲。

但是現在還有三個月就要畢業，我必須想好下一步作什麼。過去幾個月中，我一直試著賣給一家肯塔基州石油探勘公司一些產油設備的租賃契約。從我的觀點，這是一筆好交易。如果我沒賣成，他們支付我的費用；如果賣成了，我得到 8%的佣金（大約 3 萬美元）。如果交易成功，這 3 萬美元對我爾後的計畫大有助益。

這個時候，我有三個可能的工作展望。我稱他們為工作 A、工作 B 和工作 C。工作 A 是我惟一真正想要的，因為它最有向上發展潛力。做好工作 B 的機會最大，但是它不如工作 A 有趣。工作 C 是我稱為傳統性的工作。

工作 A

Thorne 先生上個月打電話給我，談他在達拉斯與休士頓中途建造一個貨車站的想法。我已經找一批企研所同學做這個計畫的可行性研究。Thorne 先生想在他自有的 9 千畝土地上建造一個火車站，而藉著火車運送卡車進出德州。這種「火車背卡車」的想法並不新鮮。新鮮的是服務兩個城市的火車中途站。這個車站會從達拉斯與休士頓拉過生意，並且是建在僅有這兩個城市工業區地價 1/100 的土地之上。這是利潤之所在。Thorne 先生已經有一條自己的鐵路通過擬議中的車站地點。這個車站也很有希望將附近地區變成很有吸引力的地區。

Thorne 先生建議這個車站可以和他現在的其他事業分

開經營，好清出一條乾淨的道路讓我加入發展。這個階段，我們認為大約需要 1 百萬美元開辦費用：$300K 的設備費用，$700K 第一年的營運費用。我盡可能將我所有的放進去，Thorne 先生再負責填補不足金額。除利潤分享以外，我每年可得$50－70K 年薪另加紅利，作為開辦與設施營運酬勞。

我必須在三月底以前給 Thorne 先生回話。

工作 B

Robert Irwin 在休士頓有一家石油探勘公司。我曾在試著銷售產油設備時碰見他。他與我討論過設立一家公司，以積極尋找銷售產油設備租賃契約機會。石油瓦斯業已經嚴重蕭條十八個月之久，許多生產設備被迫以跳樓大拍賣的價格出售。我將有兩位石油專家，專門負責評估這些資產的價值。Irwin 的公司將會得到標準的銀行投資費用的報酬。我負責三分之一的開辦成本（$100K）。此外，我會有 6 萬美元年薪或是三分之一利潤兩者中較高一者的報酬。

這實在只是短期事業。兩年內，石油與瓦斯的蕭條會退去，那時這個工作的吸引力也會跟著消失。

如果石油與瓦斯的蕭條會在我們公司成立前即已退去，我很可能跟著 Irwin 先生當石油與瓦斯設備銷售中間商。這時，我不必投資，有 8%的佣金，如果表現好佣金比例可以很快提高。但是，這會給我發展與許多潛在買方賣方接觸的機會。我希望能與一位大客户發展出堅強的關係，然後在未來某一時點與他進入實體交易的階段。

工作 C

第三個工作是我稱為傳統性的工作。今年春天稍早時，Irwin 先生讓我與休士頓一家大型退休基金管理公司接觸。他們正在計畫為公司高階主管們開辦一個石油瓦斯投資基金。我曾經面試過一個職務，這職務要與其他兩、三個人共同為基金評估石油瓦斯資產。

這個職務在六－十二個月內不會正式設立，但是他們答應我，在基金成立以前，會先放我做個年薪 4 萬 5 千美元的證券分析員。三星期後，我將前往休士頓接受另外一系列的面試，而且讓他們知道我究竟有多認真。

分析

一晚，瀏覽過第二天上課要討論的個案以後，我再也沒有辦法做任何事了。我再度拾起那晚看過的風險管理個案。那是一個華盛頓商學院的渾小子如何用偏好分析方法協助他父親做主要生涯改變決策的故事。因為我自己正好面臨主要的事業選擇點，我試著再讀一遍這個個案。大約讀到一半時，我決定我應該忘掉這傢伙的爸爸，而為我自己做偏好分析。所以我丟開還沒唸完的個案，畫出示圖 4。

示圖 4 是我對何謂「好」工作粗略的表示。我從列出理想工作應該具備的例如高薪資、紅利、平等之類屬性開始。然後我再就每一屬性列出我對各個工作的相對評估值。因為我知道工作 A 與工作 B 的結果有賴於經濟狀況與我的能力，因此是不確定的，所以我為這些工作創設高與低的狀況。工作C是傳統性工作，所以只有一種狀況需要考慮。所以對每一個屬性，我有五種狀況要考慮。

對每一屬性，我給最好的狀況 100 分的原始分數，最壞狀況則給 0 分。例如，比起工作 B 或工作 C，工作 A 的薪資相對少的可憐。但是如果我們以高低狀況來看，工作 A 的紅利又好過工作 B。但是，工作 C 的小紅利又比工作 A 低或是工作 B 低要好。

旅行很容易評估。工作 A 的旅行有限，大約是適當的量，所以得分 100。工作 C 沒有旅行，看起來限制到我。工作 B 需要頻頻旅行。比較起來，我比較喜歡頻頻旅行，所以工作 B 得 50 分，工作 C 得 0 分。工作 C 最吸引我的特性，就是可以和休士頓商業界的接觸。相反的，工作 A 最大缺點之一，就是我將加入一個相對沉寂的行業（鐵路業），而與中部德州以外地區接觸很少。「接觸」這個問題，是整個生涯決策中最難以估計的一點，也是進行這個偏好分析最大的動機之一。

下一步是分配各個屬性的權重，然後將權重乘上「原始分數」，產生「加權分數」（weighted assessments）。如果我瞭解這個方法的話，這個加權分數代表，例如，工作 A 與工作 B（高低時相同）在「接觸」品質上的改進，等於工作 C 和工作 B 低在工作彈性上的改進。

為了調整每個狀況的風險，我賦予各個狀況的機率。做好工作 A 高的機會只有 20%。我幾乎完全肯定一定做得好工作 C，所以它得到 1.0 的機率。

現在，所有項目填完了，我得出 366、356、206 的總期望偏好分數。這似乎證實我原有應該忘掉工作 C 的看法。

我很驚訝工作 A 與工作 B 的分數如此接近。我心裡最想要的是「火車背卡車」的工作（工作 A）。

我把這個表給我太太看。她十分有興趣，也瞭解其中的意思。她一直要求我接受工作 C，認為我要把自己的錢「賭」在其他兩個工作的想法太瘋狂。但是，她真正想要的是我快樂的工作；這才是所有最要緊的。

其他，她想要留在波士頓，不願意搬到不熟悉的地方。我們在 Belmont 有棟房屋，兩個小孩也在那兒上學。聽起來可能奇怪，但是波士頓是做石油瓦斯事業（工作 B 的好地方）。因為這裡遠離石油產區（德州），反而因此可以增加可信度。 因為大部份生意是在電話或是靠旅行談完，你人到底住哪裡一點也沒影響。我認為她想要解決的主要事情是我們到底住哪裡這事。她要我們下一回搬家是最後一次搬家，至少是在一段不算短的時期內。

示圖 4

		原始估量					加權後的估量				
		工作 A		工作 B		工作 C	工作 A		工作 B		工作 C
權重	目標描述	高	低	高	低		高	低	高	低	
0.1	薪資	0	0	100	80	80	0	0	10	8	8
0.9	紅利	100	0	80	0	20	90	0	72	0	18
1.0	平等	100	0	80	0	0	100	0	80	0	0
0.9	有趣	100	60	50	60	0	90	54	45	54	0
0.6	旅行	100	100	50	50	0	60	60	30	30	0
0.8	接觸	0	0	60	60	100	0	0	48	48	80
1.0	觀念	0	0	40	40	100	0	0	40	40	100
0.6	工作彈性	100	30	80	30	0	60	18	48	18	0
0.3	職銜	100	100	80	80	0	30	30	24	24	0
0.8	員工人數	100	100	80	80	0	80	80	64	64	0
0.7	工作地點	100	100	0	0	0	70	70	0	0	0
	小計（未調整風險）						580	312	461	286	206
	機率						×0.2	×0.8	×0.4	×0.6	×1
	中間值						116+250		184+172		206
	調整風險後的偏好						366		356		206

個案：Toro 公司的無風險計畫[9]

「我實在不瞭解我們怎麼可以用這種費率再執行一次計畫。」這是在 1984 年時，消費者產品行銷經理 Dick Pollick 對專案經理 Susan Erdahl 一份分析報告的反應。Susan 運用歷史資料作了精算，算出來的結果證實保險公司要求提高三倍保費，以承保 Toro 公司再實施一次「無風險計畫」，其要求是合理正當的。

背景

Toro 在 1914 年從製造牽引機引擎起家，後來分支進入庭園除草機業務領域。他們在 1960 年代早期加進鏟雪機產品。到 1984 年時，他們已經可以提供機構與住宅客戶完整的「戶外照料」系列產品線。住宅庭園照料產品約佔銷售額的 40－50%，其中鏟雪機佔約 10－15%。

鏟雪機的配銷，是透過全國下雪帶的二十六個區域配銷商，分銷至像五金店、草地與花園中心等類的零售商。Toro 也直接賣產品給像 Marshall Field 這類大賣場，這種賣場再貼上自己品牌的銷售額約佔 30－40%。雖然全年都有鏟雪機的銷售，但是 60－70%集中在十一、十二與一月，隨後大幅下滑，到夏天時跌至谷底。酷寒之後一年的銷售特別好，推測是因爲人們決心不再爲大雪「困牢」之故。

---

[9] 哈佛大學商學院 9－185－017 號個案。David E. Bell 教授編寫，©1984 哈佛大學。

Toro 的產品線包括新近推出的電動雪鏟，與較傳統的一階段與兩階段鏟雪機。一階段鏟雪機（較小的機型）的建議售價在 270－440 美元之間，每年賣出 10 萬部以上。自動推進的兩階段鏟雪機價格在 640－1,500 美元之間，每年售出在 2 萬部左右。

這些數字比起 1970 年代差遠了，那時連續幾年的成長，在 1978－1979、1979－1980 這兩年到達顛峰。Toro 當時賣了將近 80 萬部的一階段和 12 萬 5 千部的二階段鏟雪機。從 1977／1978 年嚴寒的冬天起，創造出這樣的需求，敢積極存貨的經銷商都得到報酬。

下一年，1980－1981 年的銷售額一下掉到谷底（見示圖 5）。中盤商零售商的堆積大批賣不掉的存貨，有些人甚至有三年的存量。不但訂單摔成零零星星，Toro 損失不少收入，尚且還要幫助經銷商支付大批存貨的成本。再下來的兩個冬天也是一樣溫濕而已，使得 Toro 的財富急劇下降（見示圖 7）。經銷商們不再迷戀鏟雪設備，前景展望淒迷。

無風險概念

1982 年 11 月，Susan Erdahl 接到一通專於安排與天候有關的經營風險保險（weather-related business losses），叫做 Goodweather 公司來的電話；他們的聲譽來自為搖滾樂隊演唱會保險。他們建議 Toro 可以為鏟雪機顧客保不下雪的險。

這個建議觸發 Dick Pollick 的興趣。稍早一份委託的行銷調查報告說，潛在顧客最大的顧慮之一，就是深恐鏟雪機的使用率不高。也許 Goodweather 的建議可以「保證」顧客採購鏟雪機的正當性。

這個計畫到 1981 年 1 月已準備正式出發：這個計畫規定如果當年冬季降雪量低於歷史平均值 20%的話，每位 1983 年夏季與秋季的 Toro 顧客（電動雪剷除外）除了可以可保留他所購買的鏟雪機外，還要全額退回零售貨款。每個零售點都會張貼 172 個政府氣象站的資料，讓顧客知道他適用的氣象站與平均降雪量。若實際降雪量少於平均值 50%，顧客回收一半的零售價。中間的降雪量按比例不同增減還款（見示圖 8）。以郵寄註冊單的顧客（示圖 6），在降雪量低到標準時，會自動收到還款支票。

因為 Toro 潛在責任高達數以百萬美元計，所以感到有必要保險，這是要用到 Goodweather 的地方。他們安排了一紙與 American Home Insurance Company 的保險契約，由該公司負責所有賠款，以換取所涵蓋鏟雪機零售價 2.1%的保費。

計畫的成功

剛開始時，經銷商抗拒這個計畫，原來秋季時給的是 10%的折扣。他們擔心行政手續可能很繁瑣，顧客可能會混淆。但是，他們很快發現新計畫的簡單與吸引力。經銷商熱心促銷，同時，三年來第一次，開始存貨支持促銷。

促銷廣告（見示圖 9）激發許多有趣也的確令人興奮的事：經銷商報告說顧客指名只要 Toro，而且買大型機器以享受更多利益。有些地區，像 Toro 所在的 Minneapolis，破紀錄的大雪更助長原已高揚的銷售額。經銷商賣光手上的大機器，小型鏟雪機的銷售也很好。為了追上強勁的需求，Toro 史無前例的在季節當中生產 2 千 5 百部大型機器。他們運氣也夠好的將這批機器生產出來，因為引擎要靠外部的供應商提供。而生產的前導時間是以月計，而不是以週計。

Dick Pollick 興奮不已。不但銷售有成長，經銷商得到利潤恢復信心，而且這個促銷活動的成本很低。雖然因為開始一個新活動而增加一些管理成本，無風險計畫活動的基本成本是銷售額的 2.1%，而不是以往折扣計畫的 10%！

目前狀況

儘管成功，Dick 並不確定這個計畫應否繼續。第一、新鮮感不一定延續到第二年。同時，雖然有兩個氣象站報告降雪量低於 50%（在維吉尼亞境內的 Richmond 與 Roanoke），但當顧客知道上一年只有幾個顧客「回本」時，他們可能不再那麼熱心。再者，因為 1983／1984 年冬天下雪不少，即使沒有促銷，下一個秋季的銷售也應該很強勁。總之 Dick 認為這個促銷主要利益在於刺激回銷售力；再重複一次計畫，似乎不太可能增加什麼。

而現在 Susan 告訴他 American Home 要求明年銷售額 8%的保費。其他保險公司，包含倫敦的 Lloyd 在內，要求 6－10%。Susan 自己的分析（示圖 10）使她自己相信，American Home 去年搞錯了，才向他們要這麼低的保費。她的計算顯示，如果無風險計畫在 1979／1980 至 1982／1983 年間實施，確實的費率應該是銷售額的 4%、8%、 1%和 19%。

示圖 5

Snowthrower 公司的銷售量（以單位計）

產品	78／79	79／80	80／81	81／82	82／83	83／84
電動雪鏟	–	107,213	107,896	56,981	89,114	68,141
一段式	426,425	367,253	124,615	111,472	102,718	110,564
二段式	53,700	73,483	17,335	19,683	18,374	31,702

示圖 6

TORO 無風險計畫註冊單

機型＿＿＿＿＿＿＿＿ 種類＿＿＿＿＿＿＿＿ 序號＿＿＿＿＿＿＿＿

購買日期

（必須在 5/1/1983~12/10/1983 有效）

顧客姓名＿＿＿＿＿＿＿＿＿＿＿＿＿＿＿＿

地址＿＿＿＿＿＿＿＿＿＿＿＿＿＿＿＿／＿＿＿＿

街　　城市　　州　　區域號碼

承辦人姓名＿＿＿＿＿＿＿＿＿＿＿＿＿＿＿＿

地址＿＿＿＿＿＿＿＿＿＿＿＿＿＿＿＿／＿＿＿＿

街　　城市　　州　　區域號碼

顧客簽名＿＿＿＿＿＿＿＿＿＿ 承辦人簽名＿＿＿＿＿＿＿＿＿＿

注意事項：欲註冊者，必須在 1983 年 12 月 17 日之前將此註冊單最後一聯副本寄到此註冊單反面的地址。這個計畫所適用的條件均印在「無風險計畫」的小冊子上。若有法律明文禁止之處則無效。

©1983 年 Toro 公司，

美國明尼蘇達州

示圖 7

財務資料摘要 1974-1983（除每股資料外，金額以千元計）

營業資料	1983	1982	1981	1980	1979	1978	1977	1976	1975	1974
淨銷貨	$240,966	$203,761	$247,049	$399,771	$357,766	$223,853	$153,910	$129,978	$131,626	$114,592
盈餘（損失）										
繼續營業的盈餘（損失）										
投機買賣	$106	$（8,699）	$（12,595）	$5,679	$17,717	$11,733	$5,669	$3,703	$1,809	$4,572
銷貨百分比	—	（4.3）%	（5.1）%	1.4%	5.0%	5.2%	3.7%	2.8%	1.4%	4.0%
普通股每股	$（0.27）	$（1.86）	$（2.57）	$0.97	$3.18	$2.18	$1.08	$0.72	$0.36[a]	$0.92
淨盈餘（損失）	$572	$（8,699）	$（13,068）	$5,272	$17,126	$11,085	$5,589	$4,403	$2,480	$5,345
普通股每股	$（0.19）	$（1.86）	$（2.66）	$0.90	$3.07	$2.06	$1.07	$0.86	$0.50[a]	$1.07
股利										
流通普通股每股	$0	$0	$1,825	$4,861	$3,670	$2,035	$1,497	$1,286	$1,234	$1,091
普通股每股	—	—	$0.33	$0.88	$0.68	$0.39	$0.29	$0.26	$0.25	$0.22
報酬率										
期初股東權益	（2.6）%	（19.3）%	（21.1）%	7.2%	31.5%	24.5%	14.0%	12.1%	7.1%	17.3%
平均股東權益	（2.4）%	（21.4）%	（23.9）%	7.2%	27.6%	22.6%	13.4%	11.9%	7.0%	16.6%

財務狀況摘要	1983	1982	1981	1980	1979	1978	1977	1976	1975	1974
現有資產	$92,662	$89,606	$99,678	$123,180	$139,207	$107,189	$73,234	$65,718	$74,516	$61,063
現有負債	$38,925	$43,107	$37,635	$42,676	$68,040	$50,022	$26,640	$22,583	$35,692	$20,172
淨流動資本	$53,737	$46,499	$62,043	$80,504	$71,167	$57,167	$46,594	$43,135	$38,824	$40,891
非現有資產	$58,547	$60,553	$57,353	$60,410	$38,406	$25,817	$21,674	$19,183	$20,061	$11,462
總資產	$151,209	$150,159	$157,031	$183,590	$177,613	$133,006	$94,908	$84,901	$94,577	$72,525

續示圖 7

財務資料摘要 1974-1983（除每股資料外，金額以千元計）

營業資料	1983	1982	1981	1980	1979	1978	1977	1976	1975	1974
非現有負債	$2,167	$1,311	$1,488	$816	$591	—	—	—	—	—
資本：										
長期債務	$41,858	$47,414	$49,288	$55,315	$39,250	$28,650	$23,100	$22,344	$22,500	$17,210
可贖回特別股	$14,829	$14,829	$14,830	$14,830	—	—	—	—	—	—
普通股東權益	$53,430	$43,498	$53,790	$69,953	$69,732	$54,334	$45,168	$39,974	$36,385	$35,143
總資本	$110,117	$105,741	$117,908	$140,098	$108,982	$82,984	$68,268	$62,318	$58,885	$52,353
普通股每股帳面價值	$8.04	$7.77	$9.64	$12.65	$12.63	$10.26	$8.57	$7.97	$7.37	$7.12
股票資料										
普通股總數（以千計）	6,649	5,597	5,579	5,528	5,521	5,298	5,272	5,016	4,936	4,396
股東總數	4,,222	4,528	4,484	4,157	3,345	2,659	2,679	2,188	2,127	1,921
最低價	5.375	5.625	9.125	12.625	16.250	6.500	5.875	5.250	4.000	3.500
最高價	13.875	9.250	19.875	24.375	29.125	6.125	7.250	8.625	6.500	8.250

[a] 因為存貨改以後進先出法計值，1975 年每股盈餘低了$0.35 元。所有 1975－1978 年的數字，按 Irrigation & Power Equipment 公司的出售而經調整。所有 1980 年的數字，按 Barefoot Grass Lawn Service 公司的出售而經調整。所有「普通股每股」數字已經調整，以顯示 1978 年 12 月 100%股利的效果。1978－1981 年資料，已按 FASB No.4 規定的施行而調整，每股盈餘是根據淨盈餘減去特別股股利算出的。

示圖 8

TORO 公司無風險計畫的條件

IF IT DOESN'T SNOW WE'LL RETURN YOUR DOUGH! AND YOU KEEP THE SNOWTHROWER.

TORO

If it snows less than	You keep the Toro and you receive:
20% *AVERAGE SNOWFALL	100% REFUND of suggested retail price
30% *AVERAGE SNOWFALL	70% REFUND of suggested retail price
40% *AVERAGE SNOWFALL	60% REFUND of suggested retail price
50% *AVERAGE SNOWFALL	50% REFUND of suggested retail price

CONDITION AND TERMS OF TORO'S S'NO RISK PROGRAM

- Eligible Toro Snowthrower models include only: model S-140, S-200R, S-200E, S-620E, 3521, 421, 521, 524, 724, 824, 826 and 1132.
- Consumer purchases of eligible Toro Snowthrowers must be made between May 1, 1983, and December 10, 1983.
- Eligibility for full or partial reimbursement will be based upon snowfall measurement from 12:10 A.M. July 1, 1983, through 11:59 P.M. May 31, 1984.
- Snowfall statistics and definitions will be based on figures and wording of the United States Department of Commerce/National Oceanic and Atmospheric Administration (NOAA-US Dept of Commerce)
- Determination of full or partial reimbursement will be based upon the NOAA snowfall statistics of a specific, predetermined weather reporting station. The location of the NOAA weather reporting station applicable to your Toro Snowthrower purchase and the terms of reimbursement are displayed in print at the Toro dealer you purchased your Toro Snowthrower from.
- Eligibility for Toro's S'No Risk Program is limited to the original purchaser only and is not transferable. Only new equipment purchased is eligible for the program.
- Toro's product warranty program is a separate program. See operator's manual for product warranty details.
- The territory of this S'No Risk Program includes the 48 contiguous United States and Alaska. Canada is not included.
- Determination of your eligibility will not be made until May 31, 1984, the end of the defined snow period. If eligible for full or partial reimbursement, please allow 8 to 10 weeks for the delivery of your check.
- Your eligibility under Toro's S'No Risk Program shall be void if you, as a Toro Snowthrower purchaser, have concealed or misrepresented any material fact or circumstance concerning your purchase of the Toro Snowthrower. The refund is void where prohibited.
- Inquiries concerning the S'No Risk Program may be directed to your Toro Dealer, or write:

  The Toro Company, ATTN: S'No Risk Program, 8111 Lyndale Avenue South, Minneapolis, MN 55420

*Average annual snowfall for each reporting station will be the "Record Mean" snowfall compiled by the National Oceanic and Atmospheric Administration (NOAA) on file at and/or published by the U.S. Department of Commerce, National Climatic Center, Federal Building, Asheville, North Carolina 28801, as of January 1, 1982, or latest available data.

Purchaser receives Toro's S'No Risk Program at no additional cost. All forms available at participating dealers. Consumer reimbursement is based on Toro's published suggested retail prices exclusive of sales or use tax. Refund void where prohibited.

示圖 9

TORO 公司的廣告

TM 84-3
Prepared by THE TORO CO.
To appear in:
NEWSPAPERS—1983
SAU #19

TM 84-4
Prepared by THE TORO CO.
To appear in:
NEWSPAPERS—1983
SAU #19

圖 10

氣象站	代碼	平均降雪量	實際降雪量				實際銷售額（以零售價計）12 月 10 日前				無風險計劃退款額			
			79/80	80/81	81/82	82/83	79	80	81	82	79/80	80/81	81/82	82/83
Blue Canyon, CA	004	241.6	232.5	146.4	N/A	385.7	86,028	40,257	14,071	51,386				
Colorado Springs, CO	006	40.6	72.6	18.2	34.4	36.3	281,457	110,457	31,900	31,757		55,236		
Denver, CO	007	59.1	85.5	45.1	26.7	81.6	2,428,829	1,302,086	342,171	242,671			171,085	
Grand Junction, CO	009	26.1	21.9	5.9	15.4	14.8	11,157	7,214	3,857	2,100		5,050		
Pueblo, CO	013	30.5	42.6	16.8	N/A	22.3	21,028	23,400	3,371	3,471				
Bridgeport, CT	016	26.1	9.6	11.5	19.7	23.0	571,643	168,700	90,214	288,243	342,986	84,350		
Hartford, CT	017	50.4	16.4	17.7	56.4	46.4	608,886	257,400	117,957	376,900	365,332	154,440		
National Airport, DC	018	17.2	20.1	4.5	22.5	?	145,171	25,900	16,014	42,543		18,130		
Pocatello, ID	021	40.7	35.5	29.7	66.4	58.5	149,228	52,143	31,429	117,914				
Chicago-O'Hare,IL	022	40.4	41.6	35.0	59.3	26.6	39,074,000	3,989,314	1,673,829	3,838,900				
Moline, IL	025	30.8	37.0	18.9	45.3	24.8	2,382,029	386,529	175,128	132,857				
Peoria, IL	026	25.6	27.5	23.8	46.9	19.1	1,307529	179,214	62,814	86,757				
Rockfort, IL	028	35.0	33.9	21.1	41.0	28.0	1,967,143	166,414	59,857	169,829				
Springfield, IL	029	24.7	30.5	17.5	50.4	10.4	836,843	190,271	95,186	404,129				202,064
Evansville, IN	030	13.9	16.3	3.4	15.0	4.1	75,971	8,986	3,886	4,300		6,290		3,010
Fort Wayne, IN	031	33.2	28.7	35.7	81.2	14.9	610,571	225,200	83,900	582,086				291,043
Indianapolis, IN	033	22.9	24.8	17.3	58.2	7.1	1,360,586	312,171	78,000	783,229				469,937
South Bend, IN	036	72.3	66.4	85.0	135.2	35.3	2,654,286	423,557	210,986	499,700				249,850
Des Moine, IA	038	33.8	23.3	20.4	62.9	51.5	2,243,914	399,671	288,057	285,557				
Dobuque, IA	039	43.5	36.0	21.7	N/A	21.4	488,714	70,443	31,400	66,843				33,432
Sioux City, IA	043	30.9	21.7	17.1	56.8	59.5	228,600	52,371	51,800	62,329				
Waterloo, IA	045	31.4	28.2	21.9	39.9	38.9	561,243	146,514	90,228	120,243				
Concord, KS	046	21.6	28.3	6.4	20.6	34.6	165,343	65,157	14,329	9,386		39,094		
Dodge City, KS	047	18.9	35.6	11.8	19.2	33.0	38,443	19,557	2,729	6,100				
Goodland, KS	048	35.9	102.0	41.8	24.4	48.2	2,200	8	2,228	529				
Topeka, KS	049	21.1	18.3	8.9	13.4	27.4	62,814	24,057	15,643	9,743		12,029		
Wichita, KS	050	15.2	12.7	3.1	13.9	25.2	106,600	79,014	16,886	23,057				
Lexington, KY	054	16.4	20.5	3.7	12.6	8.0	10,014	2,371	—	1,057		1,,660		528
Wichita, KS	050	15.2	12.7	3.1	13.9	25.2	106,600	79,014	16,886	23,057				
Lexington, KY	054	16.4	20.5	3.7	12.6	8.0	10,014	2,371	—	1,057		1,,660		528
Louisville, KY	055	17.7	18.3	2.9	11.0	5.2	9,728	3,614	2,100	3,371		3,614		2,360
Caribou, ME	058	113.1	70.6	122.9	158.8	82.9	261,371	68,729	29,571	106,843				

氣象站	代碼	平均降雪量	實際降雪量				實際銷售額（以零售價計）12 月 10 日前				無風險計劃退款額			
			79/80	80/81	81/82	82/83	79	80	81	82	79/80	80/81	81/82	82/83
Portland, ME	060	72.9	27.5	38.8	85.3	45.3	1,043,600	270,500	130,500	512,657	626,160			
Baltimore, MD	062	21.7	14.6	4.6	25.5	35.6	41,814	12,200	3,814	18,157		8,540		
Boston, MA	063	42.0	12.7	22.3	61.8	32.7	775,800	258,186	346,457	900,043	456,480			
Worcester, MA	064	70.4	26.6	43.0	73.9	63.4	163,686	89,414	67,000	170,686	98,212			
Alpena, MI	065	84.6	78.2	82.1	89.3	73.7	178,900	46,371	9,343	32,057				
Detroit, MI	066	40.7	26.9	38.4	74.0	20.0	5,353,000	1,256,386	1,016,114	4,111,600				
Flint, MI	067	45.3	39.7	36.4	62.2	33.6	1,128,657	321,429	171,686	224,557				
Grand Rapids, MI	068	74.1	48.5	51.5	74.5	35.9	2,951,729	490,286	257,271	477,529				238,764
Houghton Lake, MI	069	81.8	59.3	74.4	98.7	51.5	914,086	191,629	132,286	297,357				
Lansing, MI	070	48.8	34.7	38.7	62.1	33.5	2,821,128	507,529	276,171	999,529				
Marquette, MI	071	114.0	146.1	176.1	243.8	199.3	230,871	34,214	14,057	14,843				
Muskegon, MI	072	98.4	75.4	107.6	173.9	35.5	2,888,143	471,800	348,071	600,957				360,574
Sault Ste. Marie, MI	073	113.8	108.1	141.7	168.6	87.0	74,957	19,371	6,000	26,486				
Duluth, MN	076	76.7	55.1	36.5	95.7	96.5	351,057	106,471	66,386	190,886		53,236		
International Falls, MN	077	61.0	64.2	45.8	89.9	46.0	51,943	14,614	5,071	22,586				
Minneapolis/St. Paul, MN	078	47.4	53.3	21.1	95.0	74.4	4,379,943	1,160,014	926,057	982,871		580,007		
Rochester, MN	080	45.6	55.2	25.6	62.7	62.6	401,957	144,143	115,129	114,514				
St.Cloud, MN	081	43.8	44.2	16.5	55.4	53.3	682,971	208,114	120,442	231,329		124,868		
Cloumbia, MO	083	23.4	31.1	17.6	31.9	4.0	20,686	7,371	857	3,571				3,571
Kansas City, MO	084	20.1	23.5	10.2	29.4	23.4	1,258,214	437,471	163,500	174,014				883
Springfield, MO	085	16.6	24.7	18.2	24.6	5.6	14,071	11,900	2,200	1,471				
St. Louis, MO	086	20.0	25.6	18.1	36.6	7.4	1,211,214	269,143	61,771	777,229				466,337
Billings, MT	087	57.3	59.2	65.9	63.1	49.2	125,200	24,171	14,457	9,100				
Glasgow, MT	089	27.6	17.1	17.1	42.0	30.4	14,629	4,957	1,142	4,086				
Great Falls, MT	090	58.3	34.3	39.2	100.3	45.6	81,600	13,971	15,086	22,443				
Havre, MT	091	46.0	19.8	26.2	N/A	38.1	9,643	1,529	429	1,571	4,822			
Helena, MT	092	48.3	40.3	16.9	56.7	39.0	178,686	109,300	23,157	103,900		76,510		
Kalispell, MT	093	66.7	65.1	50.2	66.2	44.7	98,100	39,043	12,328	16,743				
Miles City, MT	094	31.1	11.6	6.9	21.5	29.6	21,343	1,042	2,729	12,100	12,806	729		
Missoula, MT	095	49.4	54.7	14.4	69.3	24.2	65,343	30,271	6,743	19,443		21,190		9,722
Grand Island, NE	096	30.0	36.8	19.2	36.7	40.2	106,071	50,200	20,886	46,429				
Lincoln, NE	097	28.0	23.3	13.0	32.3	38.0	177,714	74,071	37,757	85,786		37,036		

氣象站	代碼	平均降雪量	實際降雪量				實際銷售額（以零售價計）12 月 10 日前				無風險計劃退款額			
			79/80	80/81	18/82	82/83	79	80	81	82				
Norfolk, NE	098	29.8	22.2	10.1	47.1	51.6	113,843	31,929	13,457	38,200		19,157		
North Platte, NE	099	30.6	66.3	3.9	25.1	25.7	65,443	36,043	19,300	15,914		36,043		
Omaha, NE	100	31.0	20.5	9.1	24.3	31.5	1,006,714	506,957	144,814	164,514		354,870		
Scottsbluff, NE	101	38.8	78.5	21.5	15.7	45.2	55,143	24,614	6,757	2,014			3,378	
Valentine, NE	102	31.2	53.3	16.4	47.9	18.9	16,643	11,685	957	2,000				
Reno, NV	103	25.7	22.0	6.1	26.0	23.8	49,517	26,114	12,571	27,671		18,280		
Concord, NH	104	64.8	27.0	54.7	90.0	38.7	491,314	189,985	110,486	436,843	245,657			
Newark, NJ	106	28.1	14.3	19.5	30.8	31.0	62,328	7,971	5,086	8,143				
Albany, NY	107	65.1	27.4	44.9	97.1	75.0	1,016,000	405,129	188,243	436,271	508,000			
Binghamton, NY	108	84.5	56.8	59.3	81.6	81.0	4[illegible]3,443	170,643	54,571	53,186				
Buffalo, NY	109	92.5	68.4	60.9	112.4	52.4	4,[illegible]03,414	1,208,386	533,229	558,443				
Laguardia, NY	112	26.0	10.3	16.1	25.6	30.2	3,0[illegible]2,686	620,871	573,629	885,729	1,801,612			
Rochester, NY	115	89.7	72.2	94.4	128.4	59.7	1,296,071	232,343	171,500	121,143				
Syracuse, NY	116	110.7	93.4	79.0	137.1	66.0	1,044,314	247,971	118,757	103,686				
Bismarck, ND	119	39.7	26.6	11.7	80.3	32.2	145,900	23,000	17,400	51,329		16,,100		
Fargo, ND	121	35.8	39.9	113.1	69.5	23.2	599,786	89,114	59,286	82,371		53,468		
Williston, ND	124	38.1	25.4	19.1	70.4	42.3	101,413	14,8229	12,242	31,071				
Akron/Canton, OH	125	48.5	34.2	52.3	61.7	38.8	1,242,429	221,329	193,457	257,300				
Cincinnati, OH	127	24.5	30.1	14.0	24.2	66.0	597,486	312,086	54,100	220,900				154,630
Cleveland, OH	128	53.3	38.7	60.5	100.5	38.0	2,434,443	669,871	521,814	1,032,214				
Columbus, OH	129	28.4	16.6	30.1	35.1	11.5	1,372,500	255,700	120,842	176,886				88,443
Dayton, OH	130	29.0	24.9	19.6	42.9	5.5	2,120,229	588,600	191,371	305,414				305,414
Mansfield, OH	132	42.5	27.6	43.4	66.9	16.6	244,286	75,486	35,786	58,314				34,988
Toledo, OH	134	38.7	17.5	37.7	68.2	12.2	861,571	302,571	213,743	1,376,143	430,786			825,686
Youngstown, PA	135	56.3	32.8	49.1	62.1	39.4	856,971	243,286	213,486	121,157				
Allentown,PA	136	32.2	21.9	25.5	43.9	45.8	451,586	83,357	43,829	134,557				
Avoca-Wilkes Barre, PA	137	49.9	25.5	40.5	59.6	59.1	228,286	159,600	67,671	137,114				
Erie, PA	138	82.4	55.2	89.4	71.3	41.2	793,786	114,329	129,529	49,257				
Harrisburg, PA	139	35.4	14.6	24.9	36.0	35.4	767,800	127,929	68,857	216,943	383,900			
Philadelphia, PA	141	21.7	20.9	15.4	25.4	37.9	818,343	180,886	93,300	129,843				
Pittsburgh, PA	142	45.0	24.1	48.0	45.1	30.1	6,172,600	949,771	434,143	484,043				
Williamsport, PA	143	43.6	20.5	41.6	54.5	17.6	97,471	46,843	18,957	96,957	48,736			48,479

續示圖 10

		平均降雪量	實際降雪量				實際銷售額（以零售價計）12 月 10 日前				無風險計劃退款額			
氣象站	代碼		79/80	80/81	81/82	82/830	79	80	81	82	79/80	80/81	81/82	82/83
Providence, RI	144	37.2	12.2	21.5	47.4	32.4	115,171	35,,529	54,271	223,029	69,103	3,120		
Aberdeen, SD	145	36.1	28.8	8.3	N/A	18.9	21,486	4,457	1,271	7,843		9,010		
Huron, SD	146	38.5	22.2	10.4	59.7	27.3	14,857	12,871	10,743	4,814		3,272		
Rapid, City, SD	147	38.0	29.2	16.9	34.8	24.9	11,900	6,543	4,742	5,586		26,830		
Sioux Falls, SD	148	38.8	29.2	10.8	42.4	70.5	98,371	38,329	21,328	28,957				
Salt Lake City, UT	151	58.1	61.6	30.2	57.8	55.8	513,829	389,157	529	434,557				
Burlington, VT	154	77.6	39.6	64.7	81.5	80.5	147,571	44,271	154,086	100,071				
Norfolk, VA	156	8.2	41.9	0.3	6.1	3.4	—	0	32,900	529				265
Richmond, VA	157	14.6	38.6	1.0	21.2	29.4	528	3,257	528	4,929		3,257		
Roanoke, VA	158	24.6	31.8	11.8	30.9	35.0	8,157	3,757	2,000	2,671		1,879		
Spokane, WA	159	51.6	38.3	14.2	47.4	36.6	732,214	363,029	84,000	164,171		254,120		
Walla Walla, WA	160	20.1	27.8	5.4	13.5	3.9	16,443	6,771	—	529		4,739		529
Yakima, WA	161	24.8	47.6	12.0	28.2	21.9	11,714	17,786	1,614	10,000		8,893		
Green Bay, WI	163	44.8	38.1	30.2	54.0	39.7	769,171	199,543	63,529	118,886				
La Crosse, WI	164	42.2	32.0	21.8	36.1	37.1	777,100	220,071	83,786	185,114				
Madison, WI	165	40.4	31.0	26.5	50.0	41.4	2,506,143	406,871	242,414	262,643				
Milwaukee, WI	166	47.0	47.0	41.9	67.2	38.1	9,253143	1,703,529	786,300	1,035,286				
Casper, WY	168	77.9	101.2	56.9	68.7	151.6	108,086	47,671	11,000	13,829				
Cheyenne, WY	169	52.7	121.5	27.6	26.9	101.0	98,443	68,043	15,000	16,057				
Lander, WY	170	104.0	124.4	67.6	41.8	165.7	78,214	33,914	12,914	14,086				
Sheridan, WY	172	70.0	75.8	46.7	58.9	66.2	37,100	13,643	7,200	14,700			6,457	
	總銷售		總負債											
1979/1980	135,246,551		5,403,592											
1980/1981	27,313,192		2,150,357											
1981/1982	214,521,866		180,920											
1982/1983	30,024,217		5,846,299											

第 5 章

多期風險

前四章的內容談的是單期風險（single-period risks）。你做選擇，然後面對結果，如此而已。但是，常常有一次選擇只是許多次選擇的開始。風險管理需要你適切的進行後續決策，並且從一開始就明白其中所隱含彈性的價值。本章中，我們先介紹一個處理這類問題的新方法，動態規劃（dynamic programming）。然後討論選擇權與風險調整折扣（risk-adjusted discount）。最後，運用本章與上章介紹的技巧，詳細討論一個跨越好幾期的問題。

動態規劃的工作實例[1]

在不確定狀況下決策時（decision under uncertainty），直覺往往錯的厲害，所以任何可以幫助邏輯思考的程序，都具有相當程度的利益。決策樹就是這類系統化程序的一種設計。然而，對

[1] 哈佛大學商學院 9－183－028 號個案。David E. Bell 教授編寫，©1982 哈佛大學。

許多問題，決策樹的大量決策點與不確定性，使得它變得笨重難用。這時可以有的選擇，有簡化問題、尋求其他方法或是找一大張紙。有一類問題，會產生大型的決策樹，但是其結構卻極其簡單，可以迅速解答。

可用動態規劃方法解答不確定性問題，其主要特徵有：

- 含有重複決策（repetitive decision making）的問題。例如，每一期中，你必須決定現在或以後，買進多少廣告。
- 問題狀況的變化不大。例如，生產排程問題中，可能只需要知道有多少工作要做完。如果最佳生產排程與每個工作必須等待的時間有關，這對動態規劃而言，就太複雜了。

說明動態規劃最好的方法，是從範例中學習。和其他技術一樣，按照規定的方式形成問題佔了解題的 90%。這個範例以動態規劃一般應用之說明作為結尾。

購買練習：問題

假設某商品的價格逐日波動。任何一日中，它可能是每單位 2.00、2.10、2.20、2.30、2.40 或 2.50 美元，每種價格出現的機率相等。同時，今日的價格與昨日的價格，完全無關。例如，今日價格為 2.3 美元，購買者必須在明早前買進 1 單位，因為明天的期望價格是 2.25 美元，所以，一般而言，等到明天再買較划算。若購買者有規避風險的考慮，或是存貨成本的因素，那麼答案也許不同。若是沒有這些多出來的複雜因素，很清楚的最佳策略是：若今日價格等於或小於 2.20 美元，則買進；等於或大於 2.30 美元，則等明天再買。

1. 若有三天採購時間，最佳策略為何？

2. 若有五天採購時間，最佳策略爲何？
3. 假設公司的需求爲每日 1 單位。今天的存貨爲 0。物價爲 2.10 美元。你會買幾單位？
4. 若每日存貨成本 5¢，你對問題 2 的答案有何變化？
5. 有人願意在未來三天內，以 2.35 美元固定價格賣給你同樣商品。易言之，若你決定行使這個權利，你付他 2.35 美元，獲得商品。若你決定不行使這個權利，你不付錢，也沒有商品可拿。在問題 2 的狀況下，你願意爲這種選擇的權利，最多付出多少錢？
6. 假設現在存貨爲 0，你只能在有需要的當日買進當日的需求量。儲存 1 單位商品，需要 100.00 美元的資本投資。你如何決定最佳存貨量？
7. 若購買者是風險規避者，例如，今天 2.30 美元價格要好過賭明天的價格，你對問題 2 的答案有何變化？

答案

1. 有三天採購時間，其決策樹如圖 5.1 一般。若你根據這圖行事，你可以看出你現在就可以買，或是等以後再買。若你等待，你會看到明天的六種價格，你會選擇其中之一購買或再等待。若你再等待，你將被迫在最後一天，無論價格爲何，都必須買進。顯然，若有二天採購時間，若當日價格小於 2.25 美元時——最後一日的期望平均價格——你應該買進。這個意思是說，你的期望成本（從機率上談），將決定於第二天的真實價格會是 2.00、2.10、2.20、2.25、2.25 或 2.25 美元六種價格中的一個。因此，等到第三天再決定，其期望成本爲 2.175 美元。所以，有三天採購時間時，僅有當價格爲 2.10 或 2.00 美元時，你應該立即買進。即使價格爲 2.20 美元，你仍然應該等待，因爲在剩下的兩天裡你仍然有極好的機會得到更低價格。

圖 5.1

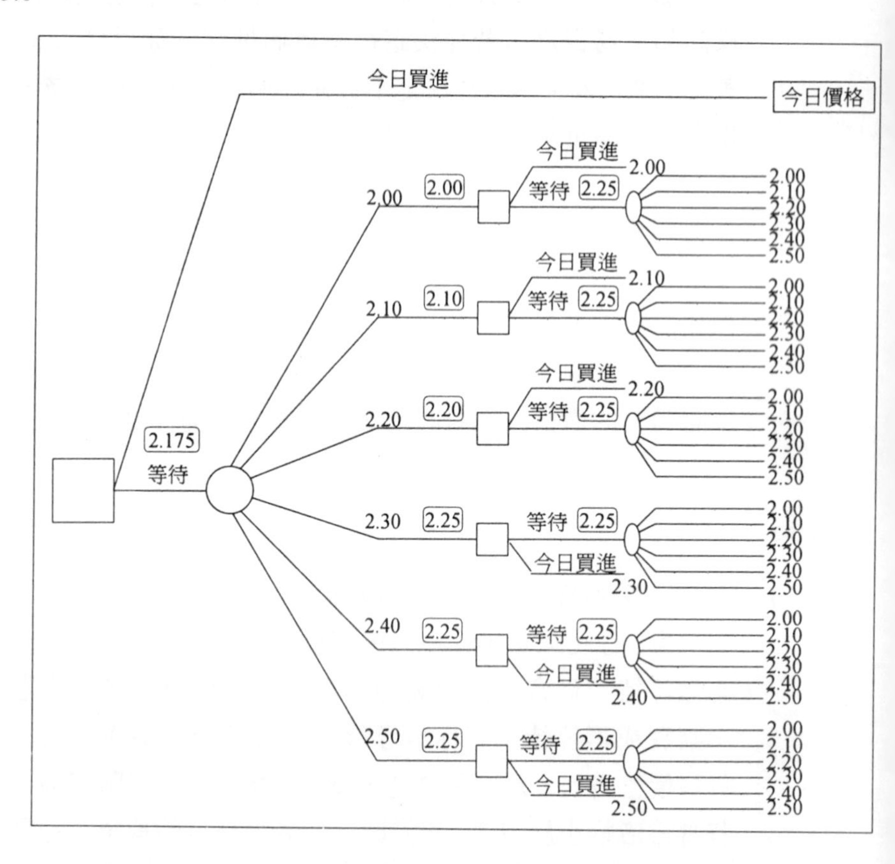

懂了嗎？如果不懂，我極力請你再複習前面的論述與圖 5.1，直到你完全瞭解問題與答案。注意，你還有更多採購時間時，你付更低價格的可能性更高，這是可以理解的。若你不相信，用一個袋子裝六張紙片試試。

現在可以談動態規劃方法。它的邏輯是一模一樣的，但是工作簡易多了。它的程序，從認清你有十八個決策要做開始。如果 Y 日的價格為 X，我該怎麼做？因為有三天六種價格，所以共有十八個決策（第三天時，你將知道當日確實價格，但是動態規劃可預為所有價格產生策略，所以我們將假裝，計算是在第三天凌晨當日價格尚未公告前執行的）。我將把所有價格減掉 2.00 美元，以分做計算，以簡化符號。

我們接著要做的，是假設你尚未買進商品，計算這十八個情況各個情況下的期望成本。我們將填滿表 5.1 的空格。

表 5.1

今日價格為	0¢	10¢	20¢	30¢	40¢	50¢
今日是						
最後一天						
第二天						
第三天						

如果第三天的價格為 0 ¢ ，（即 2.00 美元），而我們尚未買進商品，則我們的成本為何？當然是 0。將其填入表 5.2 中適當的空格。重複同樣計算，填入最後一天的其他空格。

表 5.2

今日價格為	0¢	10¢	20¢	30¢	40¢	50¢
今日是						
最後一天	0	10	20	30	40	50
第二天						
第三天						

現在，讓我們填入表 5.3 的第二日各欄。要做的決策是，接受當日價格，或是這列上面一列的平均價格（$2.25 元→25 ¢ ）。從表上可以很清楚的看出，我們在第二天做什麼和我們預期付出

的價錢。

表 5.3

今日價格為	0¢	10¢	20¢	30¢	40¢	50¢
今日是						
最後一天	0	10	20	30	40	50
第二天	0	10	20	25	25	25
第三天						

很清楚的，我們可以接受當日價格，或是支付第二天的平均期望成本 [(0+10+20+25+25+25)/6=17.5 元]。

我們得出表 5.4：

表 5.4

今日價格為	0¢	10¢	20¢	30¢	40¢	50¢
今日是						
最後一天	0	10	20	30	40	50
第二天	0	10	20	25	25	25
第三天	0	10	17.5	17.5	17.5	17.5

這表提供我們可以跟從的策略與策略的期望成本。若第三天的價格為 2.30 美元，則你可以預期將付出 2.175 美元（這是因為等待而獲得的）。若第三天的價格為 2.10 美元，則你可以預期將付出 2.10 美元（這是因為現在購買而獲得的）。第三天凌晨，你預期支付多少錢？

答案： (0+10+17.5+17.5+17.5+17.5)/6=80/6=13.333

也就是 2.1333 美元。

所以，這個程序是十分簡單的。就每一列，比較當日價格與等到明天的平均成本。

2. 繼續往下閱讀前，完成表 5.5。

5.5

今日價格爲	0¢	10¢	20¢	30¢	40¢	50¢	平均
今日是							
最後一天	0	10	20	30	40	50	25
第二天	0	10	20	25	25	25	17.5
第三天	0	10	17.5	17.5	17.5	17.5	13.33
第四天							
第五天							

你的表，看來應該與表 5.6 一樣。

5.6

今日價格爲	0¢	10¢	20¢	30¢	40¢	50¢	平均
今日是							
最後一天	0	10	20	30	40	50	25
第二天	0	10	20	25	25	25	17.5
第三天	0	10	17.5	17.5	17.5	17.5	13.33
第四天	0	10	13.33	13.33	13.33	13.33	10.55
第五天	0	10	10.55	10.55	10.55	10.55	8.70
第六天	0	8.70	8.70	8.70	8.70	8.70	–

我把第六日加進表上，目的是顯示給你看，當你走的夠遠，即使是 2.10 美元都不值得買。我的計算算到小數點後面兩位數，當然你不必這麼繁瑣——7.5、13.3 等等就夠精確了。

這個程序很吸引人的特性之一，是它可以用很簡單的方法與助手溝通，而助手無須顧慮平均成本多寡。

表 5.7

今日價格爲	0¢	10¢	20¢	30¢	40¢	50¢
今日是						
最後一天	BUY	BUY	BUY	BUY	BUY	BUY
第二天	BUY	BUY	BUY	WAIT	WAIT	WAIT
第三天	BUY	BUY	WAIT	WAIT	WAIT	WAIT
第四天	BUY	BUY	WAIT	WAIT	WAIT	WAIT
第五天	BUY	BUY	WAIT	WAIT	WAIT	WAIT
第六天	BUY	WAIT	WAIT	WAIT	WAIT	WAIT

3. 我們可以把每一天的需求，當成一個個別問題。假設每一天的負責人都不同。每個人的策略表相同（如表 5.7）。今天的負責人必須買進。該表也告訴明天（第二日）的負責人要在今天買進。後天的負責人也一樣。只有當我們移動到第六天的負責人那行時，2.10 美元才顯得過高。所以，有五人應在今天買。這個問題的答案是 5。
4. 現在，自己練習解答問題 2，假設每天有 5 ¢ 的存貨成本。我已填完表 5.8 的第一、二列，以便引導你開始工作。別忘了，如果你早買，你必須付出存貨成本。有*號的格子，正巧是 25 ¢，其原因有二。你可以現在買，付出 2.20 美元，加上 5 ¢ 的存貨成本，總共 2.25 美元，或是等到明天，付出平均 2.25 美元。

表 5.8

今日價格爲	0¢	10¢	20¢	30¢	40¢	50¢	平均
今日是							
最後一天	0	10	20	30	40	50	25
第二天	5	15	25*	25	25	25	20
第三天							
第四天							
第五天							

表格完成後，應該同表 5.9 一樣。

5.9

今日價格爲 今日是	0¢	10¢	20¢	30¢	40¢	50¢	平均
最後一天	0	10	20	30	40	50	25
第二天	5	15	25	25	25	25	20
第三天	10	20*	20	20	20	20	18.33
第四天	15	18.33	18.33	18.33	18.33	18.33	17.78
第五天	17.78	17.78	17.78	17.78	17.78	17.78	17.78

策略表看來像表 5.10 一樣（相同時以現在買進表之）。

5.10

今日價格爲 今日是	0¢	10¢	20¢	30¢	40¢	50¢
最後一天	BUY	BUY	BUY	BUY	BUY	BUY
第二天	BUY	BUY	BUY	WAIT	WAIT	WAIT
第三天	BUY	BUY	WAIT	WAIT	WAIT	WAIT
第四天	BUY	WAIT	WAIT	WAIT	WAIT	WAIT
第五天	WAIT	WAIT	WAIT	WAIT	WAIT	WAIT

與先前那張策略表相比較，我們看到這張表強調等待。已知提早購買有處罰，所以這當然是我們預期的結果。

5. 我們先利用選擇權，然後比較有選擇權時比起沒有選擇權，我們的成本可以低多少，再設計出最佳的策略（表 5.6）。我將假設我們不能將選擇權轉售給他人。除了第一列看來不同，計算的步驟完全同前。很明顯，你只會在面臨價格高於 2.35 美元時，才會行使選擇權（注意，這事僅會在最後一天發生，因爲在那天之前，你可以期望多付出 2.25 美元）。

自己試著計算看看。我已經爲你填入表 5.11。

表 5.11

今日價格爲	0¢	10¢	20¢	30¢	40¢	50¢	平均
今日是							
最後一天	0	10	20	30	35	35	21.67
第二天							
第三天							
第四天							
第五天							

表 5.12 顯示你最後應得的結果：

表 5.12

今日價格爲	0¢	10¢	20¢	30¢	40¢	50¢	平均
今日是							
最後一天	0	10	20	30	35	35	21.67
第二天	0	10	20	21.67	21.67	21.67	15.84
第三天	0	10	15.84	15.84	15.84	15.84	12.23
第四天	0	10	12.23	12.23	12.23	12.23	9.82
第五天	0	9.82*	9.82	9.82	9.82	9.82	8.18

比較表 5.12 與表 5.6，我們可以看出，在各種情況下，我們願意爲選擇權付出多少（表 5.13）。

表 5.13

今日價格爲	0¢	10¢	20¢	30¢	40¢	50¢	平均
今日是							
最後一天	0	0	0	0	5	15	3.33
第二天	0	0	0	3.33	3.33	3.33	1.66
第三天	0	0	1.66	1.66	1.66	1.66	1.10
第四天	0	0	1.10	1.10	1.10	1.10	0.73
第五天	0	0.18*	0.73	0.73	0.73	0.73	0.52

黎明前這一行告訴你，在你看到新一天的價格前，你該爲選擇權付出多少錢。注意，表 5.13 沒有捷徑可找，必須循序計算。原因是因爲最佳策略隨選擇權而變。表 5.13 中唯一的例外，是

標記*號那欄。

6. 不存貨時，我們平均每天付出 2.25 美元。商品儲存一日時，我們可將此平均數削減至 2.17 1/2 美元（表 5.6）。這樣每天節省 7 1/2¢。若有 50×5=250 個營業日，則每年省下 18.75 美元。這超過 1 百美元的資本成本嗎？儲存兩單位時，平均成本降至 2.13 1/3 美元，更進一步每天節省 4 1/6¢，每年節省 10.42 美元。這超過 1 百美元的資本成本嗎？
7. 我們用偏好曲線反映對風險的規避（表 5.14）：

表 5.14

價格	2.00	2.10	2.20	2.30	2.40	2.50
偏好值	0	10	20	30	60	100

這表在說，當價格上漲至 2.40 美元時，財務情況已相當嚴重，至 2.50 美元時，財務情況已經危機四伏（想想價格是以百萬美元爲單位）。用動態規劃解答，並不比以前困難。

表 5.15

今日價格爲	0¢	10¢	20¢	30¢	40¢	50¢	平均
今日是							
最後一天	0	10	20	30	60	100	38.33
第二天	0	10	20	30	38.33	38.33	22.78
第三天	0	10	20	22.78	22.78	22.78	16.39
第四天	0	10	16.39	16.39	16.39	16.39	12.59
第五天	0	10	16.39	12.59	12.59	12.59	–

注意，這些策略和表 5.7 的策略不同之處，在第二天時，我們不等待，而是在 30¢時買進（如第 7 題所要求的）；在第三天時，我們不等待，而是在 20¢時買進。這是因爲被高價格釘死的處罰比已往更高，因此增加了議定合理價格的欲求。

選擇權定價練習：問題

假設 General Foods 股票今天的售價是每股 32 美元。假設它每星期只能上漲 1 美元，下跌 1 美元，或是持平——其機率均相等（三分之一）。某人同意在未來五星期內任何時間，以 35 美元賣給你一股 General Foods 股票。

1. 你會爲這個選擇權付出多少錢？[2]
2. 若今日價格爲 60 美元，你會付出多少錢？
3. 若價格增量不是 1 美元，而是 2 美元，你會付出多少錢？

答案

1. 五星期後，股價會介於 27 美元到 37 美元之間。那時，只要股價至少值 36 美元，選擇權將值 1 美元或 2 美元。如果第四週的股價是 35 美元，則選擇權除了 1 美元外，還值多少？嗯，它第四週值 0、0 或 1 美元，視股價爲 34、35 或 36 美元而定。因此，選擇權在第四週值 1/3 美元。爲避免到處算出分數值，我將以 243 股解答這題（243=3×3×3×3×3）。所以表 5.16 個欄是 1 股的 243 倍大。

---

[2] 不計金錢的機會成本。這個假設在本例子中並無重大影響，但是若預期 GF 在期間將有淨利，則影響很大，因為這時購買股票的本身就變成為競爭性投資。同時，為本例子的目的，假設 GF 沒有風險因素，所以期望值是適當的準繩。

表 5.16

問題 1	26	27	28	29	30	31	32	33	34	35	36	37	38	39	40
上週	0	0	0	0	0	0	0	0	0	0	243	486	729	972	1215
第二週	0	0	0	0	0	0	0	0	0	81	243	486	729	972	1215
第三週	0	0	0	0	0	0	0	0	27	108	270	486	729	972	1215
第四週	0	0	0	0	0	0	0	9	45	135	288	495	729	972	1215
第五週	0	0	0	0	0	0	3	18	63	156	306	504	732	972	1215
第六週	0	0	0	0	0	1	7	28	79	175	322	514	736	973	1215

表中每欄，是將上一列最接近的三欄平均而得。第五週中的 18，是 0、9 與 45 的平均——第四週時，選擇權的三個可能值。

結論，在現價的 32 美元，還有五週效期時，選擇權值 7/243 美元，即 2.9￠。問題 2 的答案，也可以從表 5.17 得出。股價爲 36 美元時，選擇權值 322/243 美元，即 1.32 1/2 美元。顯然，答案必定大於 1 美元，因爲選擇權當下即值 1 美元。

表 5.17

問題 1	26	27	28	29	30	31	32	33	34	35	36	37	38	39	40	41	42	43	44
上週	0	0	0	0	0	0	0	0	0	0	243	486	729	972	1215	1458	1701	1844	2187
第二週	0	0	0	0	0	0	0	0	81	162	324	486	729	972	1215	1458	1701	1944	2187
第三週	0	0	0	0	0	0	27	54	135	216	378	540	756	972	1215	1458	1701	1944	2187
第四週	0	0	0	0	9	18	54	90	180	270	423	576	783	990	1224	1458	1701	1944	2187
第五週	0	0	3	6	21	36	81	126	219	312	462	612	810	1008	1236	1464	1704	1944	2187
第六週	1	2	8	14	28	56	107	158	254	350	497	644	836	1008	1250	1472	1709	1946	2188

股價爲 32 美元時，選擇權值 107/243 美元，或 44￠。股價爲 36 美元時，選擇權值 2.12 美元。

討論

當然，上面分析的兩個範例，都是簡化過的實務。間斷的價格與特定的價格變動方式，在在都不真實。然而，使用電腦計算時，這些都不重要了。的確，我們瞭解，動態規劃技術的妙處之一，就在容易告訴電腦做什麼，而且其計算比傳統的決策樹方法要少（這是因爲決策樹的某些計算一再重複之故。見圖 5.1，平均數 2.25 算了六次之多，不是一次而已）。

產生這種簡單性質的原因，起源於我們解答過問題的結構：

1. 問題可被區分爲數個「階段」（stages），通常是時間階段。
2. 有（通常爲數不多的）「狀態」（states），加上階段數，完全定義問題所有的狀況。下兩個條件，更可大幅簡化分析：
3. 每一階段，每一狀態下，其可行方案完全相同。
4. 決定決策者進入下一階段的機率曲線，爲當前狀態與決策的函數，且各階段皆然。

後兩個條件不是必要條件，但範例中有之。

關鍵的觀念，是你在某一階段某一狀態下的決策，「不應依賴」你在那階段時，如何達到那狀態而定。

在採購範例中，只要我告訴你，還有三天採購時間，現在價格是 2.20 美元，而你尚未購買該商品，則昨天的價格與問題完全無關。同樣的，如果你今天擁有選擇權，則 General Foods 昨天的股價多少並不要緊。

動態規劃的練習[3]

求職

你正在找工作，已經和可能的雇主安排好一連串的面試。面試間的間隔，長的足夠你在進行下次面談前收到雇主的錄用通知。所有面試結束前，你不必回應錄取通知。

你考慮兩種面試策略。第一，你的「理性」策略，向面試者證明你的完整教育是他們完美的搭配。你估計，這種策略將給你30%的機會從任何一次面試中獲得錄取。第二，是你的超級積極「臭屁」策略。你放出注定爬到最頂層者的形象。你順手抓來一份該公司的年度報告，這裡說說，那裡講講，高談闊論建議如何再造公司業務結構。這種策略極少成功（當時約 10%），但是如果有效的話，公司會認爲你才高八斗，提供你高位和豐厚的起薪。

摘要而言，「理性」策略將產出一般性的工作或什麼都沒有。「臭屁」策略將產出超級的工作，或是什麼都沒有。在超級工作爲 100 分，沒有工作爲 0 分的量尺上，一般性工作得分爲 60。這意味著，若你尚未找到工作，在最後一次面試時，你應該採取理性策略，因爲 0.3×60 大於 0.1×100。顯然，若你已經找到一般性工作，此後你採用臭屁策略時，將一無損失。

1. 若你有十五次面試，用直覺推理出，是否應於第一次面試採用臭屁策略。

---

[3] 哈佛大學商學院 9－184－132 號練習。David E. Bell 教授編寫，©1984 哈佛大學。

2. 若你只有四次面試，用動態規劃發展出一個應變策略表。特別是你該如何處理第一次面試？

提示：剩餘的面試次數爲階段數。狀態有：

- 你尚未找到工作
- 你目前最好的工作只是一般性工作
- 你已經有超級工作

滑板與階梯

這個動態規劃練習，來自兒童遊戲滑板與階梯，簡要顯示如圖 5.2。

圖 5.2

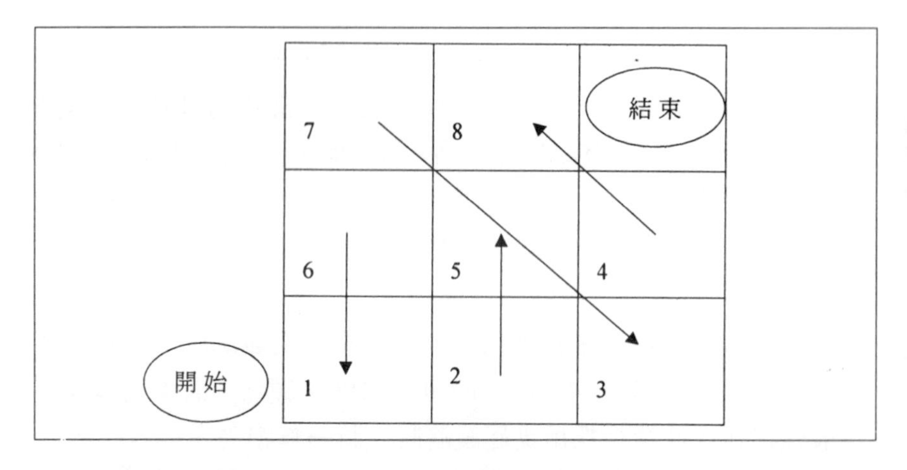

把你的標板放在起點，丟一次銅板，決定你下一步走到那個方格。正面可讓你前進二格，反面只能前進一格。重複這個程序，直到你抵達或超過終點。當你進入有箭尾的方格時，立即轉入箭頭所指的方格。從起點開始，一個反面讓你到方格 1，一個正面讓你到方格 5。到方格 8 後，你下一次丟的銅板，一定讓你到終點。每擲一次銅板，花你 1 美元成本。你隨時可以退出遊戲。抵達終點後，你獲得 10 美元。

1. 若你的口袋有 5 美元，你希望玩嗎？
2. 玩這遊戲時，你的平均期望利潤爲何？

提示：你口袋中的錢是階段。現在所在的方格是狀態。

個案：AT&T 公司的 8.70 公司債[4]

AT&T 於 1970 年發行 3 億 5 千萬美元的三十二年公司債，票面年息 8.07%。發行條款允許 AT&T 在發行五年後贖回該債券。在 1975 年該公司債可贖回時，AT&T 考慮用不可贖回公債贖回，他們覺得票面年息應爲 8.00%。即使算進贖回與再發行費用，較低的利率（interest rate）將節省 AT&T 6 百萬美元。但是，這樣做會放棄將來利率更低因此節約更多成本的贖回機會。

延緩贖回（recall）的另一優點，是將可減少贖回溢價。發行條款規定，若 AT&T 在五年後贖回債券，他們要付給債券持有人等於年息之 22/27 的溢價。其總數將等於 22/27×$350,000,000×0.087=$24,811,111 元。但是，該總數每隔一年，降低 1/27，所以若在債券（bonds）到期前五年贖回，則不必支付溢價。再發行佣金估計爲面值的 0.875%，或是 3,062,500 美元。

[4] 哈佛大學商學院 9－183－083 號個案。David E. Bell 教授編寫，摘錄自 W. M. Boyce 與 A. J. Kololay 1979 年刊登在 Interfaces 的研究論文。©1982 哈佛大學。

分析

爲了以現在收益抵換放棄的機會，需要估計以利率和再發行日爲函數的潛在收益，和預測未來幾年利率可能的落點。

我們已經看到，若 AT&T 現在贖回債券，他們立刻有 27,873,611 美元的現金流出（贖回溢價加再發行成本）。這個「投資」，將節省（8.70%-8.00%）×$350,000,000 元，或是二十七年每年 245 萬美元。因爲公司的稅率在 50%左右，真正的現金流量，只有這個總數的一半。

計算淨現值，需要代表競爭性投資的折扣率。AT&T 的一項競爭性投資，是買進每年報酬率 4%的債券（稅前爲 8%）。上述年報酬率 4%現金流量的淨現值爲 6,066,937 美元。

表 5.18 假設於現在、1980 和 1985 年贖回時，在各種利率下的淨現值。例如，若在 1985 年，市場利率爲 7.00%時贖回，贖回溢價爲 12/27×8.70%×350,000,000=$13,533,333 元，十七年中每年節省（8.70%-7.00%）×$350,000,000=$5,950,000 元。折扣率爲 3 1/2%（稅前爲 7%），故在 1985 年的淨現值爲$294 萬美元。

表 5.18

	贖回日期		
	1975	1980	1985
9.0	-22.1	-18.4	-14.4
8.5	-8.4	-6.2	-4.1
8.0	6.1	6.6	6.6
7.5	21.3	20.0	17.8
7.0	37.5	34.0	29.3
6.5	54.6	48.7	41.4
6.0	72.7	64.2	53.9
5.5	91.8	80.4	66.9
損益平衡比例	8.21%	8.26%	8.31%

關於利率的預測，我們決定以隨機漫步理論（random walk）發展機率模型。其前提假設爲利率的趨勢不可預測，但是利率的波動是可以預測的。這個隨機漫步理論模型假設，利率在一個月內的變化，可以用平均數爲 0%、標準差爲 0.12%的機率曲線描述。月與月間的變化，假設爲相互獨立，因此可推導出，年變化的平均數爲 0%，標準差爲 0.40%。以五年爲一期，其變化的平均數爲 0%，標準差爲 0.90%。表 5.19 顯示該機率的可用於本分析的間斷趨近值。

表 5.19

五年內預期的利率變化

機率	變化
.2	-1%
.2	-0.5%
.2	0%
.2	0.5%
.2	1%

每 1 欄代表在當時利率下，贖回債券的淨現值。注意，比較不同年份贖回價值時，較遠日期要用較大折扣值。例如，若 1980－1985 年間，有效年折扣率低於 4%，則在 1985 年以 6 1/2%的利率贖回，要比 1980 年以 7%的利率贖回有利。

表 5.18 與 5.19 提供的資訊，足以決定是否應該現在贖回債券。若現在不適宜，他們也可協助決定未來在怎樣的「觸發」利率水準下，應該贖回債券的時機。

選擇權契約[5]（options contracts）

選擇權交易於 1973 年，從芝加哥選擇權交易所（Chicago Board Options Exchange）開始。有像糖之類商品的選擇權契約，但多數交易活動集中在股票選擇權、股票指數選擇權和最近的期貨選擇權。

選擇權的特徵，在它的到期日期（maturity date）、行使權利價格（strike price 或 exercise price）、背後的資產和它是買進（call）或賣出（put）選擇權。

購入買進選擇權，給你在到期日前以行使權利價格買進其背後資產的權利（歐式選擇權僅給你在到期日當天買進的權利，但在實務上，對於可交易的選擇權這實在無甚差別）。賣出買進選擇權，則你必須在到期日前任何時間，應要求以行使權利價格，交付資產。

購入賣出選擇權（buying a call option），給你在到期日前，以行使權利價格賣出其背後的資產之權利。賣出買出選擇權（selling a call option），則你必須在到期日前任何時間，應要求以行使權利價格，買進資產。

示圖 1 顯示，波音公司在 1983 年其中兩天的部份股票選擇權契約與價格。在 1983 年 10 月 28 日，波音公司三十個選擇權中的任一個都可能有交易。圖中有五個不同的行使權利價格（strike prices），三個不同的到期日期，和兩種類型（買進與賣出）。此外，因為其中每一個均可買進或賣出，所以有六十種可

---

[5] 哈佛大學商學院 9－184－141 號紀錄。David E. Bell 教授編寫，©1984 哈佛大學。

能的行動。我們可以從示圖 1 看到，當天的三十種選擇權中，僅有十五種有交易行為（但 1983 年 11 月 2 日交易的有十九種）。

一旦股票價格超出現在交易中選擇權的行使權利價格，選擇權交易所立即開放新行使權利價格的交易。例如，1983 年 11 月 3 日，波音股票漲至 51 美元，行使權利價格 55 美元的選擇權立刻開放進場。股價波動愈大，可交易的選擇權愈多。大部份的交易，傾向集中於行使權利價格靠近當時股價上下間的選擇權。

在 1983 年 10 月 28 日（接近交易終止時），可以用每股 87 1/2 ¢ 購入二月份到期，行使權利價格為 45 美元的買進選擇權。因為一張選擇權有 1 百股，因此其價格為 87.5 美元（場外投資人外加 25 美元佣金）。到期日（2 月第三個星期五後的週六，即 1984 年 2 月 18 日）來臨時，若波音股價超過 50 美元，行使選擇權是對的。若波音股價低於 50 美元，則該選擇權不值一文。注意，為了要在交易中獲利，波音股價必須充分超過 50 美元，以涵蓋選擇權的權利金和各種佣金外，還要包括已經付出金錢的時間價值與可能利得的稅金。

注意，示圖 2 顯示的選擇權，其價值至少恆等於當時股價與行使權利價格之差，這是因為可以立即行使選擇權獲利之故。而且，選擇權的價值，隨到期日期的加長而增加，因為期間較長的選擇權，總是可以提早行使權利。選擇權的價值，隨行使權利價格的增加而降低。1983 年 11 月 3 日少數異常的價格，可能是因為交易量小所致。股價也許是在這些選擇權契約最後交易後，再行上漲的（範例 1：11 月份中 30 美元的買進選擇權，正是立即行使權利的利得；可預期其價格稍高。範例 2：11 月份中 45 美元與 50 美元的買進選擇權，兩者價格相等）。

買進選擇權與賣出選擇權的關係

示圖 2 顯示不同股票與選擇權組合的報酬。注意，圖形僅表示投資組合在到期日時的價值，他們並未反映購賣該部位所需的成本或任何付出或收到的股利。選擇權顯然可以用來作爲一種投資保險（防止失利）的形式，或是一種簡單的投機形式。大家花了大量心血投入於如何訂定選擇權價格，以反映其公平價格的工作之中。雖然本節是討論選擇權的定價，但是爲了風險管理目的，值得強調，只需知道大量交易時，我們可以假設選擇權的價格是公平的；我們關切的，是選擇權在操弄風險分配的用處。

股票和賣出選擇權組成的投資組合，與買進選擇權和到期日時等於行使權利價格加上累積股利的現金的投資組合，完全相同。示圖 2 的（v）圖顯示這種投資組合的報酬。因爲兩者的報酬相同，我們可以預期其價格相等。

令 C 爲到期日前任何時間，買進選擇權之價格。令 P 爲賣出選擇權之成本。令 E 爲行使權利價格，S 爲當時股價，r_F 爲無風險利率。

因此第一個投資組合成本是 S+P。第二個投資組合成本是 $C+E/(1+r_F)^T+D$，T 是至到期日前的年數，D 是股利的折扣值。公式：

$$C-P=S-\frac{E}{(1+r_F)^T}-D$$

對所有的選擇權應該成立（實務上，近似地）。讓我們用示圖 1 測試。使用 1983 年 11 月 2 日的資料，5 月 35 美元的買進選擇權爲 7.50 美元，5 月 36 美元的賣出選擇權爲 1.75 美元。我們應有：

$$7.50-1.75=40-\frac{35}{\sqrt{1+r_F}}-D$$

我們取根號的原因，是因爲還有六個月到期。若 D=0，r_F 的損益兩平值爲 4.4%。若取 r_F 爲 8%，則損益兩平股利值爲 57¢。讓我們再試試另一個範例。五月 40s 的 C=4.375，P=3.25。我們應有：

$$4.375-3.25=40-\frac{40}{\sqrt{1+r_F}}-D$$

若 D=0，r_F 的損益兩平值爲 5.9%。若取 r_F 爲 8%，則損益兩平股利值爲 38¢。

投資組合管理

考慮一位投資經理人，他積極地在股票市場交易，同時希望維持他的投資組合概等於 S&P100。他對該投資組合各種可能報酬間的巨大差距，感到十分困擾，因此不斷在思考著各種降低風險的辦法。下列的風險管理策略，將會如何影響報酬的機率分配（probability distribution of returns）？

1. 售出部份投資組合，以無風險利率行現金投資。
2. 賣出 S&P100 的期貨契約，以鎖定報酬。
3. 售出投資組合，購入代表 S&P100 的股票買進選擇權。
4. 購入代表 S&P100 的股票賣出選擇權，以保證最低報酬（如 0%）。
5. 購入（d）的賣出選擇權。同時賣出代表 S&P100 的股票買進選擇權，去掉任何高於，譬如，30%的報酬。
6. 你可將答案畫在圖 5.3——現在投資組合的機率密度分

配，其平均報酬爲 15%，標準差爲 20%。

圖 5.3

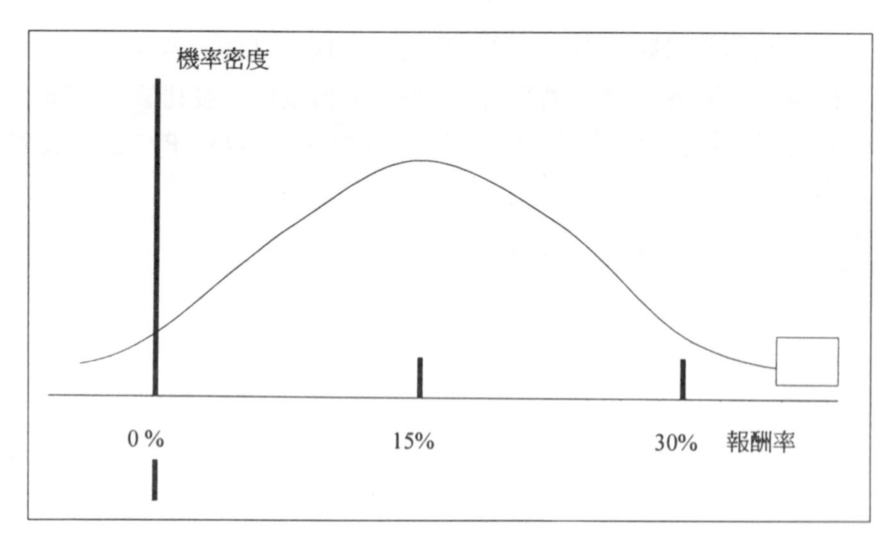

將一半的投資組合轉換爲 8%無風險利率的現金，將產生平均數爲 11 1/2%，標準差爲 10%的投資組合（見示圖 3a）。賣出期貨，將完全除去所有風險（基本風險除外），因而產生平均數爲 8%，標準差爲 0%的投資組合。爲何只有 8%？

假設他以行使權利價格最接近當時股價的買進選擇權，置換每 1 百股他擁有的股票。他沒花在選擇權權利金上的金錢（佔多數，譬如，90%），變做現金，可獲利 8%。若市場下跌，他唯一的收入來自現金。年底時，每 1 百美元的總投資，他將有 90×1.08，或是 97.20 美元。選擇權則是一文不值。他這年將有 2.8%的淨損失。因爲市場漲跌機率概等（大約地），這將是他一半時間的淨部位。

若市場上漲，例如 20%，他將在選擇權上賺進相等於原來投資組合上所能獲利的總額，因爲他至少在上漲部份，「控制」等量的股份。此外，他還有現金的利息收入。因此，他有 97.20 美元加上從選擇權賺的 20 美元，共 17.20%的報酬。所以，他犧牲了一些上漲的利益，換取到消除所有的風險——2.8%（見示圖 3c）。注意，爲保證至少 0%的報酬，他的投資組合至少要有 100/1.08=92.59%的現金。其餘的，可用來買買進選擇權。問題（d）的分析，基本上相同，其結果與示圖 3c 類似。

就像我們可以購入賣出選擇權，以確保最低報酬，我們也可以賣出買進選擇權，以確保最高報酬。爲何要保證最高報酬？第一，雖然人們通常畏懼下跌風險，但是上漲的潛力也不是一無缺失。在你的投資組合上賺 50%，好過賺 45%，但是，對那些具有金錢邊際效用遞減特性的投資人，多餘的收入愈來愈不重要。其次，比較虛僞的說，投資經理人可能害怕在一年中做的太好，以致被期望爾後有相同的績效。儘管如此，賣出買進選擇權，仍有其實務上的理由。從賣出買進選擇權獲取的溢酬，可用來購買防護下跌風險的賣出選擇權。經理人不需任何現金流量，即可以上漲面高的部份抵換下跌面低的部份。示圖 3（e）顯示報酬最後的分配。

選擇權定價（option pricing）

選擇權定價細部的數學推導，超出本章範圍，所以下面的討論，僅在顯示其中包含的重要觀念。你還記得選擇權定價是很複雜的，因爲：

1. 選擇權的報酬與市場相關，因此其價格應反映他們內在的風險（systematic risk）。
2. 報酬的分配並不近似對稱，所以在含有選擇權的投資組合裡，標準差不是適當衡量風險的工具。

3. 選擇權交易的現金流量，發生在購買時與到期日。
4. 因爲預期背後股票升值而有吸引力的買進選擇權（call option），基本上只是幻象而已，原因在於用來購買選擇權的金錢早就可以拿去以股票本身做槓桿部位。

我們從一個簡單的範例著手。你持有 General Machine 的股票，每股現值 66 美元，無分配股利。你預期年底時，GM 股票將爲 72 美元或 64 美元，機率相同。有人請你以每股行使權力價格 70 美元賣出買進選擇權。賣出這個選擇權的「公平」價格爲何？讓我們看看在各種情況下，你的淨現金流量（圖 5.4）。

圖 5.4

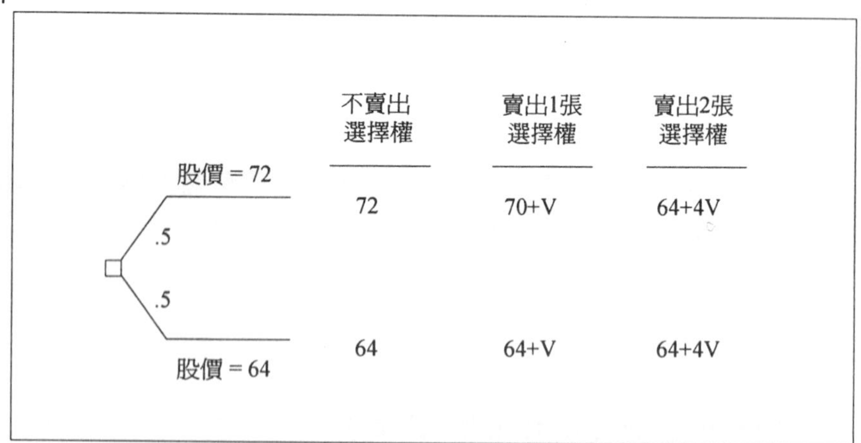

若股價跌至 64 美元，你在選擇權上一無所有，但是仍擁有價值 64 美元的股票，與收到的 V 美元權利金。若股價上漲至 72 美元，選擇權將被行使，你將收入 70 美元加上 V 美元的權利金。

若你賣出 4 股買進選擇權，如股價下跌，你將有 64+4V。若股價上漲至 72 美元，你將損失每股 2 美元，使得你有 72+4V-8=64+4V。所以，若你賣出 4 股買進選擇權，無論 GM 最後股價如何，你將保證有 64+4V 的收入。其淨現值爲：

$$4V+\frac{64}{(1+r_F)}$$

選擇權權利金並未折扣，因爲它已經先收進了。

圖 5.5 顯示思考你的決策問題的方法之一：

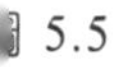5.5

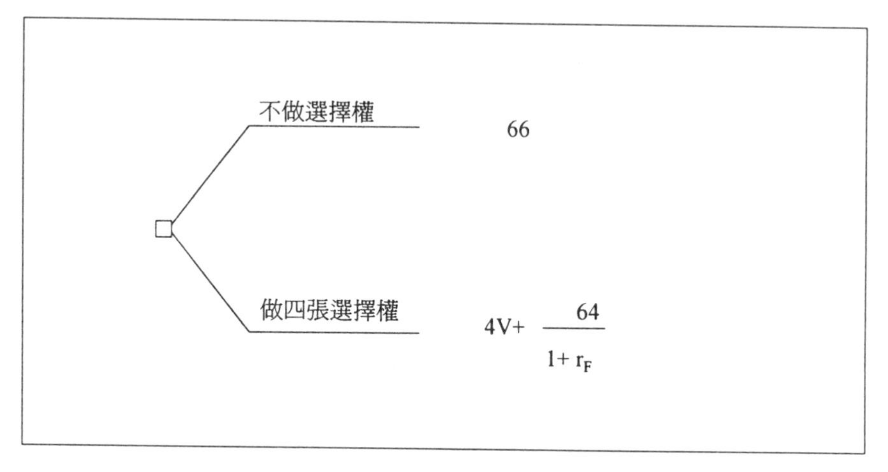

記著，66 美元是 GM 股票選擇權的公平價格——我們不必在這個問題裡，再回頭算一次決策樹。

所以，4 股選擇權的公平價格：

$$4V+\frac{64}{(1+r_F)}=66$$

或

$$V=16.50-\frac{16}{(1+r_F)}$$

因爲選擇權最後終要以普通股票交易，上述計算必然也是 1 股選擇權的公平價格。

注意，若我們不準備計入機會成本，或是假設 $r_F=0$，則選擇權之值爲 50¢。現在，這值看起來奇怪，因爲選擇權有 50－50 的機會值 2 美元（若股價漲至 72 美元）或 0 美元（若股價跌至 64 美元）。所以爲何選擇權不是值 1 美元？

答案是，我們忽略了股票本身的機會成本。注意，GM 股票的 EMV 值是（72+64）/2，或 68 美元，然而它僅被定爲 66 美元。這是因爲股票的系統風險與金錢的時間價值之故。若 GM 股票的貝他爲 β，我們應發現：

$$66=\frac{68}{(1+r_F)+\beta(r_M-r_F)}$$

r_M 爲市場報酬。

爲了確定上述故事是一致的，暫時先假設 $r_F=0$，$\beta=0$，這時 GM 股價應爲 68 美元。這種情況下賣出 4 股選擇權，保證有 64+4V 的報酬，所以公平價格可從公式 64+4V=68 找出 V=1，這正是我們所期望的。在這些假設下，答案正確。

現在我們已經知道如何定價，下面是簡捷的定價方法。暫時繼續假設 $r_F=0$。假設 GM 股價爲 72 美元的機率是 1/4，爲 68 美元的機率是 3/4。則其 EMV 值爲 66 美元，與市價相符。假設現在我們用天真的方法訂定選擇權價格（圖 5.6）。

圖 5.6

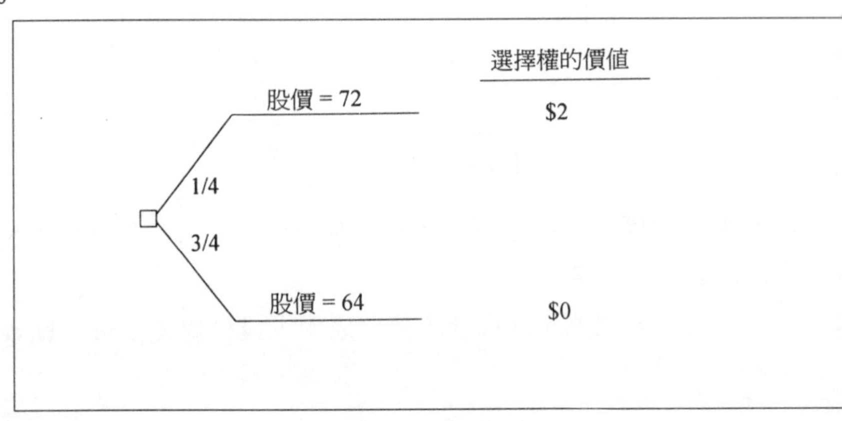

選擇權的 EMV 值爲 1/4（2）+3/4（0），或是 50¢！這不是巧合。若你挑選出使得當時股價公平的機率（不計風險），該機率可用來定價選擇權，也是不計入系統風險。

讓我們再試一個範例，以確定這方法真正奏效。IBM 股票在一年內將值$100 元或$200 元。它現在值$130 元。行使權利價格爲$120 元的買進選擇權值多少？

簡捷法

令

130=200p+100（1—p）

故 p=0.3

因此，選擇權值：0.3×80+0.7×0=$24

老方法

讓我們以圖 5.7 複習老方法。

5.7

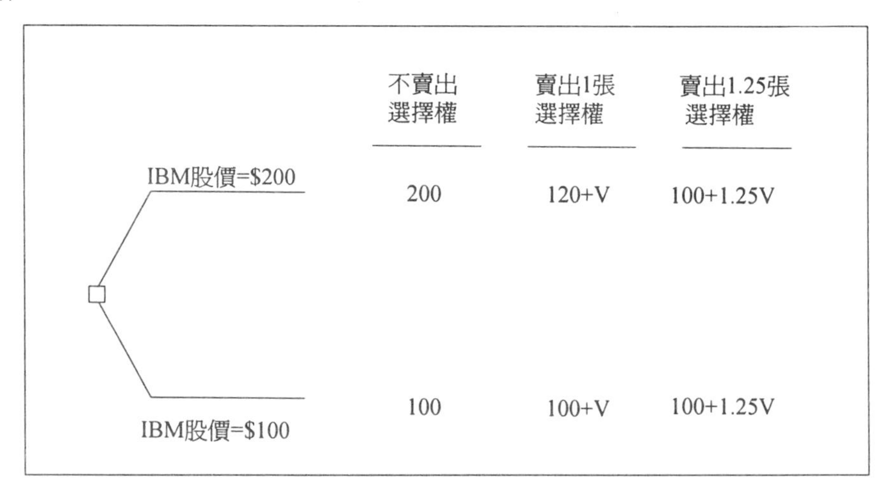

公平價格可從下式解出：

$$\frac{100}{(1+r_F)}+1.25V=130$$

因爲我們繼續假設 $r_F=0$，解出 V=24！

若我們沒有假設 $r_F=0$，問題會比較複雜一些，但是原則仍然不變。我們再回到原先的 GM 範例。其步驟爲：

步驟 1　找 p，使得：

$$\frac{72p+64(1-p)}{(1+r_F)}$$　（股票的折扣值，不計系統風險）

得出　$p=0.25+8.25\ r_F$　。

步驟 2　計算選擇權的折扣值（不計系統風險）：

$$\frac{2p+0(1-p)}{(1+r_F)}=$$

$$\frac{(0.5+16.5r_F)}{(1+r_F)}\frac{(16.5(1+r_F)-16)}{(1+r_F)}=$$

$$16.5-\frac{16}{(1+r_F)}$$

下列的觀察，也許有助瞭解。我選 50－50 作爲 GM 是 72 美元或 64 美元的機率，這事並不重要。如果你再複習一遍本節（仔細地），你將發現選擇權的價值與該機率無關。這是因爲現在股價（66 美元）中，已然包括一年內股價分配的資訊在內。現在股價也包含股票系統風險的資訊。這是爲何簡捷法奏效之故。你僅是將現在股價，解釋爲在完全沒有系統風險下，依照報酬的機率分配決定而已。

上面兩個簡化的計算結果，提供了正確的直覺。選擇權定價的方法，是將到期日股價的機率分配，除去其中因爲系統風險而高估的部份，重行調整。然後以調整過的機率分配，乘以到期日選擇權價值以無風險利率折扣之值，得出其 EMV 值。但是，這是非常複雜的程序，超出本書範圍。許多教科書中，有 Black-Scholes 股票選擇權定價公式（formula for the pricing of stock options）的討論，如 Sharpe 的投資學（438－444 頁）。

圖 1

芝加哥市場

選擇權	紐約收留價	行使權利價格	買進選擇權 11月	買進選擇權 2月	買進選擇權 5月	賣出選擇權 11月	賣出選擇權 2月	賣出選擇權 5月
波音	38	30	—	—	—	—	—	—
		35	$3\frac{1}{2}$	5	$5\frac{7}{8}$	$\frac{3}{8}$	$1\frac{5}{8}$	$2\frac{1}{4}$
		40	$\frac{1}{2}$	$2\frac{1}{4}$	$3\frac{1}{2}$	2	4	—
		45	$\frac{1}{16}$	$\frac{7}{8}$	$1\frac{13}{16}$	—	—	—
10/28/83		50	—	$\frac{3}{8}$	—	—	—	—
波音	40	30	10	—	—	—	—	—
		35	5	$6\frac{1}{4}$	$7\frac{1}{2}$	$\frac{1}{8}$	$1\frac{1}{16}$	$1\frac{3}{4}$
		40	$1\frac{1}{16}$	$3\frac{1}{8}$	$4\frac{3}{8}$	$1\frac{3}{8}$	$2\frac{3}{4}$	$3\frac{1}{4}$
11/2/83		45	$\frac{1}{16}$	$1\frac{3}{16}$	$2\frac{1}{8}$	$5\frac{1}{2}$	—	—
		50	$\frac{1}{16}$	$\frac{1}{2}$	—	—	—	—

示圖 2

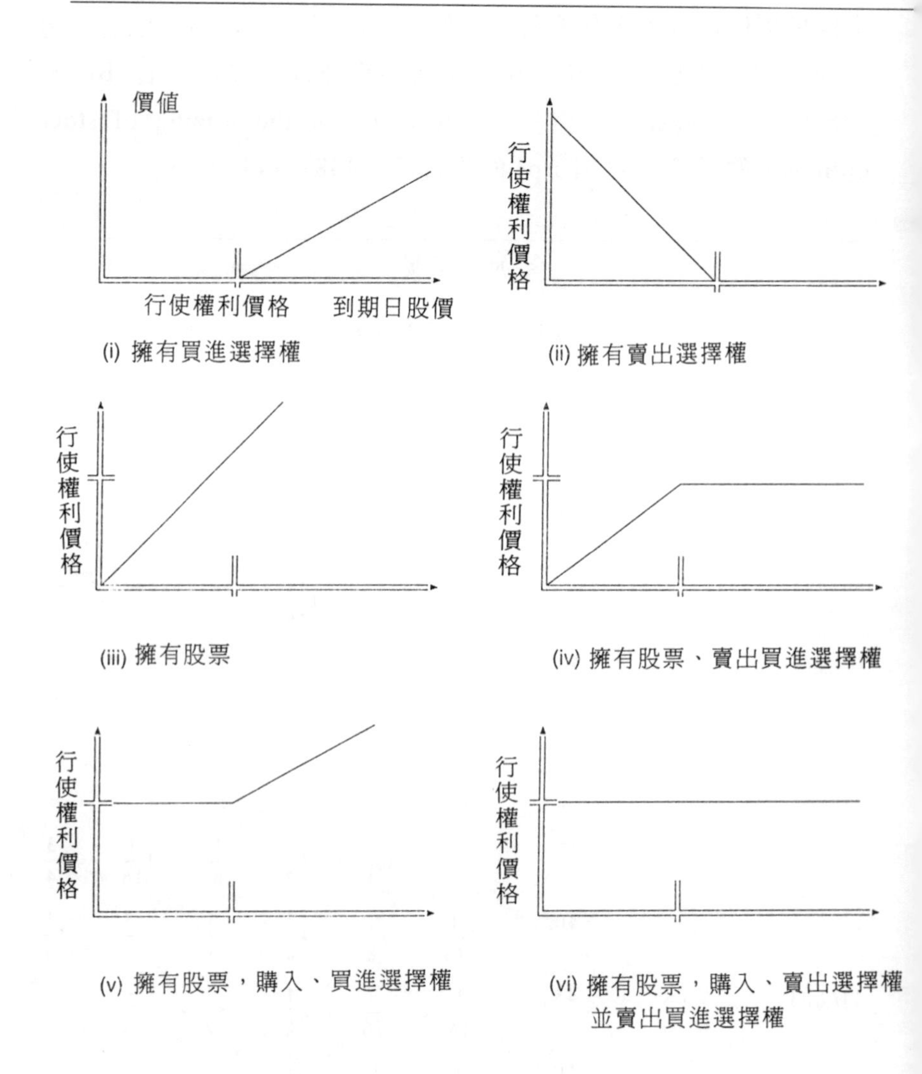
價值
行使權利價格
到期日股價
(i) 擁有買進選擇權
行使權利價格
(ii) 擁有賣出選擇權
行使權利價格
(iii) 擁有股票
行使權利價格
(iv) 擁有股票、賣出買進選擇權
行使權利價格
(v) 擁有股票，購入、買進選擇權
行使權利價格
(vi) 擁有股票，購入、賣出選擇權
並賣出買進選擇權

圖 3

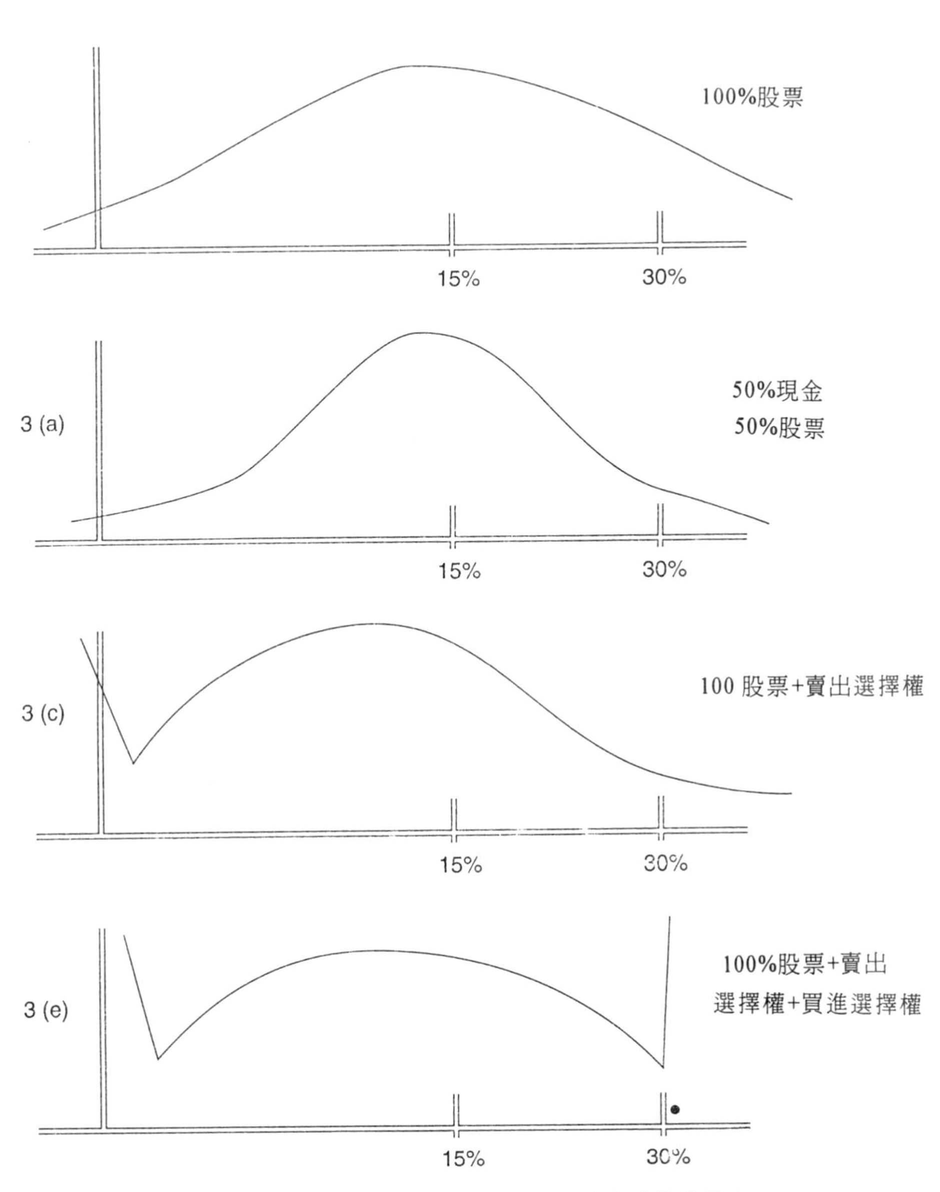

注意：上面均為略圖，接近垂直的直線，代表該點有間斷性機率

選擇權的練習[6]

因爲選擇權的分析很困難，下列的練習，雖然反映現實，但是已經經過大幅簡化，以容許在合理時間完成分析。除特別註明，不計稅金與金錢的時間價值。

1. **Wilmington Wire 公司**　Wilmington Wire 公司生產珠寶業與電子業使用的鍍金線材。工業界的實務，依照顧客偏好，以交運日或訂貨日定價。同時，顧客可以在交運時，選擇定價方法。因爲原料佔生產成本 80%－98%，並且價格昂貴，若是金價在訂貨日與交運日期間下跌，可能是場災難。公司在實務上，收到訂單後立即買進涵蓋訂單的黃金。如果市場上黃金選擇權正常交易，敘述消除 Wilmington 風險的避險程序。
2. **Arkwright Medal 公司**　Arkwright Medal 公司獲得國際奧委會授權生產下一次運動會的銀質紀念章。在授權協議中，價格與產量已經固定，事實上 Arkwright 已經完成生產。同時授權協議也規定，紀念章僅可在運動會時販賣。Arkwright 知道引導人們購買紀念章的兩大因素是:運動會造成的熱誠,激發留念的欲望與投機的天性。因爲無法針對運動會的成功實施避險，Sally Zimmerman 決定專心預期在運動會期間銷售與銀價的關係。表 5.20 顯示她對運動會期間所預期的收入與銀價的函數關係。銀價低時，收入反映中等的銷售量與剩餘紀念章的出售

[6] 哈佛大學商學院 9－184－137 號練習。David E. Bell 教授編寫，©1984 哈佛大學。

殘值。銀價高時，存貨將銷售一空，因爲價格固定，所以收入爲一定常數。若銀的選擇權以 5 千盎司爲交易單位，行使權利價格以 50¢ 爲一級，什麼樣的避險行動，可以消除 Arkwright 在銀紀念章上的暴露？

5.20

銀價（$1／盎司）	$2\frac{1}{2}$	3	$3\frac{1}{2}$	4	$4\frac{1}{2}$	5	$5\frac{1}{2}$	6	$6\frac{1}{2}$	7
期望收入（百萬美元）	.5	1.0	1.5	2.5	3.5	6.5	9.5	9.5	9.5	9.5

3. American Business Machine British Electronics, PLC 正在待價，以密封投標方式出售其美國子公司 Supertronics Inc.。ABM 認爲 Supertronics 值 2 千 5 百萬美元，而他們必須在 10 月 31 日投標截止日前，送出他們 2020 萬美元的標單。開標日訂在 12 月底。ABM 起初有信心他們是最高標，但是到 11 月 2 日時，他們就沒有那麼肯定了。他們聽說許多英國公司用英鎊爲單位競標。很清楚的，若英鎊在 12 月底前對美元升值，British Electronics 可能會發現，接受以英鎊計值的標單比較划算。

ABM 覺得現在的匯率是$1.50／£，到 12 月底同樣可能變成$1／£,$1.50／£或$2／£。表 5.21 根據每單位£1200，提供不同行使權利價格的選擇權價值：

表 5.21

12 月 31 日到期的選擇權價格（以£1200 英鎊計）

行使權利價格	買進選擇權	賣出選擇權
$1.00／£	$600	$0
1.25	400	100
1.50	200	200
1.75	100	400
2.00	0	600

現在匯率=1.50 美元
12 月 31 日期貨價格=1.50 美元

- 決定下列各題之淨現金流量：
  購入行使權利價格爲 1.50 美元的買進選擇權。
  賣出行使權利價格爲 1.25 美元的賣出選擇權。
  購入行使權利價格爲 1.75 美元的賣出選擇權。
- 若匯率爲$1.00／£或$1.50／£，ABM 確定會得標，若匯率爲$2.00／£，ABM 確定不會得標，在選擇權市場採取什麼行動（見表 5.21），最能規避 ABM 的風險？

4. **Ivy 投資公司**　Ivy 投資公司（簡稱 III）將其所有資本投資於一項商品，一年後該商品有同等機會，產生五種可能價值。III 覺得這個部位風險太大，考慮降低風險的方法。幸運的是，該商品在選擇權與期貨市場均有交易。III 也考慮以無風險投資置換部份商品。III 的執行董事，也是其唯一的員工，Ian Ibbotson 三世正在準備投資機會的縱纜表。假設效率定價，表 5.22 的空格可從己知資料導出唯一之值。完成該表（根據選擇權與期貨市場均以商品現價爲 100，與現行成交單位解題）。

5.22

	現在投資	無風險	買進一口期貨	購入一張行使權利價格爲150元的買進選擇權	購入一張行使權利價格爲150元的賣出選擇權
現在成本	100	100			
			一年後投資價值		
結果編號#					
1	95	105			
2	105				
3	115				
4	125				
5	135				

風險調整折扣率[7]

淨現值（net present value，NPV）的計算，是用來決定投資所產生的一連串現金流量，是否可以抵消投入資本的機會成本。當現金流量不確定時，流行的做法，是提高折扣率，以反映報酬的不確定性。一眼望去，這種想法十分合理，因爲它降低報酬的價值，強調短期收入。即使現金流量確定時，選擇折扣率也是很具挑戰性的，選擇風險調整折扣率更是困難。而且，如同基金的機會成本會以事先已知的方式隨時間變化，不確定性也會以事先已知的方式隨時間變化。

爲了瞭解其中的問題，考量每年平均報酬相等，不確定性相同的兩個投資。第一個投資的現金流量中，每期報酬的不確定性與其他各期報酬的不確定性無關。第一年的高報酬，並不告訴你往後各年的報酬如何。一個靠天吃飯的農場可能是個好例子。第

[7] 哈佛大學商學院 9－184－151 號紀錄。David E. Bell 教授編寫，©1984 哈佛大學。

二個投資，所有的不確定性來自可在第一期決定的單一事件。因此，第一期結束時，所有未來的現金流量變成確定。若第一年收入高，其後所有現金流量也高。研究發展冒險可能是個例子。

你寧願要哪種投資？第一種有分散風險之利，好年頭和壞年頭會在時間長流中互相抵消傾向，而第二種不是全有就是全無。另一方面，在第二種中，十二個月後，你知道自己的地位，可以精確的計畫未來活動。

任何忽視這兩個狀況分野的方法，都漏失掉重要的東西。當時間繼續行進時，解決未來報酬不確定性的方法，是我們評估他們的關鍵。

下列分析的基礎，是假設投資者希望以資本資產定價模型（見第 1 章，分散風險與投資風險一節）相容的方法，評估投資。該模型中，一年的投資，應以這樣方式定價：其期望報酬 r 與報酬的標準差 s，滿足下式：

$$r = r_F + \frac{cs}{s_M}\left(r_M - r_F\right)$$

式中 r_F 爲無風險利率，r_M 爲完全分散投資組合（市場組合）之平均報酬，s_M 爲該投資組合報酬的標準差，cs 爲該投資組合與一年投資的相關。爲簡化計算，以後均假設 r_F =6%，r_M =13%，s_M =20%。

危險的信號

有人提供你預期一年後回收 1 百美元的投資。你願爲該投資最多付出多少錢？若無風險利率爲 10%，1 百美元是確定的，你最多願付 94.34 美元。但是，假設 1 百美元是不確定的，而你覺得不確定的 1 百美元，僅與確定的 80 美元等值（若你尚未分散風險，這可能是因爲風險與市場相關，它可能反映直接的避險）。所以，你現在只準備爲該投資付出 80／1.06，或是 75.47 美元。

哪一個風險調整折扣率，可以直接給我們 75.47 美元？我們所需做的，僅是找出 r，使得：

$$-\$75.47+\frac{100}{1+r}=0$$

答案爲 0.325，或是 32.5%。

現在，換一個範例。有人願意先付你錢，以交換你負責一年後到期的 1 百美元債務。若債務確定爲 1 百美元，你會願以 94.34 美元負這個責任。

但是，假設這 1 百美元是不確定的，而你覺得不確定的 1 百美元的責任，和確定的 120 美元是一樣糟（若你尚未分散風險，這可能是因爲不確定性與市場正相關，只是因爲規避風險）。因此，爲盡此義務，你會要求至少先付 120／1.06 或是 113.21 美元。

哪一個風險調整折扣率，可以立刻給我們這個答案？也就是，r 值是多少，使得：

$$+\$113.21-\frac{100}{1+r}=0$$

答案爲-0.117，或是-11.7%。

負的折扣率（negative discount rate）？折扣率不但未見提高，反而低於零。當未來現金流量預期爲負值時，它們需要較低，而非較高的折扣率。這合道理，你調整折扣率，以處罰其風險性，但是，提高折扣率增加了負的報酬。

許多投資中，有些年的淨現金流出是可以預期的（第一年或最後一年），同樣的，有些年預期有淨現金流入。假設你有一個現金流量，需要你在第一年底付出 1 百美元，但在第二年底收入 1 百美元。兩個數額都不確定，並與市場成正相關（從你的關點）。相等可確認的現金流量爲：第一年-120，第二年+80。因此，其 NPV 爲-42.01 美元：

$$-42.01=\frac{-120}{1.06}+\frac{80}{(1.06)^2}$$

你至少應該收取 42.01 美元，以收下該現金流量。哪一個風險調整折扣率，可以立刻給我們這個答案？其爲 r，r 滿足：

$$-42.01=\frac{-100}{1+r}+\frac{1000}{(1+r)^2}$$

很讓人驚訝地，無論 r 值爲何，這方程式都不成立（用你的計算機試試看）。換句話說，沒有可以正確評估該現金流量的風險調整折扣率。

單期折扣（one-period discounting）

考慮一個報酬估計爲$X、標準差爲$S 的一年投資。該投資的不確定性與市場的相關爲 c。其今日之公平價格爲何？若我們付出$P，則期望報酬爲：

$$\frac{X-P}{P}\times 100\%$$

該報酬百分比的標準差爲 100S／P（這是因爲 $X\pm S=\frac{X-P}{P}\pm\frac{S}{P}$，或是 $\frac{100(X-P)}{P}\pm\frac{100S}{P}$）。相關仍爲 c。將值代入本節第一個公式，得：

$$\frac{100(X-P)}{P}=6+\frac{c\frac{100S}{P}}{20}(13-6)$$

乘以 P，簡化後，得：

$$100X-100P=6P+35cS$$

或是

$$100X-35cS=106P$$

所以

$$P=\frac{100X-35cS}{106}=\frac{X-0.35cS}{1.06}$$

這個公式很有啓示性：我們需要準備最多付出 0.35cS 的風險溢酬（risk premium），以消除現金流量的風險。淨額 X-0.35cS 是確定的等額（certainly equivalent）。淨現值等於，以無風險利率（risk-free rate）折扣的確定之等額。注意，這個程序，並不因 X 的爲正或爲負而受影響！

一個投資，預期一年後報酬爲$6,000±3,000 元。若其與市場的相關爲 0.75，其今日的公平價格爲何？

答案：$\frac{6,000-0.35\times0.75\times3,000}{1.06}=\$4,917$ 元

所以，相當的風險調整折扣率爲 0.22%，從解下式得來：

$$4,917=\frac{6,000}{1+r}$$

若 c=-1，上述投資的公平價格爲何？

答案：$\frac{6,000+0.35\times3,000}{1.06}=\$6,651$ 元

這時，風險調整折扣率爲 10%

雙期折扣（two-period discounting）

一旦你學會如何處理一期，多期的處理變得很容易。你所有要做的，就是像你在決策樹中做的一樣，從基期「回溯」現金流量。

一個投資將在兩年後滋生單一報酬，現在估計約有$6,000±3,000 元。其不確定性與第一年無關，但與第二年的市場有 0.75 的相關。它今天該值多少？

答案：在第一年底時，我們會有與問題 2 完全相同的部位。因此，我們對現在的現金流量與第 1 年底確定收到 4,917 美元的偏好是相同的。而其 NPV 等於：

$\frac{4,917}{1.06} = \$4,639$，注意

$$\$4,639 = \frac{6,000}{1.06 \times 1.22}$$

所以，我們可以用第二年時是 22%的折扣率（當它有風險時），而第一年時是 6%的折扣率（當它沒有風險時），來想像這 6 千美元。或是我們可以說，正確的風險調整折扣率爲 13.7%。

（解 $\frac{6,000}{(1+R)^2} = 4,639$）。

一個投資在一年後可得$2,000±1,000 元（c=0.75），二年後可得$4,000±2,000 元（c=0.75）。它值多少錢？

答案：第二年的現金流量爲：

$$\frac{4{,}000-0.35\times0.75\times1{,}000}{(1.06)^2}=\$3{,}092.7$$

第 1 年的現金流量爲：

$$\frac{2{,}000-0.35\times0.75\times1{,}000}{(1.06)}=\$1{,}639.15$$

總計價值 4,731.85 美元。其內部報酬率（internal rate of return, IRR），可藉解

$$-4{,}731.85+\frac{2{,}000}{1+r}+\frac{4{,}000}{(1+r)^2}=0$$

得出 15.5%，這是「正確」的單期風險調整折扣率。

如我們上面所見的，折扣率應該按照投資的風險性質，一期一期調整。但是全期使用單一折扣率有時也有它的方便。我們下一節要談的問題是，什麼時候單一折扣率是正確的？

什麼時候單一折扣率就夠了

單期狀況

假設我們以平均現金流量比例代表現金流量的標準差（standard deviation）。例如 6,000±3,000，10,000±5,000 兩例中之標準差均是平均數的一半。則公平現值（fair current value）的公式變成：

$$\frac{X-0.35c(0.5X)}{1.06}$$

或是

$$X\left(\frac{1-0.175c}{1.06}\right)$$

現在可以將上式想成 X 以某比例的折扣。我們用下列關係來解折扣率：

$$\frac{1}{1+r}=\frac{1-0.175c}{1.06}$$

一般而言，若標準差爲 sX（固定乘數 s 倍的 X），當平均現金流量爲 X 時，則公式：

$$1+r=\frac{1.06}{1-0.35cs}$$

可以提供正確的風險調整折扣率 r。表 5.23 給你一點感覺，看看風險調整折扣率隨 cs 增加得多快。注意，cs 是計畫中系統風險的數量比例值。當 cs=0 時，風險調整折扣率爲 6%——無風險利率。

表 5.23

Cs	0	0.1	0.2	0.375	0.5	1
r（百分比）	6	9.8	14.0	22.0	28.5	63.1

這個表的解釋是這樣的，如果你有的風險完全是系統風險，其標準差爲平均現金流量的一半，則你應該使用 28.5%的折扣率。如果你的風險的標準差等於平均數，但是與市場的相關只有 0.5 時，這也是你應該使用的折扣率。

一個投資預期在一年後得到$6,000±2,400 元。它與市場的相關是 0.5。他現在的公平價值爲何？

答案：我們有 $s=\frac{2,400}{6,000}=0.4$ ，$cs=0.4\times0.5=0.2$。因此，正確

的折扣率爲 14%（查表）。所以公平價值爲 $\frac{6,000}{1.14}=\$5,263$ 元。

注意，固定比例 $\frac{S}{x}=s$ 不是那麼難以獲得的。

如果你必須猜測一個工程要花多少錢，無論工作大小，猜想可以得到 10%折扣優惠是很合理的。人們在估計成本與收入時，易於發生百分比錯誤，而不是絕對錯誤。

兩期狀況

你有一個投資，兩年後給你一次報酬。當時間開始前進以後，你愈來得到愈多有關這筆現金流量大小的資訊。這時，你估計一年後確實的報酬將在 6 千美元左右，但是這個估計值絕對不確定。你現在預測你的估計以後會變成$6,000±3,000 元（想像從$6,000±3,000 的分配中，抽出一個隨機亂數。這就是你對確實報酬的估計）。現在，這個估計的本身並不是確實報酬的精確預測值。你覺得如果你估計一年後爲$E 元，則你對確實報酬的預測分配爲 E±E/2。

你對估計值的不確定性，與市場存有 c 的相關。同時，已知估計值時，你對估計值的不確定性與市場的相關也是 c。

現在讓我們來算這筆現金流量。

第一年年底時，若估計爲 E，則報酬的折扣值爲：

$$\frac{E-0.35c\frac{E}{2}}{1.06}=\frac{E}{1+r}$$

其中

$$1+r=\frac{1.06}{1-0.175c}$$

當時你 E 的分配是$6,000±3,000 元，所以該投資等於在第一年年底報酬為 $\frac{6,000}{1+r}\pm\frac{3,000}{1+r}$ 的投資。其現在價值為：

$$\frac{\frac{6,000}{1+r}-0.35c\frac{3,000}{1+r}}{1.06}=\frac{6,000}{1+r}\left(\frac{1-0.175c}{1.06}\right)=\frac{6,000}{(1+r)^2}$$

這 6 千美元已經以同一（合理的）比率折扣回兩年。

最要緊的是：如果你預期你對未來現金流量的估計將以下列方式每年更新：

一期的新估計值=該期之舊估計值±（固定比例×該期之舊估計值）

且所有誤差項與市場之相關為 c，則該現金流量可以全期使用單一折扣率。這時，下列公式可以提供其風險調整折扣率：

$$1+r=\frac{1.06}{1-0.35(\text{固定比例})}$$

範例

一個成本為 9 千美元的投資將在第一、二、三年年底產生報酬。你現在對各年報酬的估計值為 3 千、4 千與 5 千美元。第一年不確定性的標準差為 1 千美元。第一年年底的現金流量如何告訴你未來現金流量的價值為何？如果估計的 3 千美元變成 3 千 3

百美元，你也將會同時向上調整 10%的未來現金流量，成爲 4 千 4 百美元與 5 千 5 百美元。你覺得你對下一年的估計的標準差恆等於 1/3 的估計值，所以這時你第二年現金流量的標準差是 4,400/3，餘同理可推。任何一年得出的不確定性與市場有 0.6 的相關時，這個投資還有吸引力嗎？

很自然的，我很小心的將一切安排的所有現金流量可以用單一折扣率計算。那麼，折扣率是多少？估計值隨標準差的 1/3 而上升或是下跌。相關係數爲 0.6，或是 cs=1/3×0.6=0.2。根據表 5.2，正確的折扣率爲 14%：

$$NPV = -9{,}000 + \frac{3{,}000}{1.14} + \frac{4{,}000}{(1.14)^2} + \frac{5{,}000}{(1.14)^3} = \$84.31$$

該預測值僅是可以接受而已。

技術上，使用單一折扣率所需的只是相關係數乘以「固定比例」必須永遠相同，但是這筆我們在範例中看到的狀況複雜多了。

「固定比例」的性質單對收入時可能成立，單對成本時也可能成立，但是對淨現金流量時就不太可能成立，因爲這些可能很小，甚至爲負值。因爲收入與成本很可能具有不同的風險特性（例如付債的錢完全無風險），將現金流量分成正值項目是很重要的。

折扣率是如何定出來的

在長期投資中，NPV 對於使用的折扣率十分敏感。弄錯折扣率會重大影響估計值。風險折扣率就像鏈條鋸子一樣，如果你知道如何使用，它非常有效率；如果你不知道，它非常危險。上面的分析可能還是十分原則性，但是這些的確能夠協助我們建立實務上的折扣率（而不是在我們用錯折扣率時，發出信號警告我們)。要能運用上面的分析，你必須估計未來的平均數、標準差、相關係數與無風險利率。

大部份的公司是這樣設定折扣率的。他們先找到一個具有與目標投資類似風險性質，但是已知其公平價值的計畫。然後依照像實際報酬率、物價膨脹、流動性、稅金、系統風險的性質與該風險如何隨著時間解決等因素，定出折扣率。非常複雜！但是如果你知道一個和你的投資有相同風險的計畫，而你也知道它的公平價值，你就可以找出折扣率（用內部報酬率的公式)。然而，你如何知道這兩個計畫「夠接近」？同時，如果我們假設人們通常使用過高的折扣率，你使用別人的折扣率是否會導致系統性低估你自己的計畫？（你不想付出比市價高得錢，但是這是一個競價問題，不是價值估計問題）

不確定狀況下資本預算的練習[8]

1. 一位生產經理談妥一筆交易，他只先付新機器價錢的 20%；其餘兩年以後再付。表 5.24 顯示計入物價膨脹與稅金效果後，購買機器節省的錢減去成本的淨現金流量。

表 5.24

第 0 年	第一年	第二年	第三年
$-40,000	$136,400	$-154,640	$58,300

他的公司通常以 10%爲投資的門檻比率。因爲節約可觀，他

[8] 哈佛大學商學院 9－184－152 號練習。David E. Bell 教授編寫，©1984 哈佛大學。

想他是否應該使用 25%的風險調整折扣率。另一方面，節省部份的不確定性很清楚的是純靠運氣，和其他任何因素無關，所以 6%的無風險利率也許是較正確的折扣率。

- 計算這三種門檻比率現金流量的淨現值。
- 提供上述答案的直覺解釋。
- 從你所知之狀況，應否投資？

2. 本問題中，假設無風險利率為 6%，市場期望報酬為 13%，標準差為 20%。預期投資 I_1 在第一年年底將獲得 1 萬美元報酬，標準差為 7 千美元，其與市場之相關為 0.75。預期在第二年年底將獲得 1 萬美元報酬，標準差為 3 千美元，其與市場之相關為 0.75。預期投資 I_2 在第一年年底將獲得 1 萬美元報酬，標準差為 3 千美元，其與市場之相關為 0.75。預期在第二年年底將獲得 1 萬美元報酬，標準差為 7 千美元，其與市場之相關為 0.75。
    - 用直覺推理你喜歡 I_1 或是 I_2？
    - 你最多為 I_1 付出多少？I_2 呢？
3. 今天是 1994 年 1 月 2 日，你就要知道你是否會從雇主那兒收到 1 萬美元紅利。你的雇主明顯的以隨機方式，50%的機會，付你紅利。紅利對你意義重大，因為你唯一的收入只有基本薪資，也是 1 萬美元。然而，你的雇主卻提供一項服務。他可以用 0%的利率借入或是借出金錢。沒有物價膨脹。沒有人會以任何利率向你借入或是借出金錢。從 1996 年 1 月 1 日起，你將開始接任一個薪資豐厚的工作，你未來的雇主不會借給你任何一文錢。

簡言之，你在這兩年內的可支配所得（你不必付稅），不是 1 萬美元，就是 2 萬美元。如果你知道你會在一年得到 1 萬美元，另一年得到 2 萬美元，你會借入 5 千美元，以平衡這兩年的可支配所得。你對生活水準的偏好，與表 5.25 所列一年中不同消費水準相同。

表 5.25

一年費用（千元）	生活水準（千元）
0	0
1	1.0
2	1.9
3	2.8
4	3.6
5	4.4
6	5.1
7	5.8
8	6.4
9	7.0
10	7.5
11	8.0
12	8.4
13	8.8
14	9.1
15	9.4
16	9.6
17	9.8
18	9.9
19	10.0
20	10.0

例如，在兩年中每年消費 8 千美元與一年消費 5 千美元，另一年消費 1 萬 2 千美元的偏好相同。一個對稱分配的兩年固定收入，永遠將可最大化總偏好。

- 如果你第一年的紅利爲 0 美元，你應該借入多少錢？
- 如果你第一年的紅利爲 1 萬美元，你應該借出多少錢？
- 如果你今年的紅利爲 0 美元，你現在應該付出多少錢，去瞭解你明年的紅利是多少？

- 你會不會在知道今年的紅利之前，同意明年的紅利與今年完全相同？

個案：Spruce 芽蟲[9]

在 1976 年 6 月上旬，New Brunswick 省長 Richard Hartfield 和他的內閣坐在省都 Fredericton 市內。在二十哩外的機場，載滿化學殺蟲劑的飛機正在跑道上等候 Hartfield 的命令，飛到森林噴灑殺蟲劑。Spruce 芽蟲正在殺害加拿大東部的木材森林，沒有年度的噴灑作業，New Brunswick 省的經濟將會跛腳。環保團體幾年來一再反對廣泛沒有區分的使用殺蟲劑，但是因爲事關全省經濟，反對的聲音一直被壓抑著。然而到 1975 年，兩個小孩在地區森林剛噴灑完不久，得到一種稱爲萊氏症候群的病而死亡，大家開始關心健康上的威脅。

爲要達成噴灑的最大效用，噴灑必須在芽蟲幼蟲發展最關鍵的 3－4 天「視窗」期時實施。每年內閣會在最後一分鐘時集會決定是否取消當年的噴灑。每一年，儘管噴灑成本愈來愈高，報紙與論愈來愈嚴苛，經濟上的考量迫使他們必須實施噴灑，1976 年最後證實和其他各年沒什麼兩樣。

---

[9] 哈佛大學商學院 9－183－134 號個案。David E. Bell 教授編寫，©1982 哈佛大學。

背景

Spruce 芽蟲在幼蟲期時，吸取 Balsam 與 Spruce 樅樹的芽與針葉生存。歷史上，Spruce 芽蟲的群體密度小的被認爲是稀有蟲類；但是每五到十年週期，當氣候與森林條件合適時，它就會「釋放」出來，大量繁殖，造成廣大區域內大量的落葉與樹木的死亡。

北美洲 Spruce 樅樹森林分別在 1770、1806、1878、1910 年發生芽蟲瘟疫，而自 1950 年後也有斷斷續續的情況。示圖 4 的北美洲地圖，顯示從 1909 年以後發生 Spruce 芽蟲蟲災的地區。

再一次 Spruce 芽蟲蟲災很可能殺掉森林裡 40%的 Spruce 樅樹。因爲大樹的死亡率較高，如果無法防護或是控制蟲害，這可能意味著 Spruce 樅樹鋸木業在該地區十年當中的死亡。紙漿與造紙業可以靠密集收拾殘餘的樹木和小樹，苟延殘喘的較久，但是活動程度將大爲下降。蟲災之後，需要花四十年從新種植出可以銷售的木材；如果蟲災徹底摧毀 Spruce 樅樹的再生能力，所需復原的時間更長。

在 1982 年，當很清楚蟲災開始發生時，New Brunswick 省開始在大片地區噴灑 DDT。這次控制住芽蟲群體，但是只有一年之久而已。存活的 10%左右的芽蟲足以造成第二年的威脅。所以 New Brunswick 省再度實施噴灑。雖然正規噴灑無疑在短期內救了木材業，但是它有許多不利的後果。第一，據估計，一次空中噴灑需要每公畝 3 美元，需要噴灑的區域有數以百萬公畝計的面積。噴灑的第二個後果是，蟲害從未徹底消失。從開始噴灑迄今三十年以來，威脅依然存在。早期蟲災會在五至七年消失，是因爲芽蟲繁殖快的吃光所有食物以後，自己餓死的。剩下的芽蟲群體在森林復原所需的四十至五十年間裡一直保持少量樹木，使的森林足以再生，然後又供給芽蟲足夠食物產生下一次蟲災。

第三個結果是大規模 DDT 劑量所造成的環境傷害。但是讓森林自己面對蟲害毀滅的威脅一樣也有環保的問題。原有野生生物的改變會改變野生生物種類的組成。沒有森林遮橪的掩護，唱歌鳥的種類將會減少，而會增加適合再生灌木林的鳥類種類。河流直接在太陽下曝曬，將會增高水溫，減少氧氣溶解度，導致魚類減少精力成長緩慢；優良的好鱒魚需要低溫的河水。大面積的已死將死的樹木，有產生森林大火之虞；死亡的 Balsam 樅樹使得防火巷的闢建困難，更是火種的優良溫床，星火燎原的良好起點。還有，森林之美漸漸消失，死樹和火災的危險不斷增加，都會影響露營與爬山的愛好者。

尋找 DDT 替代品的工作一直沒有停下來，希望能夠找到能有效防治芽蟲，但對動植物無害的化學藥品。除了空中噴灑殺蟲劑以外的控制措施，一直也在實驗發展當中。放出芽蟲的寄生蟲與獵物這種方法結果無效，因爲他們無法生存。空中噴灑芽蟲致病菌既保護不了葉族樹木，也控制不了芽蟲群體的密度。造林控制法有潛能，正在實施中。例如，請獨立的造林者（從空中）種植對芽蟲抗力較強的樅樹種類。造林本身不是完整的解決辦法，因爲造林所需時間太長，而其本身也不能完全避免感染；它只能減少森林的脆弱性。

1976 年專案小組

New Brunswick 省政府受到的壓力一年大過一年。木材業成長進入更高度機械化和資本化時代，面臨世界市場上像喬治亞這些樹木長的快蟲害更少地區更嚴酷的競爭壓力。環保團體的聲音愈來愈大。萊氏症候群事件，雖然衛生官員不認爲它與噴灑計畫有關係，但是總是公共關係的惡夢。內閣在 1976 年夏季設立一個專案小組，來評估未來的芽蟲控制方案，並且評估以前使用過方法的有效性。

這不是第一次做類似的研究。每隔幾年就有一份報告出籠，然後自然而然的送到內閣檔案室架上吃灰。專案小組領導人 Gordon Baskerville 覺得他比他的前任有較多優勢，因爲一群 British Columbia 大學的研究人員已經就 New Brunswick 的森林發展出一套模擬模型，而它精緻的足以爲各種森林管理政策的效果做出可考的預測。所有要做的事，只是試試各種不同的噴灑和伐木的策略組合，看看哪個效果最好。

但是 Baskerville 也珍惜那些被忽略的報告，因爲一個人認爲「最佳」的方法，不必要是其他人眼中的「最佳」方法。從他的觀點，這政客們尤其是這樣。想要預測他們想要什麼總是困難萬分。

他回想起二月時接受一組模擬專家的訪問，他們訪問的目的在瞭解究竟模擬結果應該以怎樣的準則衡量。那時 Baskerville 才真正體認到在一個這麼複雜的問題中，準確表達自己的目標是件多麼困難的事（那天早晨討論的摘要列於示圖 5)。

他突然想到，如果同一組人能夠訪問各個 New Brunswick 的政策制定者，他 Baskerville 在報告裡就會有更多可以建議的管理策略，這樣報告也就會有較大的機會被採行了。

模擬模型（simulation model）

根據該省生物學家與森林學家蒐集的五十年資料，研究者建立一個模擬 6×9 哩森林區域的電腦程式。原始的資料爲按種類與年齡分類的樹木總數、樹葉密度（按芽蟲活動程度而異）與芽蟲蛋的密度。這個程式然後可以根據隨機產生的天候型態、樹葉供給與噴灑行動，估計芽蟲的存活率。它最後會產生年底時數目的存量，分辨出因爲芽蟲、砍伐和自然死亡（年老）而發生的死亡率。

該程式將重複跑 265 次，以反映 265×6×9 =14,310 平方英哩的森林面積——將近 New Brunswick 的面積大小。

最後計算的是蛋的數目。如果樹葉情況好，蛾習慣在自己附近的樹下蛋；如果有擁擠的問題，他們會飛到樹頂，乘風而去，最遠可以飛到 1 百哩外，平均數爲五十哩（強烈的西風可以將蛾帶到大西洋或是 Nova Scotia，這當然很好，但是西邊的安大略湖也一樣有蟲災問題）。根據歷史風向風力資料產生了當時風的可能型態和蛾可能的旅行距離，於是蛾蛋被分配新的地點（示圖 6）。

這樣完成一年的模擬（示圖 7）。爲了測試程式的可靠度，必須讓它模擬 2 百年的時長。這是爲了確定該程式可以正確模擬出，沒爲人爲干涉時，已知的四十至七十年的蟲災週期。起初，該模型紙模擬出七年週期。最後，弄清楚這是因爲鳥的獵捕行爲被忽略掉了。當芽蟲密度很低時，鳥的捕食足以維持低密度。芽蟲只在老樹的新葉上生活。蟲災發生以後，一顆樹長成老樹至少要畫四十年左右。當一連串溫暖乾燥的夏季，使得芽蟲的繁殖快過當地鳥的實務需求時，下一次的蟲災於焉發生。忽視鳥的效果時，只要樹葉量充足，蟲災就會「爆發」。因爲蟲災的間隔短時，樹葉較少，蟲災較不嚴重，大部份的樹得以生存，很快產生足夠的樹葉，又爲下次蟲災儲備潛能。

這個意外發現，產生殺鳥兒不是殺蟲的想法，因爲蟲災次數愈多，雖然使森林成長緩慢，但是不會將其殺死。結果這個想法證實是不可行的。

從這個模性廣泛的測試中顯示，森林在各種不同起始條件下的發展，與其實質內涵是一致的。特別是當餵給模型 1952 年的森林存量、歷史天候、當時採用的噴灑方式等資料，模型十分正確的重建出 1976 年的森林狀況。示圖 8 提供模型圖示能力的說明，並且展示在三種不同噴灑策略下的森林發展情形。每一個長方形爲蛋密度的三維圖形。這圖顯示出噴灑有擴張而不是消除蟲害的趨勢。示圖 9 繼續不噴灑測試，顯示出在一段蟄伏期後再生蟲害的情形。

模擬模型的運用

該模型被用來調查不同森林管理策略。因爲未來氣候是不確定的，所以必須對每種策略重複測試，以得到森林反應的穩定結果。內閣想要測試的最重要策略，是如果 1952 年那時他們沒有噴灑的話，會發生什麼結果；也就是說，他們想知道噴灑值不值得。

這次模擬跑了三種策略：

1. 歷史性的伐木、不噴灑。
2. 歷史性的伐木、歷史性的噴灑。
3. 歷史性的伐木、但是假設芽蟲被滅絕。

示圖 10 顯示 1952 年時森林與產業，和在兩種實際的狀況。圖的下半部顯示未來追求這兩種策略下將會造成的損害和在沒有芽蟲下狀況的比較。這些計算的起點都是 1976 年的實際狀況。

這個模型的一大缺點，是測試策略的費用太貴了。一次五十年的測試要 50 美元。雖然這對測試明顯的策略上可接受，但是這不允許實驗複雜的新策略。同時一次測試的產出有很嚇人，因爲有 265 個地區乘上五十年的報告。兩項改進是必須的。第一，需要的是一個可以過濾其他可行策略更簡化模擬模型。第二，發展一個量化的偏好函數，使得模型不必人類直接參與，就能實施策略過濾。

動態計畫

一個 6×9 地區的模型因此發展而成，其中，森林狀態是以四個變數代表：年輕的樹（≦9 歲）的比例、年老的樹（≧30 歲）的比例、蛋的密度與樹葉密度。一個偏好函數也被發展出來，其中，其折扣率是從伐木業的利潤減去噴灑成本後以 5%折扣回來。

示圖 11 與 12 顯示最佳化程式（optimization program）產生的最佳策略的樣本。每個圖顯示對不同年齡樹木、不同樹葉密度與不同蛋密度的做法。年輕的樹不應該噴灑碩砍伐，因爲他們不值錢，可以輕易的取代；年老的樹不管蟲患如何，都應砍伐；中間年齡的樹應該根據年齡、樹葉與蛋的密度，分別處理，許多圖形中間令人困惑的奇怪方塊，則一直找不到滿意的解釋。它是程式錯誤的可能性也曾被深入檢討過。

仔細檢查過這些結果以後，得出的結論是，動態計畫建議的策略與歷史上使用的管理方法有巧妙的不同。歷史上，噴灑只應用到快要死亡的樹上頭，以求救活它。前瞻性的動態程式認爲這是非常短視的策略，因而拒絕這種策略。它計算出快死的樹如果沒被砍掉的話，只要第二年在噴灑就可以救活過來。他建議只噴灑那些剛剛感染上芽蟲的樹，以求殺光芽蟲，保持一年以上的安全時間。

這種防護而不是救治的觀念，讓科學家又建議出兩種策略。兩者的設計都著眼於減少對殺蟲劑的依賴。第一種是更具彈性的伐木地點。伐木廠自然選擇砍伐靠工廠最近大小合適的樹，因爲這樣減少輸送成本。如果可以將殺蟲劑的錢轉用到輸送費用上，可以砍掉感染嚴重的樹，而不是噴灑救治它。第二種策略是在一地區的芽蟲群體一旦因爲自然消失或是砍伐而被控制住時，立刻引進芽蟲的病菌至該地區，以持續控制住其總數。

這四種策略（歷史性的、動態程式、積極砍伐、與疾病控制）拿到模擬模型上模擬。示圖 13、14、15、16 這些策略在一次典型的測試當中，在五個標準上相對於時間點上的圖形。森林數量是種植樹木的總數。收穫成本因爲運送距離與木頭大小而異（大木頭每立方單位成本較低）。相對失業率是失業人口相對於工廠達到可達成產能時就業人數的比例。編制休閒指數的用意，在說明森林對露營、登山等活動的吸引力。噴灑之殺蟲劑是以森林噴灑的比例列出，然而沒有調整劑量。

偏好性研究

Baskerville 在 1976 年 8 月要求模擬團隊的偏好分析專家（preference analyst）訪問包括省長與內閣官員在內等有影響力的 New Brunswick 人士，以確定選擇策略的標準。下面是他聽到的以專業分類的意見摘要。

造林家

他們最關心改進森林的可預測性。森林的年齡結構是這個問題的關鍵因素，因爲老森林（現在的就是這一類）對蟲害非常脆弱。他們認爲如果可以控制蟲災輪流在全省各處發生，而不是同時發生，就像歷史上曾經發生過的情形，將會產生比較穩定的年齡結構。然後，總會有可供伐木的地區。一位專家指出，完全滅絕芽蟲，事實上不是很好的事，因爲它維持了 balsam、spruce 與

birch 品種樹木的數量平衡，另外也是基於「你認識的魔鬼最好」的理由。

公務員

一般看法認爲，森林經濟對 New Brunswick 是這麼重要，只要是能夠繼續維持經濟的健康，任何費用或是策略都不能放過。像噴灑的副作用這類的議題，它們認爲都是次要問題。一位人士指出,旅遊不會因爲任何的政策變化而受影響,因爲大部份到 New Brunswick 的旅客都只是過境往 Nova Scotia。任何情況下，旅客花的錢最後總是落到美國人口袋裡，因爲大多數旅遊據點都是美國人所有。最糟糕的情況，可能損失 4 千萬美元。

這個群體最關心的是日常生活。森林是它們生活的方式之一，任何對森林的干擾，比金錢損失嚴重多了。人們必須要與森林相關的好品質讓人滿意的工作。暫時禁止活動也不能允許，因爲需要不斷在世界市場上展現 New Brunswick 木材。

在這些顧慮下，它們的目標傾向爲無限的將來保存森林，其次是減輕省內各地森林的不均衡情形。例如，如果南方的森林情況相對北方改善許多，那將是十分不幸的事。

政客

這裡的信息十分清晰。如果你要制定有關減少工作的政策，你最好有像鋼鐵般堅硬可以證明非這樣做不可的理由。一旦選擇一個森林政策，這個政策本身就要能對人們自我解釋的通。一般認爲如果繼續當前的政策，即使是森林在二十五年內就要消失，也不可能在幾年內減少 10—15%的就業率。如果有大量的公共知覺認爲必須要做一些大動作，提高失業率是有可能實現，但是即使是這樣，這事仍然不可取。

談到森林政策必須是一個長期政策這點時，他們感覺一個定義清楚的政策，可以期望在不斷改換的政權中保持其連續性。

聯邦政府

近年來已經例行性的付給該省大量森林防護經費，然而看不到任何情形改善的徵候，也沒見到經費用到長期改善方面。他們覺得他們的角色不再提供省經濟體系的日常支援，而是提供一次資本，使得該區域能夠走上正軌。想要進一步的經費支援，必須要能說服他們長期改善是可能的。

森林產業

主要關心的問題是，如果新政策減少生產機會，投資者可能到別的地方去了。過去十年一直不斷在爲創造未來，大量投資於大型昂貴的現代化設備，而現在就是未來。如果過去的投資，現在成爲失敗，那麼很難讓投資者對未來還有信心。

他們的目標是公司不斷的獲利力與森林保護。他們對這兩個目標可能相互衝突的想法相當感到驚訝。

他們認爲他們的事業因爲三組不確定性而複雜化：世界市場、政府政策與芽蟲——重要性最高的排前面。他們覺得後面兩組可以控制，而且應該控制。

這位分析家用下面文字摘總他給 Baskerville 的報告：

「我們現在知道那種政策提出來以後，不會被接受。我們可以除去，按照重要性排序：

- ✤ 在最近的將來導致減少 10%以上就業率的；
- ✤ 無法產生長期改善森林效果的；
- ✤ 繼續廣泛噴灑是無限期期望的。」

Baskerville 放下報告時，痛苦的裂齒微笑。

問題是，他們都相信只要我們想的夠勤快，我們就會找到可以讓我們繼續砍伐森林而又可以保護森林的長期發展。在他們瞭解這兩個目標不可能同時達成以前，我們永遠不可能制定一個長期政策。至於不在最近幾年降低 10%以上的就業率，正常年度間的波動就在 30%左右。我必須要找到呈報這些方案的好方法，清楚的讓他們知道，世上沒有魔術般神奇的解決方案。

圖 4

國東北地區，圖上黑影顯示從 1909 年來感染過 Spruce 芽蟲的區域

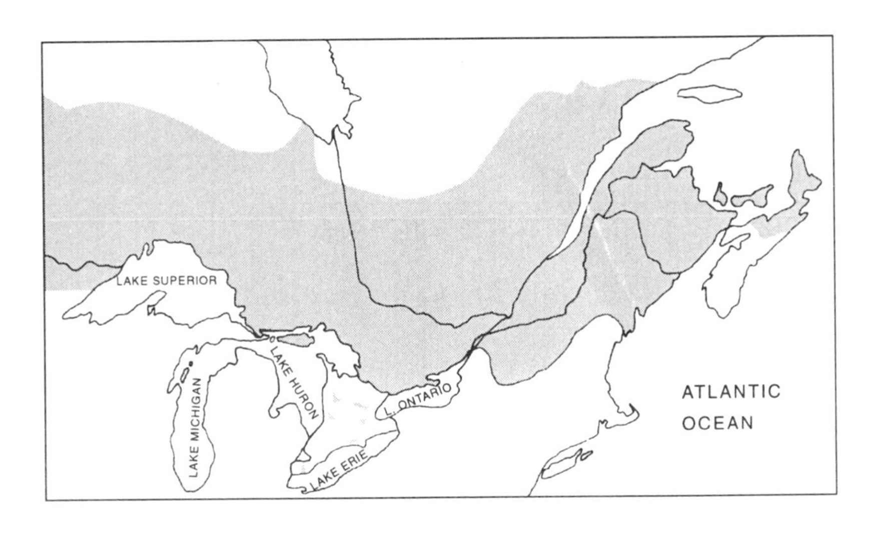

示圖 5

Baskerville 對森林方案的偏好

一般考慮

1. 保持森林經濟的長期穩定。
2. 提供小業主販售林木的機會。
3. 有些工廠被迫將林地交換爲坡頂地，以讓新的政府工廠有足夠的作業空間。應特別注意不使這些工廠失去收穫潛能（至少 10 立方單位／公頃）。
4. 每一地區不可清理超過 300 公畝土地，因爲這將影響鹿與騾的生存，並導致侵蝕，不徹底清除河流，因爲這將危害鮭魚群。
5. 對旅遊的影響應降至最低，或是加強。

屬性

	名稱	單位	範圍
X_1	鋸木（硬木）收穫量	%的工廠能量	0－100
X_{2i}	區域 I 中紙漿木的數量 I=1,2,3,5	%的工廠能量	20－100
X_3	鮭魚數目	平均立方單位／公頃的收穫	5－15
X_4	旅遊	「好」區域的比例	0－1
X_5	美麗方單位收穫運送手工廠的成本	元	30－60
X_6	殺蟲劑噴灑面積	畝	0－5.5 百萬

示圖 6

蛾在假想森林中的散佈

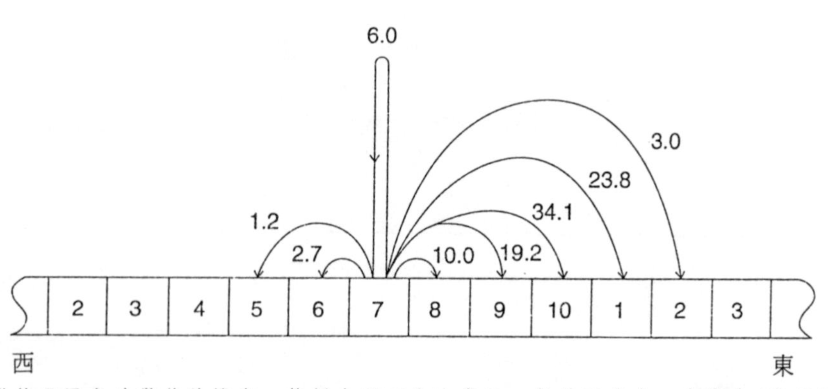

(蛾從第 7 區向外散佈的機率，範例中以百分比表示，但並不代表一定產生 50 哩的平

圖 7

芽蟲／森林模擬模型的基本結構

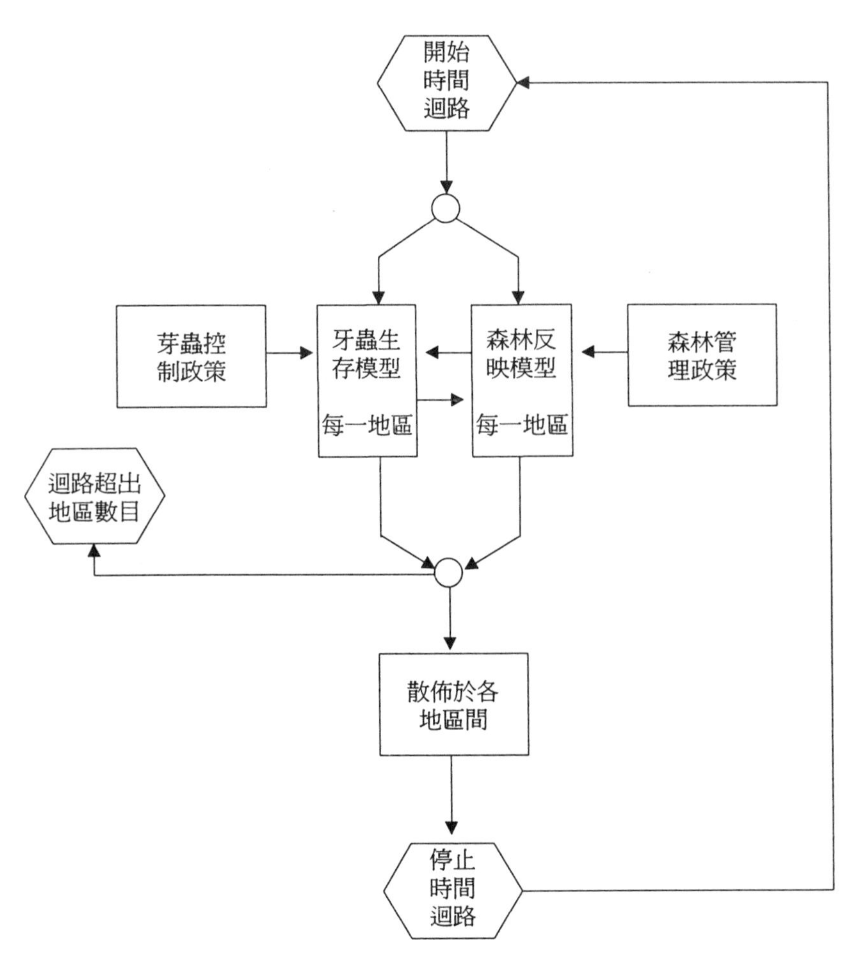

芽蟲生有模型、森林反應模型與控制政策，在 265 個地區都是獨立的。一旦該年發生地區向散佈，下一個模擬年度要 再重覆一遍本程序。

示圖 8A

在(1)不噴灑(2)以 2 級密度噴灑(3) 以 6 級
密度噴灑時，芽蟲密度的電腦模擬圖

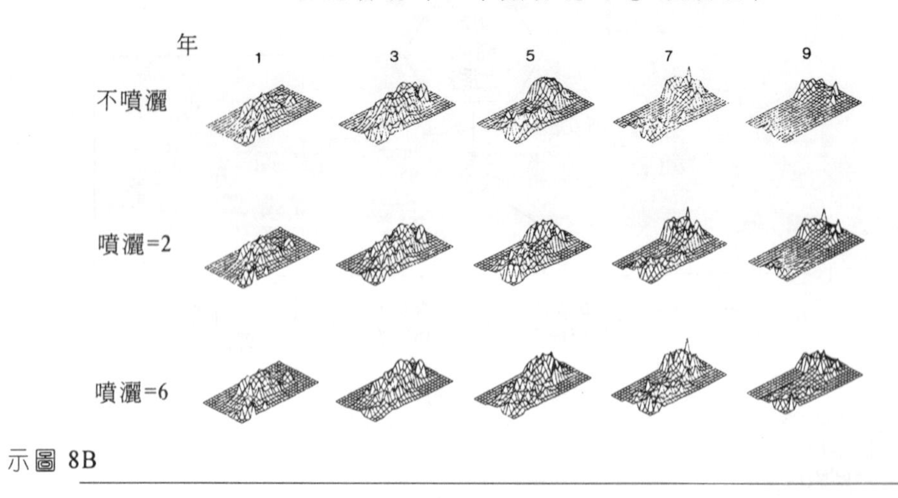

示圖 8B

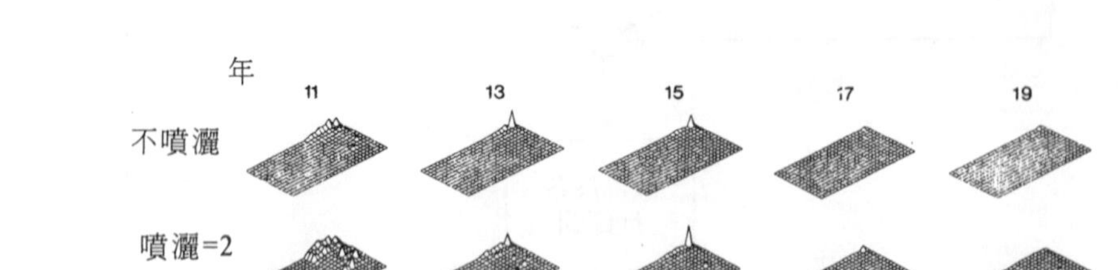

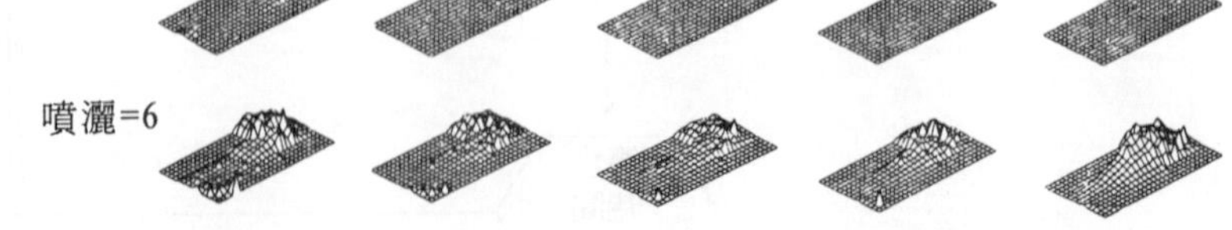

圖 9

本圖繼續示圖 8 不噴灑的模擬。本圖顯示第二次蟲害如何在第 4 個 10 年爆發

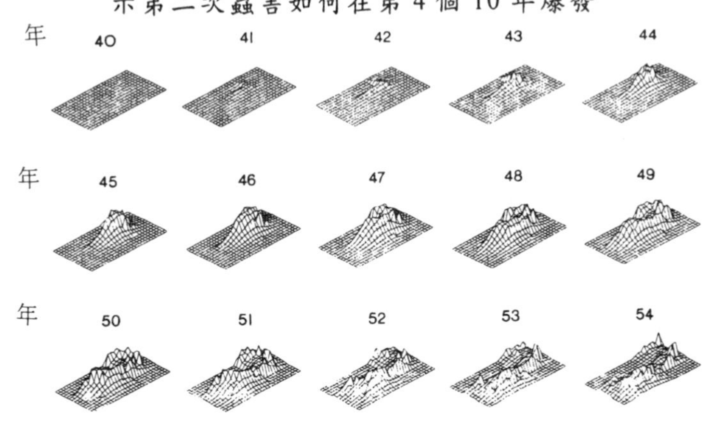

圖 10

模擬模型的預測

	1952 年水準	1976 年水準，沒有保護	1976 年水準，有歷史性保護
年收穫（立方單位）	1,404,000	1,268,000	2,500,000
年附加價值（$元）	143,000,000	128,000,000	416,000,000
年工資（$元）	63,000,000	43,000,000	128,000,000
年雇資（$元）	11,150	4,313	11,055
總森林存量（立方單位）	104,000,000	32,120,000	100,000,000

使用歷史性資要的間斷性模擬

	若我們保護，繼續現在的被動管理	若我們不保護
總收穫損失（立方單位）1977－2027	3,000,000	50,000,000
總附加價值損失（$元）1977－2027	87,200,000	2,079,000,000
總工資損失（$元）1977－2027	27,600,000	709,000,000
總失業損失 1977－2027	8,900	186,000
總森林存量（立方單位）2027	34,000,000	6,000,000

從 1976 年狀況開始，其後五十年情形的模擬結果

示圖 1 1

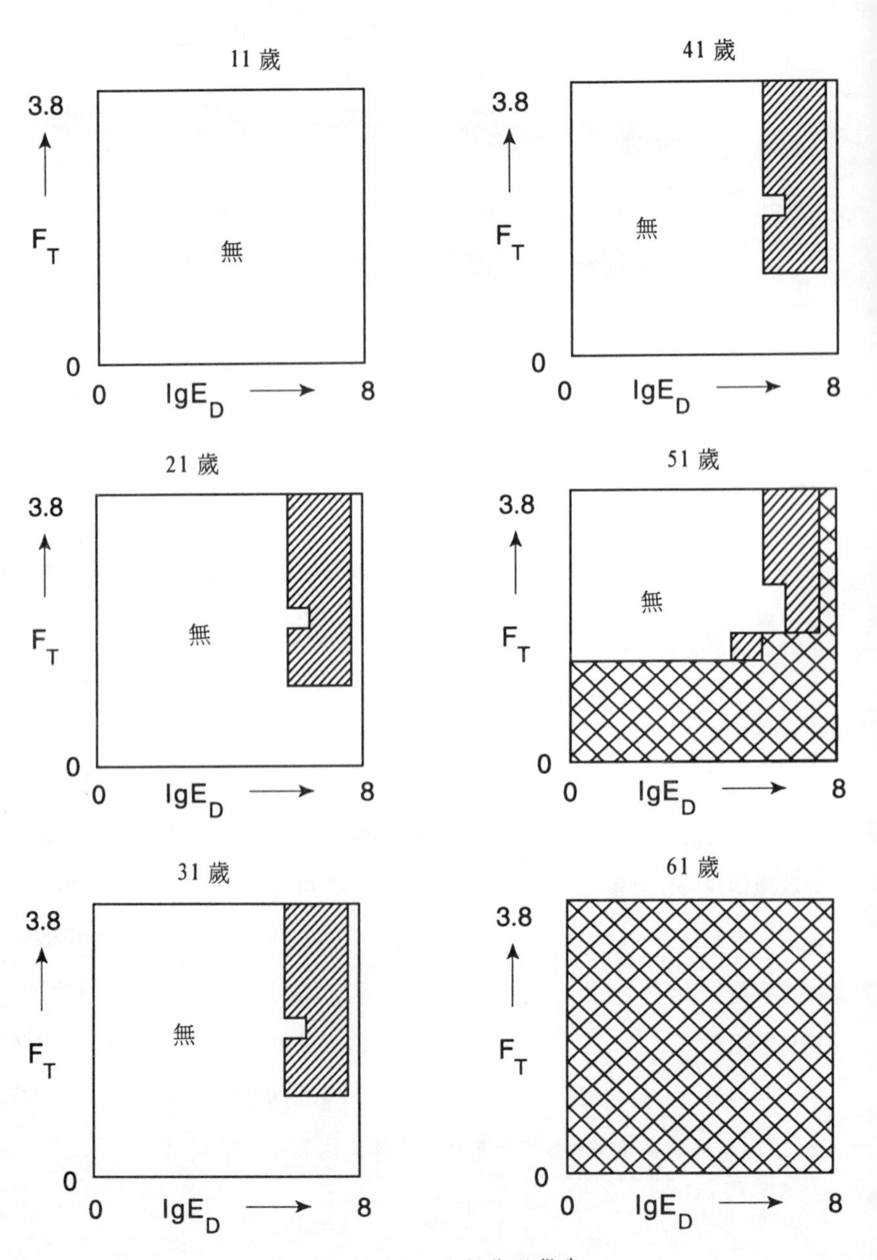

資料取自 IIASA 計劃狀況報告

圖 1 2

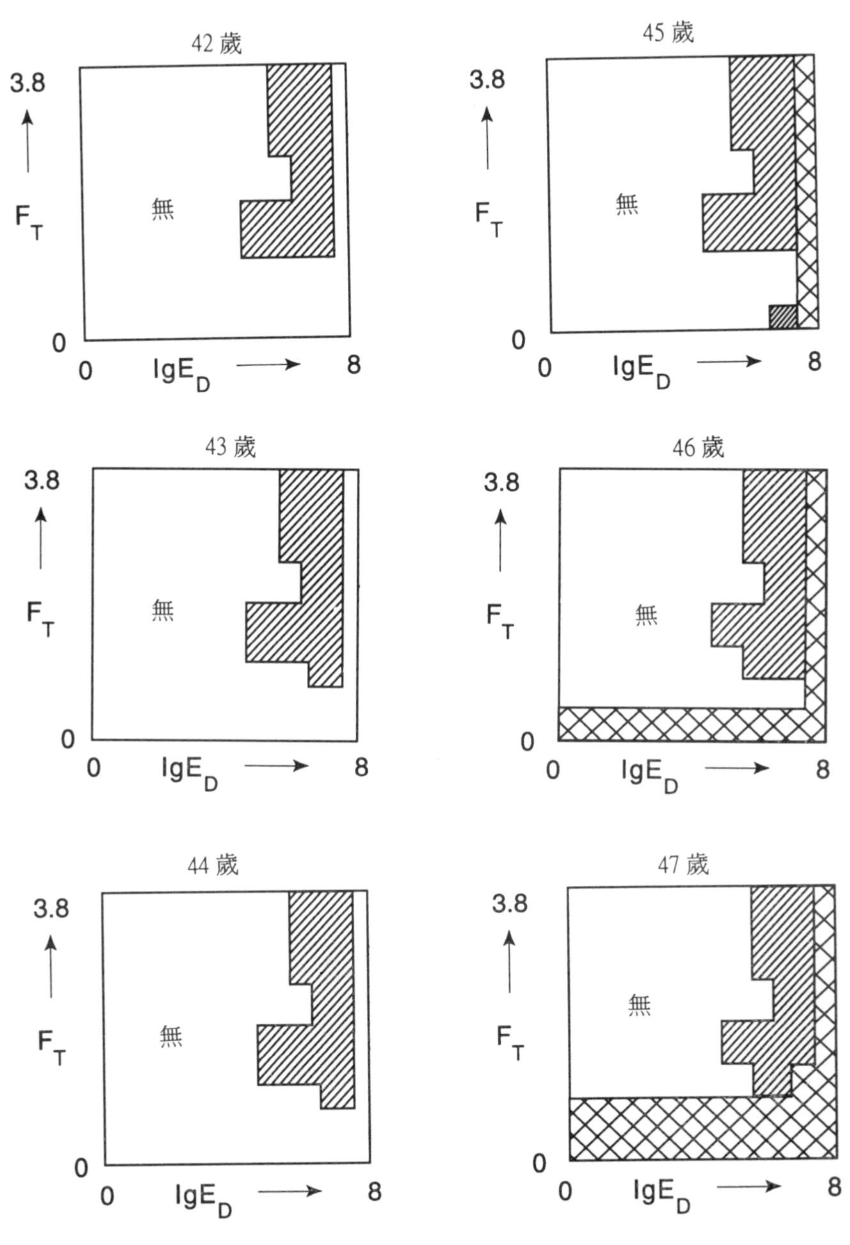

資料取自 IIASA 計劃狀況報告

示圖 13

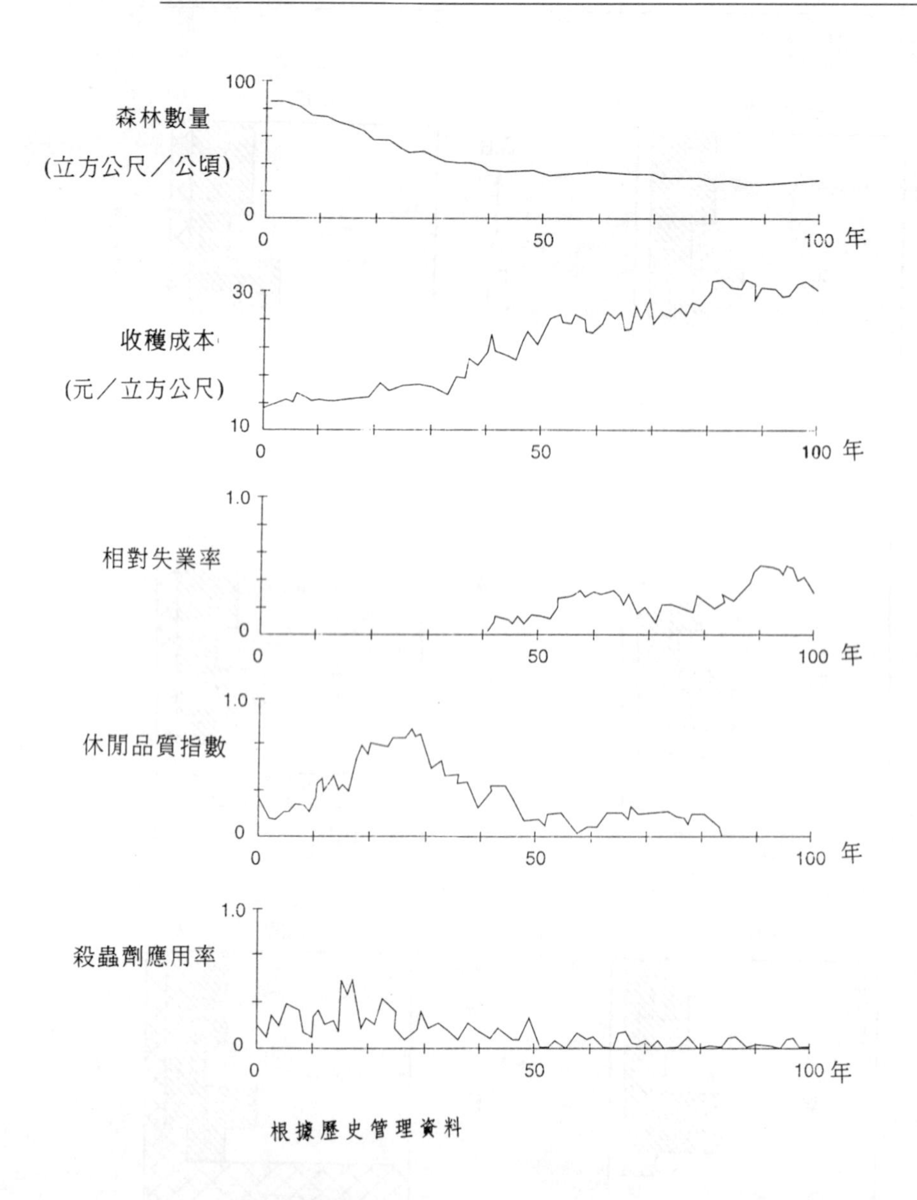

根據歷史管理資料

圖 14

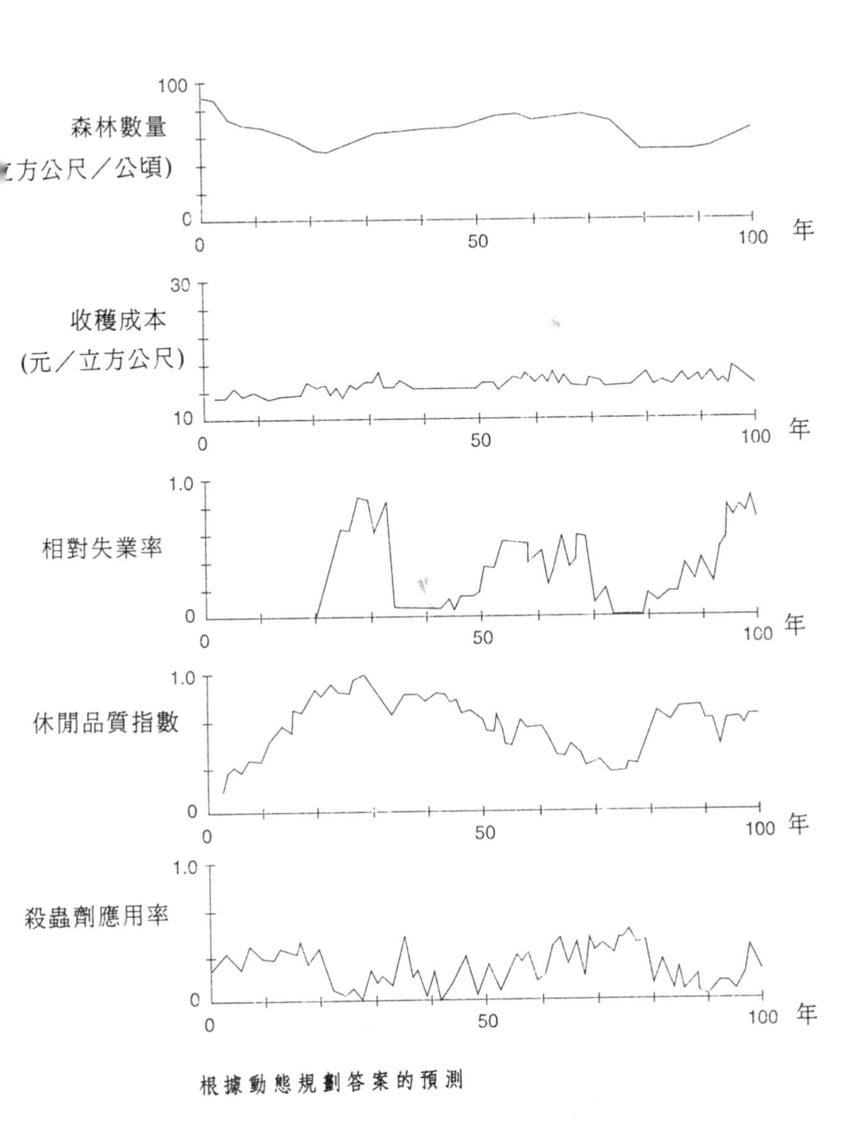

根據動態規劃答案的預測

示圖 1 5

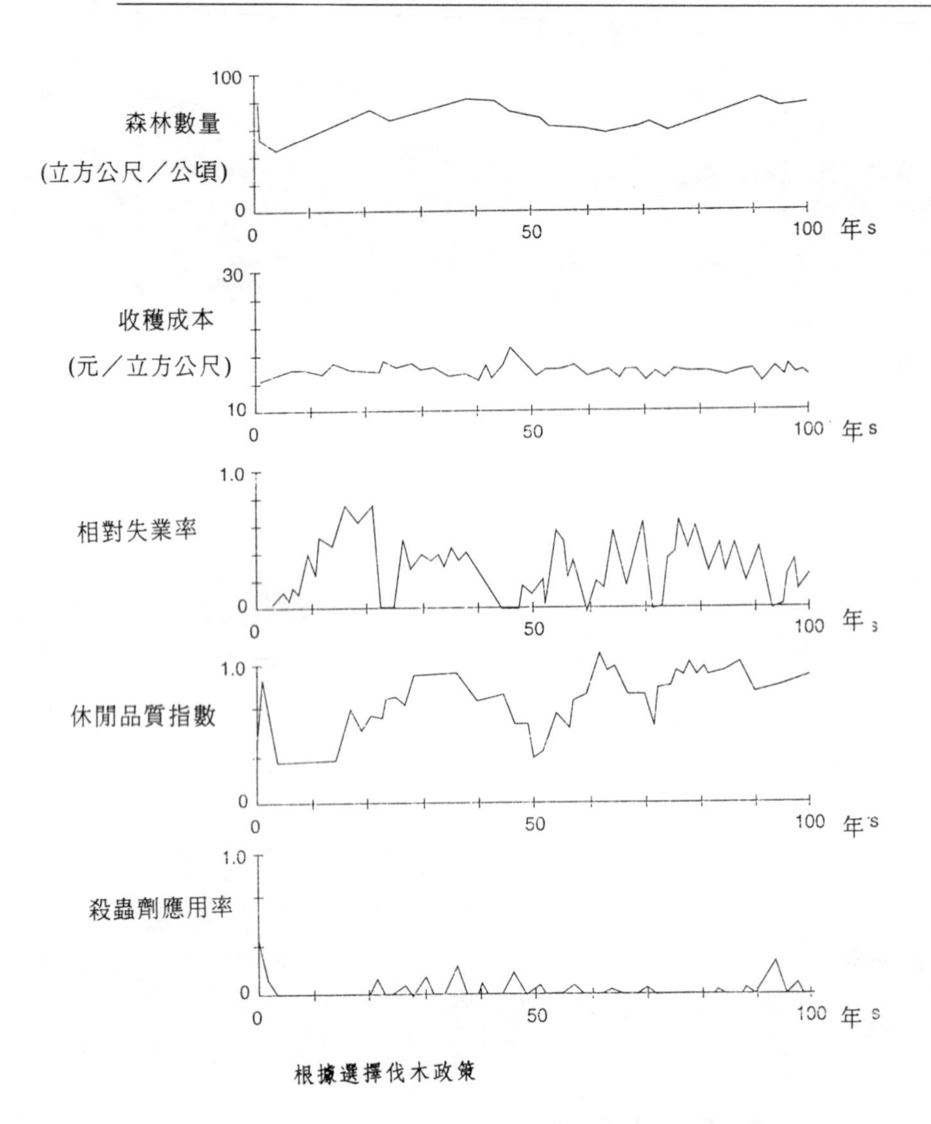

根據選擇伐木政策

圖 1 6

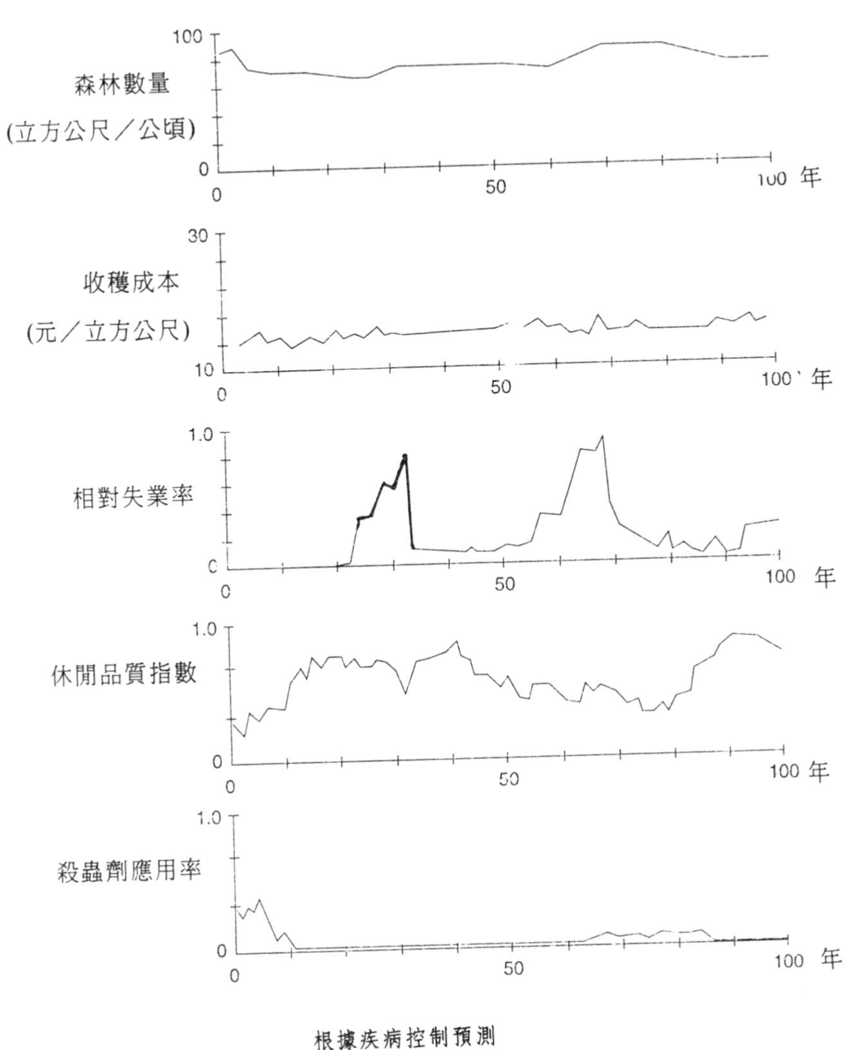

根據疾病控制預測

第 6 章

多人風險

在這最後一章中，我們要討論因爲別人的行動而引發風險的情況。我們如何在這種情況下，降低自己的風險？本章先以一個傳統的風險管理個案開始，這個個案說明從自我保險策略引導出積極強調防止損失的情況。書面契約是激勵他人注意你所關心風險的方法之一：我們將以三個個案，探討這類契約的設計要義。最後一個個案，將我們帶回 Breakfast Foods 的故事，再一次見到那些主角。這個短短的故事，筆直的深入到所有我們談過課題的核心。

個案：Harvard Medical Institutions 的風險管理

基金[1]

在 1981 年 8 月的一個傍晚，哈佛 67 年班企管碩士 Daniel Creasey，正在檢視 Harvard Medical Institutions 的不當醫療（medical malpractice）自我保險（self-insurance）計畫。總共有十二所醫院共計 4,100 張病床和 4,300 位醫師加入該計畫（示圖 1）。他第二天早上，要向監事會報告該計畫的年度財務統計，並建議其未來之發展。

Creasey 是在不當醫療保險業高漲保費的時候，受僱於 Harvard 連鎖醫療機構，審查設置一項自我保險計畫的可行性。當計畫批准後，他負責執行。

計畫開始實行時，相當成功的降低了保費成本。然而，降低不當醫療發生頻率的問題，則較少見效。在機構的層面上，風險管理計畫成功的滲透進所有參與醫院的組織，但是它的績效，迄未能在減少不當醫療次數的統計資料上顯示出來。

---

[1] 哈佛大學商學院 9－182－170 號個案，David E. Bell 教授編寫。©1982 哈佛大學。

不當醫療的背景

所有不當醫療賠償案件中，有 78%發生於醫院。這是全國保險總會執行長（National Association of Insurance Commissioner）的一份不當醫療研究中幾個重大的發現之一。該報告研究 1975 年 7 月至 1978 年 12 月間，全國 128 個保險商結案的 71,782 件理賠案。

那段期間，總賠償金額共達 8 億 7 千 6 百萬美元，其中 1978 年佔了 40%。在 1977 與 1978 年，平均賠償額（indemnity payment）上升 30%，這使得一些專家們，預測未來幾年全國每年總賠償額將達十億美元。

看得出來賠償額上漲的原因，部份可歸因於大額賠償數次增多，上漲的訴訟成本與一般性的物價上漲。超過五萬美元以上的單一賠償，在 1978 年內上升 20%。超過 1 百萬美元以上者也在上升；比起 1975 年的三件，1978 年高達二十三件。在永久性傷害案件，如心臟病、嚴重腦傷害，賠償額上漲得最明顯。這類傷害通常起因於不當麻醉、病人監視上的困難與生產傷害。永久性傷害的單一平均賠償額，在研究期間跳長 63%，達到 35 萬美元。

高額不當醫療保費的理由

Dan Creasey 在 70 年代第一次注意到不當醫療領域時，索賠數量的增加已經十分明顯。但是，醫院方面仍舊沒有積極採取措施，從事先預防的觀點降低發生機率，或是從事後的觀點限定本身的責任。

造成忽視的部份原因，來自醫院的組織結構。醫療與管理的階層，完全相互獨立。幾乎沒有什麼現行機制可以同時處理含有醫療與管理方面的問題，整合各項工作共同解決問題。因此，處理不當醫療的措施不是在醫院裡建立，現行的標準程序是將問題丟出去給保險公司。

在保險公司的觀點，他們把不當醫療保險業務看做各種業務中的繼子。他們並沒有仔細檢討醫療業特殊的風險問題，僅僅將其套用較傳統的財產與意外保險程序。例如，Creasey 先生注意到，保險公司並未正確的區分出有不同不當醫療歷史紀錄的地理區域。保費中的 25%是根據地區損失紀錄，但是其他 75%是根據全國的數據。像有低索賠歷史的麻州，就因未被和有高索賠歷史的加州歸成一類，而被「處罰」。醫療水準與同僚審查水準較高的機構，也沒有能夠獲得較低的保費（premium）。同時，保費費率的決定，部份是依照保險當年發生的不當醫療預測未來的賠償。這樣的程序，有內建的保守性，因而導致過高的保費。

這些缺失顯示出一些清楚的降低保險成本的機會。當 1974 年保險業發生大動亂，許多保險公司紛紛大幅削減保險業務，撤消包括不當醫療保險等吸引力較差的產品線，那時這些觀念漸漸在 Creasey 的腦海中成型。在後來形成的賣方市場上，醫護機構逐漸失去保單，管理困難與成本以加速度的速率惡性增加。續保費率是前一期的一、二十倍，並且與已支付的索賠額數毫無關聯。這個危機使得 Harvard 旗下的醫療機構緊急商討尋求控制保險成本的方法。

CRICO

一個委員會建議這些機構，透過一個「俘虜」保險公司實施集體自我保險。這個計畫提供 5 千萬美元的總保險額，其中 5 百萬美元爲俘虜保險公司提供的團體自我保險，其他 4 千 5 百萬美元則以超額保險形式，聯合向傳統超額保險公司購買。

這家俘虜保險公司的名稱，叫做 Controlled Risk Insurance Company Limited（CRICO），為了稅的問題，設立於 Cayman Island。CRICO 成立資本 25 萬 3 千美元，分成 25 萬 3 千股股份，每股 1 美元，股份由參與的各機構均攤。因為公司在第一年可收進 320 萬美元的保費，最高可能的責任是 5 百萬美元，若該計畫在第一年就碰上不預期的索賠，股東有義務承擔不超過 180 萬美元（根據股份平分）的額外責任。

初始費率設為 Joint Underwriting Association（JUA）費率的 73%，預期爾後降至 60%。JUA 是 1975 年時，所有傳統保險業者退出麻州後，由剩餘保險業者在麻州政府監督下成立的機構。

保費所涵蓋之承保範圍，包括機構整體的，與非醫師類個別員工的不當醫療與一般責任。保費之計算，為每床保費加上每一門診人次保費之總和。醫師的保費，則為其專門技術之函數。

主要的保單以索賠聲請（claims-made）為保險基礎。也就是說，只有確實在保險期內提出的索賠案，才在保險範圍，而不是傳統以發生不當醫療為基礎的保單，這類保單，無論索賠申請何時提出，只要是在保險期內發生的案件，全在保險範圍內。以索賠聲請為保險基礎的優點，在其不必預測未來的財務流量，因此，將現在的保費與現在的索賠建立關係。當計畫推展開後，承保範圍將向後擴張到包含所有自計畫開始實施後的案件。

風險管理基金

俘虜保險公司的成立，結果是非常簡單。對個別醫院與醫師而言，他們所有的改變只是換一個承保商的名字而已。但是，Creasey 的下一步，是成立風險管理基金（Risk Management

Foundation，RMF），負責處理 CRICO 所有的損失控制與索賠管理業務。被 CRICO 替換掉的外面保險公司（AIG），仍在爲 CRICO 處理這些事情。Creasey 聘請 Jack Coughlan 當 RMF 的索賠部門經理，因而將這個最新改變的能見度減到最低。Jack 先前已經在處理 CRICO 的索賠管理業務，但是那時他是 AIG 的員工。

Creasey 請來負責損失管制的人——Jim Holzer，一位具有醫療管理背景的律師，則是全新的面孔。Coughlan 通常只在事情發生以後才與醫師見面，Holzer 負責尋求每個減少出事機會，所以他的可見度要高多了。因爲到那時爲止，幾乎沒有任何損失管制的措施在運作，所以這可能會使醫療人員覺得這類措施，是對他們的「官僚式干預」。

損失管制（loss control）

醫院裡需要管制的風險有三類：

- 不當的實體工廠或設備與其發生之故障
- 標準與醫務的缺失
- 人爲錯誤

Holzer 的第一件工作，就是在每所醫院內，設置蒐集和監視資訊的機制。各種來源的資訊——從診斷報告到財務資料——集中在一個單一的協調管理者手上，該管理者又直接受最高階層的品質確認委員會指揮。這個協調者是 Holzer 在各個醫院的聯絡，因此也是連接各醫院間風險管理鏈路中的一環。

這個系統所含資料流程庫中的一項基本資訊，就是案件報告（incident report）。這是醫院裡所有從失足跌倒到設備故障等不正常事件的紀錄。人爲錯誤事件，如用藥與護理錯誤，也包括在報告內。這些報告累積成一個可供評估事件本質的重要資料庫，也是索賠管理程序裡重要的一部份。事件報告從發生事件之處發起，由涉及的醫療人員或證人填寫。然後交由醫院內的風險管理協調員複製後，一份送到 Holzer 的中央辦公室。可能產生索賠責任的報告，也會有一份複本送到索賠部門。

Holzer 也試著提高醫療人員減少風險的意識。Holzer 辦演講，辦講習，發行雙月刊通訊——論壇，在月刊中的「法律論壇」、「安全論壇」等節，與個別事件個案中，提供各式各樣具有風險管理涵義的材料。

Holzer 覺得和設備有關的事件次數可以再予減低。但是更重要的是，在實務上醫務上的缺失，對損失管制的態度，是非常難以處理的。

這類問題的困難，可以用醫師素質逐漸降低的問題說明。現行程序僅要求醫師在他一生的事業當中，建立一次資格——在他事業開端時，獲取醫師資格。固然醫院中的醫師每年由總醫師審查一次是事實，但是除了第一次認證時外，這類審查的形式重過實質。

這是關鍵的問題，但是由於醫療專業特殊的結構，他們在一般大眾眼中的地位，幾乎沒有人辦法做些什麼事。醫療教育、醫療研究、醫務標準與合格專業人員的供給，完全掌握在醫療系統手上。而且，醫療專業界非常熱衷於保護自身的特權。這個行業內，人際關係緊密，經常寧願對抗一般大眾，而善待自己行內能力漸漸退化的同行。消費者主義的成長，使得醫療實務也漸次納入大眾監視的範圍。法院裁定的大額賠償案件，可以看做這種趨勢的信號。

索賠調整（claim adjustment）

索賠處理可以視爲三步驟的工作：調查、評估與談判。不當醫療案件的成立，不僅是確認損害而已。因爲疏忽而造成傷害，是支持不當醫療控訴的要件。

Rajiv 先生的個案歷史，可以用來說明索賠調整中的問題。病人從出生起即遭受關節炎之害，嚴重的限制他移動關節的能力。藉著新科技之賜，關節內敗壞的骨骼結構，可以用人造材料作成的人工骨骼替換。Brigham 醫院是這類手術的專家，Rajiv 先生從家鄉 Delhi 被送到這家醫院動手術。因爲手術的技術、時間與複雜性，這種手術屬於高難度類。手術小組必須分班工作。雖然手術本身是成功的，但是在結束麻醉程序時，麻醉醫師不慎關錯麻醉機器上的按鈕。病人因爲缺氧而致死。傷害的責任追究，因爲下列諸事而更加複雜：（a）麻醉醫師手術全程在場，所以疲勞變成他動作中的一個因素。這些動作結果產生的責任，可能因此轉移至醫院，因爲是醫院建立了不合水準的醫務標準。（b）該機器爲一過時之英國製機器，雖然運行正常，但是沒有標準的控制鈕。氧氮化合物（即麻醉劑）的控制鈕的結構，與新機器的正好相反。因此，也涉及機器缺失問題。

在調查可能的訴訟困擾時，產生包括醫師偶而企圖改寫紀錄等醫療人員抑壓相關資訊的問題。問題基本上源自自我保護本能，上面討論過的醫療／非醫療的專業鴻溝和法律程序知識的缺乏，更使問題複雜不已。很少人知道，修改過的證據比起直率的疏忽的紀錄，在陪審團面前更具殺傷力。在報告機制薄弱的醫院裡，蒐集好證據的困難可比登天一般。

理論上，索賠管理功能可以交給外面的公司——爲保險商的延伸或交給律師事務所執行。但是，幾個原因，尤其是有醫院牽涉在內時，使得自行處理損害控制（damage control）比較可行。最重要的原因，在考量迅速有效全面調查能力與保存證據的能力。證據是解決索賠的關鍵，外面的機構，不太可能有同樣接近涉案醫師的管道和信心。此外，資料蒐集活動也可以與損失管制功能統合，因此，更能提高效率。在 CRICO 前的系統，經常見到幾個索賠調整員調查同一事件，那是因爲涉及的醫師或醫院各有不同的保險安排。

在 Rajiv 先生這個個案裡，悲哀的家人勢必免不了要採取訴訟行動。訴訟的威脅，終於靠著聘請來的一位能與其家人用母語交談的印第安籍律師，在其家人返家前最後一分鐘的談判中順利解除。事實上，和解（8 萬 3 千美元）是其家人在機場大廳候機時才達成的。保險公司的意外理賠部門，不大可能以這樣的彈性和速度行動。隨著時間的流逝和訴訟的提起，索賠的和解成本極可能節節升高。

雖然 Coughlan 強調索賠處理時，彈性與個案處置的優點，但是每一個已經發生的或是推想可能發生的索賠，仍有正式的處理程序。首先，根據檔案中的證據，評估可能的傷害賠償額度。評估的實施，根據兩組因素：一組是可以實際客觀衡量的因素，如像收入與醫藥費的財物損失（特殊傷害）。另一組則是試圖衡量難以量化的考量因素。這類的考量，像不幸事件受害的價值（如在法庭上，年輕婦女的顏面傷害要比老年男子同樣的傷害，具有更大的衝擊）與陪審團組成份子（一般傷害）。示圖 2 爲該公司使用的評估表格。

根據這些準備，才能與對方進入談判階段。談判的目標，總在預防單一事件的「繼續發展」；有這樣的一個先決假設：索賠案懸宕愈久，災難潰爛的痛楚就拖得愈長。財務與情緒方面不斷成長的投入成本，會使雙方善意的和解愈來愈困難。麻州法律允許不當醫療案件，在發現起三年內提起訴訟。因此，若是發生不幸事件，並且明顯的終將導致訴訟，Coughlan 的幕僚甚至會在病人開始考慮訴訟或尋求外界的法律協助前，主動提出和解。

只有三分之一的主動索賠案實際上轉成訴訟案。即使在訴訟階段，仍然不排除談判和解的可能性。Coughlan 在程序中的每一步，心中都有一個他願意付出的和解數字。最初評估只是一個參考點，隨著案件的進行，這個數字也在不停調整。索賠部門在開庭時，總派有代表到庭評估證據的本質與證據對陪審團的影響。

估計的最後和解價格，不但用來談判，而且也用來設定賠償儲備金。放到賠償儲備金的確實數額，爲該訴訟估計的最後和解價格與敗訴機率的函數。賠償儲備金的來源爲保費收入，所以 Coughlan 在準備賠償儲備金時，對其精度極其敏感。

未來規劃

Creasey 從財務資料（示圖 3）看出來，索賠損失開始快速上漲。雖然這是個值的關心的事，但是 CRICO 的費率確實低於 JUA 費率的 60%——原先設定的目標。

當他向前展望時，Creasey 在想，根據他過去五年的經驗，是否可以（或應該）修訂保費定價系統，以反映會員機構不同的損失經驗。他是否應該將 RMF 的經營領域，從不當醫療保險擴張到其他產物與意外保險業務？他接到許多來自 Harvard 醫療群體以外醫療機構的詢問，希望參加他們的計畫。他應該追求嗎？最後，像平常一樣，他在想是否有更好的改進損失控制與索賠調整程序的方法。

示圖 1

Controlled Risk 保險公司的機構股東

The Beth Israel Hospital Association
Brigham and Women's Hospital
The Children's Hospital Medical Center
Sydney Farber Cancer Institute, Inc.
Harvard Community Health Plan, Inc. [a]
Pressident and Fellows of Harvard College[b]
Joslin Diabetes Center, Inc.
Judge Baker Guidance Center
Massachusetts Eye and Ear Infirmary
Massachusetts General Hospital[c]
Mount Auburn Hospital
New England Deaconess Hospital

[a] 包含：The Hospital at Parker Hill.
[b] 包含：Harvard Medical School, Harvard School of Dental Medicine, Harvard School of Publiv Health, Harvard University Health Services.
[c] 包含：The Mclean Hospital Corporation, The General Hospital Corporation.

示圖 2

身體傷害評估表

FILE NO: ____________ NAMED INSURED ________ CLAIMANT: ____________

DAMAGES TO DATE (Verified?) ____________ FUTURE DAMAGES (Approximate and Explain)

DAMAGES TO DATE	FUTURE DAMAGES
(A) MEDICAL	
Doctors ______	______
Hospitals ______	______
Nurses ______	______
Rx ______	______
Other ______	______
(A) TOTAL	
(B) EARNING CAPACITY	
______ Wks> @ ______ Per Wk. ______	______
(B) TOTAL	
(C) PAIN & SUFFERING	
______ Wks. Tot. @ ______ Per Wk. ______	______
______ Wks. Part. @ ______ Per Wk. ______	______
(C) TOTAL	
(D) MISCELLANEOUS	**TOTALS** (Including future damages)
Cosmetic Defect ______	**(A)** ______
Shock Value of Injury ______	**(B)** ______
Jurisdiction ______	**(C)** ______
Other ______	**(D)** ______
(D) TOTAL	**TOTALS**
COMMENTS	
______	High-Low Jury Verdicts ______
______	Liability Exposure Factor ______
______	Approximate Settlement Value

DEFINITIONS:

Total Disability – Prevented because of the accidental injury from performing every function of the usual work, duties or activity.

Partial Disability – Ability to perform only part of the usual work, duties or activity.

Jury Verdicts – Your estimate if no suit. – Defense attorney's estimate if suit.

Liability Factor – On all clear liability claims where there is no contribution possible, factor 100%.

Miscellaneous Damages – if pertinent, show an amount and explain in comments.

Wrongful Death – Addendum required.

示圖 3

Controolled Risk 保險公司簽約結果

	3/31/77 結束年度	3/31/78 結束年度	3/31/79 結束年度	3/31/80 結束年度	3/31/81 結束年度
保留水準	$5,000,000	$10,000,000	$12,000,000	$15,000,000	$15,000,000
淨保費	3,239,100	3,281,298	3,385,658	3,108,625	3,257,265
索賠損失	729,523	897,648	1,526,790	3,026,487	44,919,479
簽約利潤（損失）	2,509,587	2,383,650	1,858,868	82,138	(1,662,214)
投資所得	85,050	284,993	676,590	914,753	2,013,403
淨利潤（損失）	$2,594,637	$2,668,643	$2,535,458	$996,891	$351,189
累積結餘	$2,594,637	$5,263,280	7,798,738	$8,795,629	$9,146,818
總資產	$3,826,614	$7,144,420	11,016,209	$14,515,038	$19,137,648

別將你的競爭優勢置於風險之中[2]

AT&T 交換中心在 1991 年 9 月 17 日發生的一次意外，暫時中斷進出 Mahattan 的電話，同時也使東海岸的空中交通關閉數小時。憤怒的電話用戶和暴跳如雷的旅客，很快知道造成他們困難的原因。「AT&T 疏失引起停電、錯誤的警報、馬虎的紀錄」出現在華爾街日報上。前兩年裡，AT&T 花了數百萬美元，把自己定位為「正確的選擇」，他們向顧客強調，他們比其他的新興對手，擁有更可靠的服務品質。MCI 與 Sprint 一點也沒浪費時間利用這個機會。AT&T 出事第二天，兩家都登出廣告，建議有困難的用戶應該轉用其他電話公司。事件的起因，是因為交換中心裡，沒有一個人注意到電源開關的燈，已經轉換至緊急備用電源，

[2] 本文由 David E. Bell、Pascal A. Onillon 兩位教授編寫，這篇文章首次發表在 Tillinghast 出版公司 1992 年 5－6 月份「風險管理報告」上。

很快就要耗盡電源。

Perrier 也是在困難中才學到疏忽的後果。1990 年 1 月，Mecklenberg 郡環保局實驗室的工作員發現水中有輕微的苯——一種致癌物質——的痕跡。他們一向習慣以瓶裝 Perrier 當作淨水來源。當 Perrier 耗費 2 億美元成本，從世界各地回收 1 億 6 千萬瓶礦泉水，失掉礦泉水市場領導地位時，它在美國的廣告口號「它完美無缺。它是 Perrier」。只剩下空洞的回聲。事件的起因，是公司的作業員沒將過濾 Perrier 礦泉水的碳過濾棒換過。Perrier 的問題，更因未能立即向大眾保證已經發現並已解決苯的問題，而更加惡化。事件發生後，Perrier 的總裁被迫辭職，公司被 Nestle 收購。

當然，意外總會發生。但是，想要一重又一重確定避免公司的核心競爭優勢為意外所衝擊，則有許多工作要做。Perrier 現在願意為改進濾器更換程序付出多少錢？你會給 AT&T 什麼樣的建議，以保證連續不中斷的服務，至少在像紐約與空中交通管制中心之類，能見度高的地方。

公司資產的四大風險

公司主要競爭優勢（competitive advantage）的來源，是公司的重要資產，必須至少像保護公司基礎結構那般的細心呵護它。的確，對許多公司而言，一項關鍵性的專利權、一組忠誠的員工或是品質形象，可能比所有公司建築物加起來還值錢。

花點時間考慮下列四項中，你現有的風險。

1. **實體資產**（physical assets）　建築、機器與設備是傳統的保險目標。三年前當 Piper-Alpha 油井沉入北海時，帶走 167 條人命和英國大部份的石油收入，業主收回超過

12 億美元的損失賠償，這是歷史上最大的人為災難。

2. **現金流量**（cash flow）　一家公司不論是因為銀行不再提供信用或是其保留盈餘變成負值，因而使得它無法獲得金錢，勢必將在很短時間內終止營業。1989 年 3 月，一陣爆炸撕爛 BASF 在比利時 Antwerp 的乙烯製造廠；這場爆炸導致將近 9 千萬美元的損失，更糟的是，它使生產停頓了兩年。BASF 現在估計，這段期間損失的收入將近 2 億美元，幾乎是財產損失的兩倍。對公司幸運的是，這些營業損失，完全在他們與德國 Cologne 的 Gerlin－Konzern 保險公司的保險範圍內。BASF 此後將其營業損失保險提高至 6 億 5 千萬美元。

3. **商譽**（goodwill）　雖然衡量公司商譽的價值的方法廣受爭論——公司商譽，是指對像供應商、配銷商、顧客與政府等公司夥伴，有利的傾向——這種價值應否在公司資產負債表上佔有一席之地，也在辯論個不停。失去公司商譽的後果，可能極為嚴重。Drexel-Burnham-Lambert 公司在 Michael Milken 與其他員工被控內線交易後，迅速倒閉。1991 年秋季，華爾街最著名的公司之一，Salomom Brothers，在宣佈主要員工違反國庫券拍賣規則後，損失掉顧客，大幅降低其交易活動。像商譽這樣不可見的資產，少有可以投保的，員工犯罪行為引起的許多損失，也是一樣。其他公司可能可以從 Salomon 在災後採取的積極步驟裡，學到如何避免將來發生類似的不幸。

4. **競爭優勢**（competitive advantage）　Michael E. Porter[3]

---

[3] M. E. Porter，「競爭力量如何形成策略」，哈佛商業評論，1979 年 3－4 月。

告訴我們，沒有競爭優勢，公司走不到那去。1980 年代末期，TRW 視安全氣囊爲其汽車業務的明日之星。當福特汽車公司宣佈，TRW 將爲其安全氣囊的唯一供應商時，TRW 成爲汽車安全氣囊市場的領導者。但是，兩件意外事件很快使此前景幻滅。1990 年代初期，一場化學火災燒毀 TRW 與 ICI 共同生產空氣推進器的加拿大廠。這使得 TRW 無法供應福特 1990 年 Lincoln 與 Continental 車型乘客座的安全氣囊。然後，1990 年 10 月 26 日，因爲 TRW 供應的安全氣囊可能有問題，福特必須召回 5 萬 5 千輛 1990 與 1991 年車型。1991 年 12 月 17 日，發生在 TRW 密西根廠的一場爆炸，使得所有福特車乘客座的安全氣囊完全停止生產。這些事件延遲了 TRW 策略上的損益平衡點，而其主要競爭對手 Norton International 很快取得新的市場地位。這些事件對 TRW 而言來的不是時候，通用汽車與克萊斯勒正準備擴大使用安全氣囊，預定在 1995 年引進所有的箱型車與卡車之中。

保險是答案嗎

我們剛討論過的四大類資產中，僅有實體資產是立即可以投保的（insurable）。涵蓋營業中斷收入損失的保險，可以獲得，但是它只能涵蓋因爲暫時損失收入引起的短期現金流量不足。它絕對不能補償你退出市場這段期間所損失的機會。商譽與競爭優勢，雖然較短期作業更有價值，但是不可能投保。像冰山的下層，這些資產龐大但不可見（圖 6.1）。但是與冰山不同，他們永遠暴露在風險之中。

圖 6.1

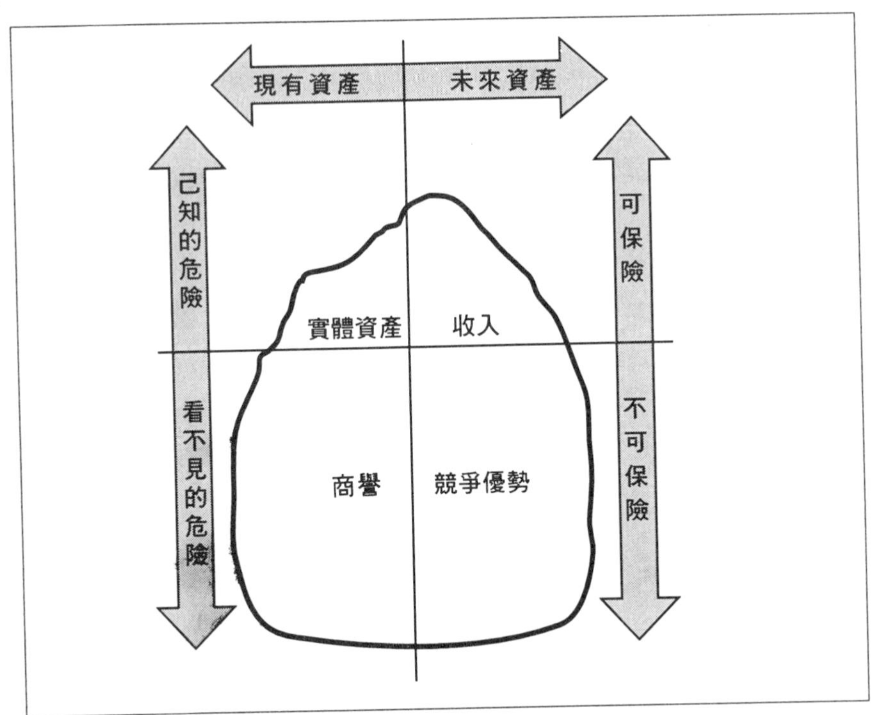

即使保險是可行的解決方案時，它也可能很快即不符成本效益。保險業正飽受巨額賠償與少量投資的衝擊，同時，社會與管理的趨勢，更將公司推向更高風險的位置。

遊樂場、溜冰場與醫生因爲無法以合理成本取得適當的責任保險，逐漸被逐出營業。保險費率受到管制的地方，例如，新澤西州和麻州的汽車市場，保險公司威脅退出市場。醫療成本，現爲 GNP 的 11%，繼續以物價膨脹率三倍的速度成長。更多的公司要求員工自負部份家庭健康保險費用。若此趨勢繼續發展下去，保險將無法作爲醫療的財務工具。同時，因爲美國會計規定的改變，到 1993 年 1 用 1 日止，公司必須將其所負退休員工醫療成本列為資本。像 GE、IBM 這樣的大公司，因此發生了一次高達 20 億美元損失。GM 公司類似的損失約有 240 億美元，根據 Standard and Poor's 公司權威的估計，該損失可能危及 GM 的信用等級。

保險界認為近來工業界的災難（industrial disasters），不僅只是統計數字上的斑點而已，而是經營中斷風險增高的跡象。一次單一事件的損失，1989 年飛力普石油公司（Phillips Petroleum）在德州 Pasadena 的爆炸，損失 14 億美元，為全世界財產損失與商業碳氫化學處理工業業務中斷保費的 80%。1990 年最大單一火災損失，七月中在德州 Channelview 地區的 ARCO 公司石化廠火災，財產損失 2 千萬美元，而營業中斷損失為此數之十倍以上。當工廠愈來愈大，設備、存貨愈來愈集中，生產流程愈來愈長、愈複雜時，營業中斷損失可能有財產損失的五十倍以上。

在像管理責任（訴訟愈來愈多）與環境污染（environmental pollution）的領域中，愈來愈難找到保險。估計 EXXON 公司為阿拉斯加石油污染事件，已經付出數以十億美元計的帳單。即使只需付出清理污染地區之成本的 15%，財產－意外保險業現有的 1 千 5 百億美元剩餘也將耗盡。

事實是，即使沒有保險危機，我們表中的四大類資產（圖 6.1）就是無法保險的。必須找出其他的避險機制。而事情愈來愈糟了。

風險加大的趨勢

兩大趨勢（trends）增加了公司面臨的一般風險水準（risk level）。

1. **公司整合**（business consolidation）

   最近的管理思潮，引導公司走向公司間彼此關係更密切與資源更集中的方向。例如：

- 全球策略（global strategies） 雖然跨國公司從許多策略裡獲益，他們也是在以組織成本抵換這些利益。這種抵換關係表現在全球或某些國家，同樣產品群間與產品群內，跨國的互賴關係。一家美國的電視機裝配廠，最近發現其 7 億美元的年銷售額，居然要看該公司在巴西的小分公司的績效而定，巴西分公司生產一些關鍵零件。

  你有全球定位策略嗎？同樣的產品在各國中都適用單一的訊息嗎？在 Gillette 公司的大部份歷史中，公司允許個別品牌獨自據有市場位置。在引進新的 Sensor 產品時，Gillette 公司採取以公司名稱作爲所有產品的「超級品牌」。這場賭博很值得。不但 Sensor 大大成功，公司的形象識別也產生附帶效果。但是當你把所有雞蛋放在一個籃子裡時，你必須非常小心不要摔倒籃子。當 Perrier 與 Tylenol 在不幸事件發生後召回產品時，同時也將自己暴露在全球媒體報導的風險之中。我們不是在主張退回地區市場，而僅是在聲明，更高的集中，會有更多的風險。

- 單一的即時供應商（single, just-in-time supplier） 既然我們可以在無停機時間零缺點的標準下生產，我們在設計作業系統時，去假設所有供應品將在我們需要時，完美即時的送達，並沒有什麼不妥之處。但是，供應商的風險管理意識，是否與製造商一樣高？狹窄的價值鏈中，只需要一個成員發生困難，就會引起整個系統的震盪。1988 年，一家美國電腦製造商，因爲它的台灣商失火停止生產，被迫多花1千2百萬美元加速運貨，以趕上產品上市日期。

- 合併與購併（mergers and acquisitions） 合併與購併不可避免的後果之一，是工廠的整合導致更高的資源集中度與活動集中度。因爲大多數的風險管理人員通常位於組織的低階層中，很少會在接收行動裡，發現他們的蹤影。巨額的環保帳單，正虎視眈眈等著那些漫不經心的接收者，謹慎小心是必須的。在以15億美元購併Kopper公司後，Beazer公司也繼承Kopper原有的義務，必須提供5億美元清除Kopper化學業務造成的污染。
- 技術（technology） 未來的工廠，充斥著機器人與複雜的軟體，代表專門生產單位裡集中的巨大價值。控制人員的減少，單一錯誤的後果更加嚴重。技術帶來自身不可預見的風險。金融電子交換基金增加侵佔與欺詐的可能性，電腦病毒可以癱瘓電腦中心（甚至國家）。技術轉移通常是你的聯合冒險夥伴或明或顯的目標。保護你的獨家技術需要謹慎[4]。技術也是品質標準的活靶。以前以每百萬單位作爲衡量標準的，現在改以每兆單位作爲衡量標準。

2. **改變中的社會目標**（changing societal goals）

商譽是一種心理狀態，產自於多年的和諧關係。過去，工作夥伴對你的期望，除了金錢價值外，還有更多。現

[4] D. M. Spero，「保護或是盜用專利權——一個經理人眼中的日本」，哈佛商業評論，1990年9－10月。

在，更具挑戰性的，當全球銷售也意味著全球責任時，多國及公司必須注意各個國家的社會變遷。

✤ 倫理（ethics） 不久前，公司倫理似乎是授權給法律幕僚處理的課題。只要合法，它就合於倫理。但是，這已不再足夠了，至少對希望保護商譽的公司而言。當籃球明星魔術強森宣佈他是愛滋病菌帶原者時，大家的注意力很快轉向僱用他作爲廣告象徵的公司：公司還會繼續僱用他嗎？

鮪魚罐頭產業有相當長時間，拒絕回應海豚保護份子的要求，他們抱怨捕鮪魚的漁網經常成爲海豚陷阱。他們終於在海豚保護者發動抵制鮪魚產品後，才注意這件事。回顧前塵，有人會說，鮪魚業應該更早看到牆上的標語，甚至更早認清正義發展的正確途徑。倫理通常存在於所有者的眼中，而高標準是昂貴的。問題是，低標準可能也很昂貴。

✤ 環境（environment） 環保主義（environmentalism）不僅是一陣時髦而已。雖然國會通過許多有利環保的立法，例如，空氣清潔法案與超級基金修正與再授權法案，社會大眾與企業的員工，仍然期望企業善待環境。可不可能還存有不具備某種資源回收計畫的大型美國公司？[5]所有的消費者產品，從保護臭氧層的噴髮劑到可以生化分解的免洗尿布，不是包裝得更環保，使用更少的化學物質？清除美國境內

[5] G. C. Lodge 與 J. F. Rayport，「跪——下去又起來，美國的資源回收成本」，哈佛商業評論，1991 年 9－10 月。

所有已經公告的危險性廢棄物品堆置位置，估計需要 7 千 5 百億美元成本。最近，Hoechst 宣佈它將在未來五年耗資 5 至 6 億美元，減少其二十一個美國工廠排放的廢棄物。尊重環境必定是每一個有倫理觀念公司的經營之道。

- 工作環境（employment conditions） 員工們對雇主的期望愈來愈高。雇主至少被期望提供乾淨、安全、健康的工作環境。此外，適應家庭生活型態改變的需求，如托兒所，也在成長當中。隨著健康保險與退休金成本的高漲，商業工會通常要求全面性的保險計畫，以滿足需求。雇主也負有確保公平僱用、升遷與員工不受歧視的責任。

這些潮流都很昂貴，但是可以在規劃時納入預算。然而，危險之處在於可能因爲發生單一事件，而抹殺幾年的苦工。American Cynamid 於 1981 年禁止孕婦上一條暴露在鉛——一種威脅嬰兒健康的物質——的生產線，他認爲他做的事是正確的。可以想像 American Cynamid 自己覺得他找到一個創造性的解決方案，既不會歧視婦女（至少是所有婦女），又可避免關閉生產線。但是，有 5 位婦女自行結紮，以保住工作，American Cynamid 不但上了法院，也暴露在大眾眼光之中。

如果抽煙者可以因爲煙草公司鼓勵他們養成抽煙習慣而控告煙草公司，那麼員工因爲公司沒能阻止他們已知的瞌藥習慣或因爲沒有在咖啡廳中提供低膽固醇代用品，而提起的訴訟，即將不絕於途。不能期望雇主預見每一趨勢，爲每一個可能想像到的事，設立計畫付出成本。但是，重要的是，必須有人去尋找積極、符合成本效益的方法，去因應公司許多夥伴轉變中的社會目標。

表 6.1

風險管理的評估（evolution）

年代	問題	答案
1950s	防護災害	購買保險
1960s	保險成本	將風險管理列入幕僚功能
1970s	保險市場的不健全與波動性	以「俘虜」作爲風險性財物的融通方法
1980s	商品價格、利率與匯率的波動	貨幣避險、利率交換與其他財務風險管理技術
1990s	價值與公司責任的集中化與互賴性	公司上下一致的風險管理意識

我們的建議

十年前，因爲管理階層缺乏品質（quality）優先的觀念，美國製產品受到傷害。管理階層視品質爲一個可以和成本抵換的變數，藉此作爲求取最大利潤的方法。日本人證明零缺點政策（zero-defect policy）不但可行，而且有利可圖[6]。對顧客的商譽與員工的工作滿意，不僅僅只是抵消短期的獲利率損失而已。

我們建議，公司應該以零缺點的態度從事所有活動。除去將倫理視爲可與費用與努力抵換的看法，我們建議以高的倫理標準，激發長期顧客與員工的商譽。環保上的零缺點固非現有技術能力可及，但它是公司活動的正確指標。

我們承認，抵換必須永遠存在，它也永遠不斷進行，如果不是公開的也是私下的。但是我們建議，經理人的第一個動作，應該總是考慮在第一次就把事情做對。

風險管理心態（risk management mentality）的發展，成本低、報酬高。它是圍繞在公司資產週邊，愈來愈高的風險的保護盾（見

[6] D. Garrin，「生產線上的品質」，哈佛商業評論，1983 年 9－10 月。

圖 6.2)。我們並不建議，因爲可能有損失的機會而避免企業活動；企業經營總在承擔計算中風險下進行。我們也不建議，把每一個可以見到的東西都拿去投保。我們說的風險，是可以、真實、也必須控制的損失機會。每天因爲效率不彰發生的小損失，不太能威脅到公司的生存，但是，若其趨勢增大，最後則可能導致重大危機，衝擊到公司的主要資產。沒有看到的危險，最後變成歷歷在目的案件。

新的生產技術，以高彈性、訂製生產和較短的分配流程與如即時系統、最佳化生產技術、彈性製造系統與物料需求規劃等生產管理系統，注入生產中心，達成經濟規模。但是，公司必須記著，要去確認這些新技術如何影響整個價值鏈中的損失暴露。如果公司策略沒有將風險管理整合於其中，長時間、困難、昂貴，以增進競爭力爲目的的工作，可能最後終被證明是未受到保護的資產。

圖 6.2

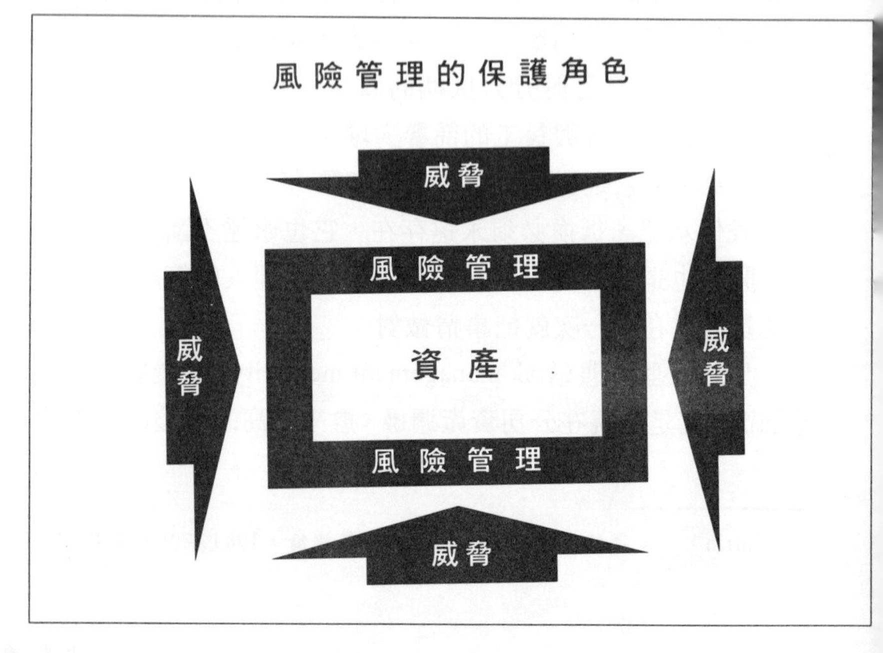

許多企業已經將環保績效列入品質管理計畫之中。這類評估有助於預防污染，並超越政府管制的範疇。一些公司將健康、安全與環保事宜，統合於一部門下。同樣的，產品安全自產品發展的設計階段開始，因此，所有企業活動的決策，必須具有風險管理心態。

漸漸爲製造業所接受的零缺點標準（zero-defect standard），應該也是公司活動標準。公司應該不僅只是將風險管理連接上保險而已，而是應該將保險當做公司會因此而更好的最後手段。這樣的態度，將導致對無謂冒險關切，從而迅速將保護膜延伸至無法保險的資產：商譽、競爭優勢與相當大部份的收入（見圖 6.3）。

6.3

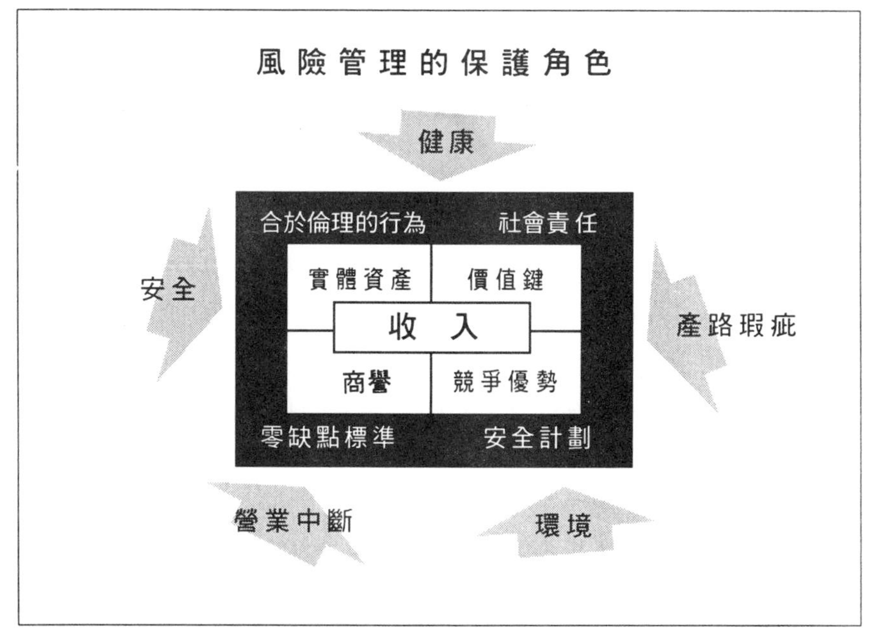

公司所有活動的各階段，應該不斷檢視計畫或決策可能將公司導入暴露之處。這不是麻煩的負擔，這僅是新的負擔。就像我

們花了很多年讓自己習慣不應以品質抵換成本的觀念，我們現在建議，要考慮可能會出錯的地方。

像品質控制、資源回收、性別中性語言與倫理之類的活動，每一個活動剛開始時，聽起來好像是又一個找麻煩的瑣事。但是，一旦克服初期的心理障礙，事情立刻變得很清楚，我們早該將這些事做好。品質控制有道理，因爲它代表第一次就把事情做對。顧客滿意度與員工自我評價的循環增長，足以抵消任何短期利得。風險管理的心態也是一樣。它提供公司可靠一致的資產保護水準。

風險管理也是在任何事上達成卓越的有利的領導工具：士氣、生產力、品質、負責與可信任的公共形象、內在與外在環境與工作生活的品質。高品質的風險管理，是公司能夠提供給它的夥伴、給社會，最正面的信息。

它是有用的

DuPont 有每一個成爲風險管理領導者的理由。它的爆裂物製造商出身身分，意味著它在歷史上向來謹慎的理由。公司的任務，視自己是貢獻社會「產品的效用與其安全使用」的綜合角色。僱用條件中，警告新員工不得從事任何危險的工作。任何嚴重的足以使一位 DuPont 員工，無法工作一天或更長時間的意外，必須在二十四小時內告知總裁。這樣對細節的注意，使得 DuPont 擁有令人嫉妒的安全紀錄。國家工業安全委員會的數據顯示，DuPont 在 1989 年工作損失時間項上的表現——這是比較嚴重傷害的案子，比全體化學業界安全而二十倍，比全體工業界安全六十倍（DuPont 的員工在工作時比在家時安全幾倍）。根據 DuPont 職業安全與健康部門主管的說法，若該公司擁有化學業的平均傷害率，它每年將需要接近 20 億美元的額外收入，以支付其成本[7]。因此可以合理假設，公司對細節的注意，確保 DuPont 較少受到因爲中斷營業而引起的損失。

當 DuPont 看到有關氟氯碳化物（CFC）的標語時，立即單方面承諾在公元 2 千年前，停止 CFC 的生產，儘管並不保證能開發出替代品。無論這是否基於倫理立場的決定，常識告訴我們，CFC 的議題不會消失，DuPont 的決定，雖然激進，但有道理。也許它是從 Westinghouse 的問題中學到經驗。Westinghouse 被控在 1979 年環保署禁止使用 PCB 之前，不慎使員工暴露在受到 PCB 污染的環境。1983 年，Westinghouse 同意以估計超過 10 億美元的成本，清除在印第安那州 Bloomington 地區受到 PCB 污染的地方。DuPont 也大量投資於環保計畫。它管理 1 千英畝的野生生物區，回收塑膠廢棄物、研究有利環保的燃料，並在重要地區創設公民顧問群。

DuPont 的一家分公司 Conoco 也宣佈，它將使用雙層殼體油桶以避免漏油。DuPont 估計這種油桶，比傳統油桶貴 15%，少裝 10%的油量。毫無疑問，DuPont 必然認爲，這比反複纏繞 Exxon 多年的慘痛經驗：清除 Prince William Sound 的污染，與其隨伴的公共暴露，是便宜許多的代價。還記得這個事件並不是上帝的意旨嗎：船長與公司都被法院判定行爲不當。Exxon 的 Valdez 事件，也不是一次的個別事件。同年（1989）聖誕夜，在路易斯安那州 Baton Rogue 的煉油廠發生爆炸，隨之在翌年元旦，介於新澤西州與紐約市間的油管爆裂，漏出 56 萬 7 千加侖暖氣用油至河口。這些事件對 Exxon 的成本爲何？漏掉油的成本又有多少？

---

[7] W. J. Motel，「DuPont 的安全管理」，在 Manufacture's Alliance for Productivity and Innovation 的演講，1991 年 3 月 26 日，華盛頓 D. C.。

Valdez 的修復成本呢？清理成本？成本比上述的總和多多了。Exxon 的運氣不錯，一次剛剛成形的顧客抵制沒有成功，但其顧客善意必定遭受到嚴重打擊。

世界最大的鋁生產商之一，法國的 Pechiney，在過去五年投資了 3 千 3 百萬美元，以避免風險管理者所謂的「價值 85 億美元的 383 種巨額可能損失」。到 1990 年止的統計顯示，該投資節省 3 億 6 千萬美元的可能損失，比十倍還好的報酬率。Pechiney 集團中的八大法國公司，其平均停機意外事件，從 1986 年的 22.8 次，降至 1990 年的 15.8 次。

Pechiney 的風險管理經理 Alain Neveu 承認，他花在預防損失的 5 百萬美元，在撲滅一場發生於公司重點策略工廠，可能導致大型災難的星星之火的那刻時，節省了 2 億 7 千 3 百萬美元的可能損失。現在，Pechiney 正以 35 億美元，購併以芝加哥為基地的 American National Can 公司，這使其成為世界包裝業的領導者。若一場大火將該工廠徹底燒毀，該筆交易將被擱置，也因此將管理階層的時間精神都引導到其他地方。

企業界逐漸瞭解健康保險與勞工保險制度即將崩潰的事實，並正積極增進員工健康（健身活動、健康節食與戒菸活動），降低與工作有關的健康問題。Pepsico 發現，45%的醫療成本來自 2%的案件。它已任命個案經理，整合個別病患的健康照料計畫。一家可口可樂（Coca Cola）裝瓶工廠，實驗一項防止背部傷害的計畫，明顯降低了員工的傷害。Marriot 現正積極經管自己的員工傷害索賠計畫。公司在做這些事時，獲得第一手的問題資訊，所以他們能夠立即糾正問題。這也使得不適任現職員工的改分配與再訓練工作，有了創意空間。這類計畫不但降低成本，他們也增進員工士氣與公司的形象。

許多產業已經將環保績效加入他們的品質管制工作之中。Procter & Gamble（P&G）在俄亥俄州 Lima 的液體清潔劑廠，習於將其清潔劑排入市屬污水處理廠。雖然排放量在容許範圍之內，工廠的管理階層希望降低其水準。建造自己的污水處理設備，在污水排放前先行處理，其成本太高，而且，從某方面看來，是不必要的重複。P&G 研究整個流程，發現大部份流出的清潔劑，起因於損壞的濾器、隙漏與裝填時的傾漏。經由員工再訓練與維修程序的修訂，清潔劑排放量降低 60%，即就清潔劑本身而言，也是成本的節省。

風險管理，可以是很簡單的，例如將你所有的備份資料放在不同的地點，或是實施好的防災就難計畫。Digital Equipment 公司（DEC）每天備份電子資料處理的磁帶，將其放在與原磁帶不同的建築或防火區內。它也確定公司的每一個區域，都備有災害復原計畫。你也許認爲，花在發展這些計畫的時間與精力並不值得。1990 年 3 月 6 日，DEC 在 Basingstoke 的英國辦公室發生大火。DEC 建置的災害管理計畫使得公司僅受到最少的營業衝擊，而顧客服務一點也不受影響。在五分鐘內，將近 4 百名員工、1 百位合約商與訪客，通通撤出建築物。大火後，系統仍以每日一小時至六小時的時間運作。中央電腦室有一海龍自動滅火系統保護，而消防隊員可以從塑膠製的屋頂進入室內。雖然遭到煙燻之災，價值將近 1 千 8 百萬美元的電腦、資訊網路與電話交換系統都被搶救出來。當從備份資料磁帶復原大部份的資料，員工配置到其他工作地點後，只在需要另一部電腦就可重新開始作業。這是風險管理心態的體現！

完整的風險防護計畫（risk-protection plan），包括下列四個步驟：

1. 第一步，確認與衡量你所有資產的價值（measure the value of all of your assets），並評估他們的脆弱性（vulnerability）。你可能知道你實體資產的價值（重置價值，而非折舊價值），與粗估的商譽價值。你也應該估計營業中斷6週的成本，不僅包括損失的收入與商譽，也包括使你競爭者因此獲得的暫時性，也許會變成永久性的優勢。
2. 第二步，確認最近可能發生的重大事件：什麼地方可能出錯？其範圍可以從風險管理經理日常處理的重複事件，到法律改變、經濟發展與社會變遷。Royal Dutch Shell的狀況分析[8]（scenario analysis）經驗，有助於提供未來情形的「完整圖形」。Shell 的 1970 年中東國家分析，事先警告石油可能減產，這事終在OPEC的協議中實現。波灣戰爭開打後，Shell 每日損失數以百萬桶計的伊拉克與科威特原油，但是，根據事前草擬的程序，Shell 從其他來源的獲取事先批准的原油。很多的「如果…」狀況，看起來像是惡夢一般，但是，你要知道，他們不但可能發生，而且他們可能已經在其他公司出現。考慮下列的「如果…」問題：
   - 如果你的關鍵生產設備徹底燒毀，你的顧客和他們的顧客會如何？
   - 如果你因修改產品被迫將其撤出市場數月之久，會發生什麼事？
   - 如果你大量投資於一個將給你明顯競爭優勢的新產

---

[8] P. Wack，「狀況：殺快的」，哈佛商業評論，1985 年 11－12 月，pp.139－150。

品，而在新產品上市前，你的一位關鍵供應商發生巨額損失？

3. 第三步，發展員工對現行風險管理程序的承諾（commitment）。風險管理需要強烈的自我約束，實施成功的零風險管理程序，更需要強調個別責任。員工最接近產品、服務、供應商與顧客。他們是在日常活動中，採取主動，做出保護組織建議的最佳人選。風險管理中，人性因素的強調極其重要，因爲它是溝通高品質的風險管理與高品質的工程與環保能力間的橋樑。70%的損失肇因於人爲錯誤。當員工投入其才智與風險意識時，因爲風險控制變成第二天性，風險的狀況會大大改變。風險管理行動，可以是發展備用供應商、嚴格的工作與維護規則、安全訓練計畫、健康與倫理、危機管理團隊組織與災害規劃。就如 Salomon Brothers 最近學到的，態度的改變從上而起。總裁是風險管理最高負責人，高級管理人員必須也要顯示他們對風險管理的承諾，並藉目標設定、評估與獎勵，與其部屬分享承諾，得使風險管理變成公司文化的一部份。

4. 將你的架構定好後，第四步，也是最後一步，是確定你所在的價值鏈（value chain）是被適當的保護著。即使你自己很堅強，你的供應商、配銷商、甚至顧客，不一定如此堅強。American Standard 公司輸掉一件人員傷害案件，該案起源起於一個不由該公司製造，但在公司目錄上推薦的替換零件。顧客也可能成爲威脅。按照你準備使用的方式去設計產品的可靠性，往往不足，而是要以一般人可能使用的方法設計才行。一位汽車駕駛，以超過 1 百英里的速度，跑爆 Goodyear 出的輻射胎，而控告該公司傷害罪。不管是車是輪胎並不保證在 90 英里以上行使安全的論點，被法庭認爲不充分[9]。

從你能影響你的供應商與可測驗他們的反應時，開始你的風險管理。一家大型報紙發行公司 Gannett Co. Inc.，說服它的供應商使用特別設計的防火設備。Bell Atlantic Co.與其供應商共同合作，設計出受熱時會膨脹八倍的纜線被覆，不但因此使得電話線更能防火防煙，也增進對顧客不中斷服務的機率。

我們知道，即使是在無限的成本下，0%的災害率是不可能達成的，但是，發展禁阻不必要風險[10]的心態仍有許多可爲之處。就像大多數足球球員，寧願攻擊不願防禦，我們認識的大部份經理人員，寧願承擔風險而不願除去風險。但是，這個世界正朝向更專注於公共定位、專業化、集權化與相互依賴的方向發展。以多角化作爲災難的自然防火牆不再可行，一個公司的命運可能在一擊之後氣若游絲。獲利的壓力，使得公司切除掉風險管理的邊角。你可能可以躲過許多年——也許永遠——但是，當你被掃中時，可能變成致命性的一擊。

Union Carbide 在印度 Bhopal 地方的工廠，在 1984 年 11 月意外發生的前五年，減少其安全人員，而該次意外死亡 3 千人以上。該公司從意外中存活下來，但是這次意外的惡果，從此成爲世界性的焦點，也對化學業產生全球性影響。

[9]M. Manley，「產品責任：你比自己想得還暴露」，哈佛商業評論，1987 年 9－10 月，pp.28－41。

[10]R. B. Gallagher，「風險管理：成本控制的新階段」，哈佛商業評論，1956 年 9－10 月，pp.76－86。

C. V. Culbersten 與 J. D. Wods，「從營業單位利潤中徵收意外保險賠償金」，哈佛商業評論，1981 年 9－10 月，pp.6－12。

在「新」的 Union Carbide，主管的紅利依公司降低環境風險的績效而定。它現在是清潔工作的先鋒，創造出像從污染的土壤中清除戴奧辛、消除多氯聯苯或 PCB 等之類的程序。它也有個環保稽核計畫，由直接向公司總裁報告的健康、安全與環境副總裁負責。

風險管理必須是公司策略中的一個完整部份，以維持、增進公司作為經濟與社會個體的價值。諷刺的是，企業界似乎都要從危及公司財務狀況的危機裡，才會認清風險管理在確保公司競爭力與生存力上的關鍵角色。

切勿存有風險管理是下授給風險管理幕僚，讓他們購買保險，在空閒時實施風險管理意識計畫，這樣的觀念。損失預防投資的份量，要比保險的份量重多了。風險管理仍舊太專注在保險之上，而缺乏對風險的估量與控制。因為這些原因，我們覺得，它尚未發揮全部的潛能。風險管理的涵義太寬廣、太複雜，又是公司成功的關鍵因素，它不能成為少數人的業務功能。我們相信，對於公司的風險，必須要有整合業務功能與策略決策積極的、整體的組織反應。沒有我們描述的系統化、全面性的風險管理程序，而光光只是買進保險，反而是降低公司風險暴露最昂貴的方法。風險是對管理的挑戰，是所有業務功能的匯集點。這正是風險管理代表衡量與評估公司策略的新增加的方法。

結論

沒有擔保的風險，是可以切除的無效率。不可以將其忽視為商業活動中不可見的單純伴侶， 或是看成以後再處理的細節問題。降低風險的最佳時機，是在風險發生時，以謹慎與創造力加以處理。

我們的目標，不是一個全無風險的社會。但是，公司確實有著由投資者、股東、員工等關係利害人設置而成的風險能量。正常的經營風險——獲取與保存顧客和競爭者戰鬥、投資於未來的賭博——都具體的足以不讓公司在風險承擔能量上妥協。風險的幅度、複雜度與其未知的結果不斷擴大，提昇風險管理學習曲線的決定為時已遲。公司可以藉著積極的活動，第一次就將事情做對，防護不預期的威脅，小心地培育策略利得，以確保其活著享受努力的成果。

契約與誘因

兩個人可能完全有合作冒險事業的企圖，但若兩者的誘因不同，該聯盟可能挫敗。一紙法定契約可能可以，但非永遠能夠，改正這個問題。我們在此檢視一些這類的問題，討論解決問題的指導原則，並建立一些術語。有些問題是以說明的方式提出。

誘因的相容性

規則：每一方應有以團隊整體利益而行動的誘因。

兩個在冒險事業公司的夥伴，頻頻在波士頓與芝加哥間旅行。每個人都願意最高付到 1 百美元，以享受頭等艙而非普通艙的優遇。實際的票價為 150 美元，所以每人都應搭乘普通艙。但是，身為冒險事業的合夥人，理可平分所有成本，任何一人決定飛頭等艙，對自己的有效成本是 75 美元，因為沒有飛的那一位，分擔了另外的 75 美元。若兩人同行時，這個誘因問題非常明朗。若僅有一人囊括所有飛行，這個被扭曲的誘因，可能被掩蓋住。

改正這個誘因問題的方法之一，是兩人同意公司只支付普通艙票價。任何超過的費用必須自付。

誘因相容性（incentive compatibility）不足，是一個普遍但是難以有效解決的問題。員工少有財務上的誘因去節約工作地點的能源或節制影印機的使用。

當聯合的問題可以用決策樹方式表示時，存在有檢查誘因相容性的簡單系統。

規則：決策樹中，所有各方均應同意每一決策點（含權變決策）上可行方案的偏好順序，且每一方均應同意每個不確定性的偏好結果。

共同同意所有決策的需求十分明顯，因為若不然，即要發生衝突。共同同意不確性結果的需求，在實務上來自人們有採取適當行動影響不確定性結果的能力。若決策樹不滿足此條件，則應該按照狀況，以附加付款重寫契約，來創造誘因的相容性。

不對稱

克服多方同意的困難之一，在人們對於眼前問題，可能有不同的信念與偏好。

舉一個簡單例子，假設你和我同為一位最近過世，留下 1 千美元現金與一幅油畫的叔叔之繼承人。這幅油畫是叔叔年輕時親手繪製，而且沒有多少市場價值。他在遺囑中表示，希望我倆「平分」遺產。我們應該怎麼做？讓我們假設，你非常感性，並且能享受將油畫掛在家中的樂趣，而我最多把它藏在閣樓上。我的高尚做法，是讓你擁有油畫，然後平分現金。但是，我可能提議，你在油畫或 1 千美元現金中任選一樣。若你選擇油畫，必然是因為你視其至少與現金等值，所以你至少分得一半遺產。當然，你可能辯說，因爲我視油畫毫無價值，所以我實質上獨得所有遺產。解決這類問題時，兩個指導原則是：

1. 協商程序（negotiating procedure）應該誘發有關方面的誠實行爲（或是非策略性行爲）。
2. 協商的結果應該使各方面的總收穫最大。很清楚的是，我不該以獲得油畫收場（如果我們抽籤，或是我謊報油畫對我的價值，則可能如此）。

若倆人對某些事件的可能結果看法不同時（我認爲這事即可能發生，但你不這麼想），或是一人比另一人較傾向規避風險時，也可能產生不對稱性。

下列的例子，描述一般典型的誘因問題。這些問題都難以精確的解決。呈現他們的目的，在於幫助討論。

1. 你見到你喜愛的房屋正在出售。他們的價格不同。爲了決定你的負擔能力，你需要準確的估計你現有房屋的價值。你不能等賣出現有房屋後，再挑選新房屋，因爲你喜歡的，可能在這中間賣掉。

   替你售屋的房屋仲介商，將抽取賣出屋價的 6%作爲佣金。你必須靠仲介才能估出你房屋的公平價格。

   A. 告訴你房價，是否符合仲介商的利益？

   B. 假設佣金費用按下列方式計算：

   ✤ 仲介商提出屋價估計 E 千美元。

   ✤ 仲介商以 S 千美元售出房屋。

   ✤ 仲介商的佣金爲 E（S-1/2E）。

   例如，若仲介商估價 12 萬美元，以 10 萬美元賣出，佣金爲 120（100-60）=$4,800 元

   這樣的佣金計算法，其優點與缺點爲何？

2. 一家公司的總經理，試著決定應否花費 1 千萬美元，引進新的電腦網路系統，而將公司帶進 1990 年代。總經理年高 64 歲，從未碰過電腦，也不是真正瞭解這種計算能力所能帶來的利益。公司的兩大部門，分由 Alice 與 Bernard 統領。一般同意，Alice 的部門要比 Bernard 的部門，更能從電腦系統獲致利益，所以產生各部門應該如何分攤電腦費用的問題。Alice 與 Bernard 的紅利，根據部門績效決定。Alice 不很清楚電腦系統對 Bernard 的價值，Bernard 也不很清楚電腦系統對 Alice 的價值。總經理更不清楚電腦系統對各部門的價值。設計一個決定應否買進電腦系統與如何在部門間分攤費用的程序。
3. 一家公司的總經理，正在決定年底付給主要員工的紅利與各人來年的加薪幅度。這些數字並不公開，但是流言不可避免的會快速傳開；感覺未受到公平待遇的員工可能離職，也可能因爲不滿而降低生產力。即如決定主要員工的相對效能這樣的工作，也因爲他們不同的業務領域而受挫。考慮一個投資銀行業務與交易部門的例子。業務員與交易員都有可以確認的與可以量化的生產力標準（各爲業務與交易利潤／損失）。然而，應該如何設計誘因系統之事，並不清楚。應否業務員以佣金計算，交易員以年利潤百分比計算；或是兩者應否均以主觀的考核程序計算紅利？無論採用何種系統分配薪資與紅利，至少都應達成下列目標：
   - 每一員工至少要獲得他或她的「市場價值」，只要他或她對公司值得這個價錢。
   - 每一員工應該發現他或她的紅利與加薪，相對公司裡其他員工所得的是「公平」的。

總經理如何達成這些目標？

個案：Dade 郡資源回收計畫[11]

Dade 郡固體廢棄物專案小組在 1976 年 6 月 2 日，投票建議郡務委員會，與 Parsons and Whittmore 公司旗下之子公司，位於紐約的 Black Clawson Fiberclaim,Inc，進入最後的合約談判，終於終止該小組漫長尋找建造、營運資源回收廠合約商的歷程。專案小組成立於 1970 年 10 月，負責建議該郡如何增進回收與處理固體廢棄物的服務。現在從投票結果看來，應可在 1977 年中簽訂合約。當然，合約的主要事項已與 Black Clawson 談妥，但是仍有一些細節需要決定。另外要跟 Florida 電力與電燈公司協商的合約——出售資源回收廠產生的蒸氣，其議題則不小。

雖然，Dade 郡經理 Ray Goode，覺得他已經可以見到隧道那頭的亮光。然而，過去六年的努力，可能最後證明是最容易的工作，因為他們將投入的大筆投資，並不保證可以解決他們的問題。

廢棄物處理問題

美國每年製造 2 億 7 千萬噸的住家與商業廢棄物，耗資 40 億美元處理。廢棄物問題，幾乎總是靠著在地上找個洞，填滿廢棄物，再蓋上一層土——掩埋法，予與解決。許多因素使得市政當局尋找另外的處理方法。第一，嚴重缺乏適合的傾倒場。適合

---

[11] 哈佛大學商學院 9－182－167 號個案。David E. Bell 教授編寫，內容根據 public Dade County documents。©1981 哈佛大學。

的地方，不但運送廢棄物的距離長，因此燃料與卡車時間的消耗相當大，而且因爲垃圾坑可能位於轄區之外，可能不友善的其他官方，會驟然干預，而中斷其使用。第二，環保態度變的更嚴格，所以即使實體上適合的掩埋場，也許不能符合環保標準或產生巨額成本。第三，現在真正使用的其他方法——焚燒法，因爲它是燃料的淨消費者——通常是機油，有些缺點存在。

Dade 郡位於佛羅里達州東南部。它的 130 萬人口中，多數住在邁阿密大都會區。1970 年代早期，每日回收 4 千 2 百噸固體廢棄物，每週六天，估計到 1990 年代，其數量將加倍成長。大部份廢棄物，在郡內二十個左右的掩埋場處理。大部份的掩埋場，其實更像是傾倒場，因此受到許多環保組織的注意。郡內的焚化爐，不是違反空氣污染法規，就是太靠近住宅區，使得卡車噪音成爲問題。掩埋場變的稀少又昂貴，焚化爐不能符合排放標準，該郡面臨廢棄物處理困局。

1972 年 11 月，Dade 郡選民同意 5 千萬元的「拾年進步」公債融資計畫，意在改進固體廢棄物處理。在這個財務支援下，專案小組轉向民間業者尋求如何解決，或是至少減輕，廢棄物處理的問題。

建議邀請書

專案小組在 1973 年 9 月準備妥當，發出建議邀請書（REF）。REF 要求以密封標單，投標承造兩個廢棄物處理設施，一者位於西北 58 街掩埋場，每日處理 1 千 6 百噸固體廢棄物，一者在邁阿密焚化爐現址，每日處理 1 千 2 百噸固體廢棄物。在合約期間，處理場將以每個總價 1 美元租給承商，承商亦不負責房地稅。

總共收到十七件建議書。投標者建議的系統，從切碎（僅此而已）到堆肥都有。大部份建議書缺乏特定的產品市場與環境控制，所有建議書的合約條件都不明確。因爲密封的競標程序，排除掉與建議者協商的可能，所以在 1973 年 12 月所有標單均被拒絕。

該郡接著與許多投標公司面談，以學習更多的現有技術與財務方案。評估委員會總結，若該郡分擔部份風險，該郡可採購技術上可行，但是創新的處理廢棄物的資源回收系統。同時也決定，當未來法規要求也列入考量時，民間業者的淨處理成本，可與相同位置掩埋場與焚化爐的處理成本匹敵。現在，除去土地攤銷，掩埋成本每噸 3.12 美元。符合州環保法新的掩埋場，成本每噸 9.00 美元。焚化爐的營運與土地攤銷成本，每噸共計 12.89 美元。

RFP 根據潛在競標者的回饋加以修訂，其中並且要求將二個處理廠改變爲一個每週處理 1 萬 8 千噸大行處理廠。新的 RFP 拿掉共同融資的觀念，要求投標商自行安排財務。該郡也要求投標商，安排將要從 Florida 電力與電燈公司買進的發電站，該站完全屬於郡有，但是將交由電力公司營運。發電站的建造與設備安裝成本（估計約 1 千 8 百萬美元），不列入該郡的債務內。最後，RFP 規定，只有反映營運成本的尖頂部份，可以根據美國消費者物價指數從合約執行日起的相對變化，每年調漲。

這版再稿變成 RFP 的最終版本。它於 1974 年 7 月發出，要求於 1974 年 11 月送進建議書。郡管理委員會免除競標規定，授權專案小組在評估建議書後，逕行進一步的協商。

該郡收到十份建議書。它很快就發現，民間融資公共擁有的觀念，阻礙了民間企業實現稅務利益的機會。這個觀念中，在郡發行污染控制收入公債方面，也產生法律問題（與州法）。兩種狀況都意味著，該郡的處理成本應該是更高。也很清楚的是，設施成本漲過 Dade 郡選民 1972 年授權的爲處理固體廢棄物發行的 5 千萬美元一般義務公債。因此，該郡無法從發行義務公債對該設施融資。評估時也發現，一些建議書沒有安排設施融資的財務能力，同時，除了一件例外，其餘建議書顯然不能或是不願意，在不需該郡以某種形式參與融資的狀況下，以公司信用爲基礎融資該計畫。面臨僵局，該郡保留下 The First Boston Corporation，以發展新的財務計畫，並確認 Dade 的發現——沒有該郡某種形式的融資參與，建議者沒有融資意願。其間，該郡告知所有建議人，它願意也有能力，參與設施最後的融資。

法律顧問瞭解與 Florida 電力與電燈公司的協商既冗長又困難的情形後，建議該郡直接與較優的候選人協商，並與入選的投標者簽訂合約。一般認爲，這個方法將有助於搞定 Florida 電力與電燈公司與該郡的協商。

1975 年 6 月，郡務管理委員會批准該委員會的建議，同步與 Universal Oil Product（UOP）和 Black Clawson 進行個別協商，談判下列但不侷限於此的基本保證與條件定義：

- 精確的資本成本
- 尖頂費用
- 回收物質
- 營運績效
- 營運成本的增加
- 計畫的融資因素

該郡也決定，污染控制公債，將僅用於購賣長期的設施。易言之，它將以看守合約，向 UOP 或 Black Clawson 購買該設備。該郡察覺，這計畫的主要風險，將發生於建造與測試期間。因此，專案小組向 UOP 與 Black Clawson 表示，該郡不會在設施驗收合格以前，支付設施的價款。所以，各家公司都得提供建造的融資。

Black Clawson 的入選

1976 年 4 月下旬，該郡法律顧問要求 UOP 與 Black Clawson 送交他們最後的最佳價格。最後的投標截止日期，是 1976 年 5 月 11 日。專案小組、法律顧問、財務與工程顧問等共同審查這兩份建議書，並在一週後，分別會見廠商，澄清若干疑點。

Black Clawson 入選的理由，除了其系統擁有較大的資源回收能量，還有下列因素：

- 雖然 UOP 並不要求 Dade 郡在驗收前付款，而 Black Clawson 要求在建築完工時，Dade 郡需先付 60%價款，但是 Black Clawson 比 UOP 願意承擔較多風險。決策時不利 UOP 的因素如下。
- 若工程非因 UOP 的錯誤而不能完工，而工程貸款已到期時，Dade 郡必須支付所有價款。
- 按營運合約經營三年後，若連續三年虧損，且每年至少損失 50 萬美元，UOP 可單方面終止合約。若累積損失達 3 百萬美元時，UOP 亦可單方面終止合約（Black Clawson 的建議書裡，沒有設定營運損失的上限）。
- 若廢棄物之 BTU 內涵，與第一年開始營運時建立的 BTU 內涵不同時，UOP 要求調整尖頂費用。它也保留因為法律改變，而改變廢棄物內容時，調整尖頂費用的權利。
- UOP 建議書中尖頂費用的資本成本部份，高過 Black Clawson 的估算；UOP 的建築成本調漲期，高過 Black Clawson 的估算；UOP 的工程期，也稍長於 Black Clawson 的估算。

- UOP 建議書中尖頂費用的營運部份，高過 Black Clawson 的估算（0.80 美元比 0.25 美元），雖然專案小組瞭解，因爲各公司對成本與收入的處理多少不同，很難做出嚴格的比較。
- Black Clawson 在紐約 Hempstead 計畫中成功的融資計畫，使得他們對 Dade 郡的融資計畫，比 UOP 的有較高的可信度。
- 該郡的獨立工程評估，根據下列標準，評定 Black Clawson 系統的整體等級，優於 UOP：資源回收效能；系統可控性；工廠安全與環境效果；系統彈性。
- UOP 系統在下列環境因素的等級上，低於 Black Clawson 系統：減少廢棄物體積；Black Clawson 願意以廢棄物處理下水道的沉積物；UOP 的系統需邀排放液態廢棄物（Black Clawson 爲密閉系統，無排放需求）；Black Clawson 系統燃燒同質燃料，對空氣品質較有利。

當前狀況

郡務管理委員會在 1976 年 6 月中旬授權郡經理 Ray Goode，根據附錄 A 摘列的條文，開始與 Black Clawson 進行最後協商。附錄 B 說明建議的資源回收設施運行概況。

這些協商與其他事項，需在開工前處理完畢。除了與 Florida 電力與電燈公司的協商，郡尚需獲得州的融資，Black Clawson 在開工前，必須獲得各種許可書。

Dade 郡估計，大約需要六個月至一年，通過環境影響評估報告，從環保署獲得國家污染物排放消除系統執照。大家都明白，這些計畫不通過，Dade 郡不能通知 Black Clawson 開工。若拖延一年以上，據報告該計畫所增成本，因爲建築費用上漲關係，將達 65 萬美元。

州污染控制公債的發行，視州何時批准 Black Clawson 與 Florida 電力與電燈公司的合約而定。州政府顯然會要求修改條約中某些條款，以展示它的批准權。州公債財務部已經聲明，沒有收到兩份契約前，不會進行正式的行動。Dade 郡估計，從兩份契約送達州公債財務部，到開始發售州公債，約需六個月。

附錄 A：Dade 郡資源回收計畫

與 Black Clawson 契約的摘要

與 Black Clawson 的契約要在每一方能夠取得融資以執行己方義務的情況下始得生效。該契約也必須在該郡能夠成功的與 Florida 電力與電燈公司（FPL）協商蒸汽購買案後方能生效。

這紙設備採購同意書（facility purchase agreement）的主要特性如下：

- 基本建築費用，根據 1976 年 6 月 1 日市價計算的勞動、機具與設備成本，加上不含銷售稅的稅金，總共是 82,182,000 美元。
- 根據下列規定，調漲或調降基本建築費用：

基本建築費用的 45%乘以勞工局公佈的躉售物價指數或其替代之指數，在 1976 年 6 月 1 日與主要設備的最後一件組件進入建築工地當月間變化的百分比。

基本建築費用的 46%乘以 Engineering News Record 公佈的

國家建築成本指數在 1976 年 6 月 1 日與完工日間變化的百分比。（完工日期爲該郡授權 Black Clawson 開工後三十個月）

- 在設備實體完工後，郡實施驗收後與交接前，Black Clawson 將收到調整過後的基本建築費用的 60%。當該設施運轉至全能量的 80%時，Black Clawson 將收到另外調整過後的基本建築費用的 20%。設施運轉至全能量的 80%－100%時，郡有義務在運轉至全能量的 90%時，付給另外的 5%；運轉至全能量的 95%時，付給另外的 5%。剩餘的 5%於達到 100%能量時付款。
- 如果該設施在郡通知 Black Clawson 開工後三十個月後的當週或前一週，不能每週處理 1 萬 2 千 6 百噸廢棄物，除非是因爲不可抗力的原因，Black Clawson 對每一個不能全能量運轉的日子，每日應付郡 5 千美元。若在開工後四十二個月，仍然不能每週處理 1 萬 2 千 6 百噸廢棄物，郡可以廢止契約，同時尋求損害賠償。但是，若在開工後三十個月前，即能達成每週處理 1 萬 2 千 6 百噸廢棄物能量，郡應在到達開工後三十週止以前，對每一個可以達成規定處理能量的日子，付給 Black Clawson5 千美元。這時，即使在未達完工日前，郡可以要求 Black Clawson 按照營運協議規定開始運作。
- Black Clawson 應該開發一個符合所有郡與州法規規定的掩埋場，其費用爲基本建築費用中的一部份。因爲水位高的關係，該掩埋場必須設有收集與處理廢水的過濾系統。同時也包括在基本建築費用中的，還有一座每日可以處理至 2 噸的病理廢棄物焚化爐。病理廢棄物定義爲動物與人類的遺體、125 磅以下的動物殘骸和與醫院作業有關的受過污染的衣物、工具、綳帶等。

- 郡在支付基本建築費用 60%以前，不能擁有設施的所有權。在郡接收設施或是 100%付款以前，Black Clawson 應該負責該設施與掩埋場任何故障或損壞的復原責任。這段期間，該公司不得以任何理由規避義務。
- Black Clawson 保證該設施在完工 120 日內，能夠按照接收規定要求內容，達到每週處理 1 萬 8 千噸的能量(接收規定也適用於電力生產)。在完工 90 天內，Black Clawson 必須自費實施四週的測試運轉，其時需有郡代表與雙方認可的獨立工程公司在場，以決定該設施能否達成設計的每週處理 1 萬 8 千噸廢棄物的目標。若設施可以設計能量通過十次測試運轉，郡必須接收設施。在運轉期間，當設施展示它能運轉到設計能量的 80%、90%、95%時，郡必須按照前面的規定付款。然而，若是設施不能通過空氣污染或煙灰殘燼測試（即使是在可在設計能量下運作），仍應被視做不符合驗收規定。這時，郡在 Black Clawson 通過空氣污染與煙灰殘燼兩項測試前，暫停依照前述規定付款。在完工後十二個月，若設施不能達到設計能量，郡可中止支付 Black Clawson 餘款之義務，但須於六十天前通知郡之企圖，同時須在該設施於這六十天內仍不能達到設計能量時始可實施。若在這六十天內，該設施至少已能達成 80%的設施能量，但是無法達成 100%的設計能量，郡只有依照達成能量百分比例按比例付款的義務。但是，如果只能達成 80%的設計能量，郡完全沒有支付剩餘 40%基本建築費用餘款的義務。然而，Black Clawson 這時仍須竭盡一切必要措施，將該設施提升至設計能量。郡也有對 Black Clawson 尋求它認爲該公司在無法達成設計能量上應負損害責任的權利。

- 不可抗力原因是使指任何不在雙方中的一方能力控制範圍的行動。完工日期應依照相等於不可抗力原因延誤時間而延後。
- 任何因爲 Black Clawson 而造成超過三十天的延誤，將授於郡中段契約，或是運用所有必要的 Black Clawson 獨家專利知識自力繼續完成設施，或是尋求損害賠償，或是以上三者皆有的權利。
- 若因爲與 Florida 電力與電燈公司的契約之故，有修改本合約之需要時，本合約可依此修改。
- 任何郡所希望之契約修訂，在獲得 Black Clawson 書面同意之前不具效力。

營運協議（operations（management）agreement）的主要特性如下：

- Black Clawson 的營運時間爲完工後二十年。該時間可在雙方同意下延長，惟不得少於一年，長於十年。
- Black Clawson 完全負責營運該設施與掩埋場，包含破壞性垃圾的掩埋與其中所含相關的成本，不含銷售稅、郡對該設施用電課征的獨家稅與電力、水、瓦斯等的州與地方稅。
- 郡可在最低保證的每週 1 萬 8 千噸交運量之上，每週再交運 1 千 2 百噸，除非 Black Clawson 無法處理或是儲存超出的交運量。
- 郡可交運至該設施最高至每週 3 百噸的破壞性垃圾，與最高至每天 2 噸的病理廢棄物。

- 該設施每日應開放十小時，每週六天，星期日八小時，以接收垃圾。
- 垃圾與可回收物質之物權屬於 Black Clawson。[12]
- 完工後的次日開始，Black Clawson 必須接收最低保證能量的任何垃圾，並加以處理。但是，Black Clawson 必須首先區分開含鐵的與不含鐵的物質、玻璃與可然性的垃圾，並回收與銷售任何可在市場行銷之回收物質。該公司應處理設計能量範圍內所有垃圾。無法處理部份應予掩埋。無論該設施是否被郡以降低能量方式接收，Black Clawson 在任何狀況下，均應處理或掩埋垃圾。若設施之一部或全部無法處理垃圾時，Black Clawson 首先應將垃圾儲存二天或是 6 千噸，再將其餘交運垃圾掩埋。若郡掩埋場以達最高容量，Black Clawson 應負責購買更多土地，但郡同意必要時在權責範圍運用其權力協助之。若 Black Clawson 在完工日前即可處理垃圾，則應通知郡，郡即開始交運垃圾。這段時期內，郡負責所有不可回收廢棄物的收集費用，並在提供給 Black Clawson 以外的掩埋廠處理之。
- 因為罷工、颶風或其他天然災害引起的緊急情況時，Black Clawson 仍然要處理固體廢棄物，但是可以提高服務收費，多到加上多出的工資、固定成本與物料成本。若緊急作業導致掩埋場超出正常的使用率，郡應自費獲得、提供與開發緊可能靠近現有掩埋場之其餘掩埋場。

---

[12] 麻州 Saugus 地方經營資源回收廠的總收入，約含 53%的傾倒費、41%的蒸汽收入、6%從回收物質的收入。

- 郡不保證交運至該設施固體廢棄物的成分。(見示圖 4)
- 郡付給 Black Clawson 的基本尖頂費用爲固體廢棄物每噸 0.25 美元，破壞性垃圾每噸 4.50 美元，與病理廢棄物每噸 77 美元。郡必須根據每月平均量，支付每週最少 1 萬 4 千噸的尖頂費用。當交運之垃圾不足時，郡也必須支付每週營運與維護成本之一部份，其額度等於與最低保證噸數之差，加上 Black Clawson 因爲無法提供最低保證數量蒸汽而付給 FPL 的罰款。
- 尖頂費用應於 1976 年 6 月 1 日以後每年調整，以反映下列營業成本的改變：國家消費者物價指數每變化 100%，應調整 0.125 美元。躉售物價指數每變化 109%，應調整 0.125 美元。
- 所有銷售回收物質的收入屬於 Black Clawson。[13]郡保證 Black Clawson 每年可以有 6 千 8 百萬美元的銷售蒸汽收入。任何不足之數，除非發生不足之原因可歸咎於 Black Clawson，否則郡將負責對 Black Clawson 補足。但是超過保證數額部份，應由郡與 Black Clawson 按照 50－50 比例均享。[14]
- 因爲法令規定或是工業標準改變(影響郡固體廢棄物品質與成分者例外)而必須更動設施，郡負責所有更動所需費用。尖頂費用應反映變更設施後應運成本的增高而調整。
- 不可抗力因素定義是任何不在雙方中任一方控制範圍而使得其無法善盡義務之行動。若 Black Clawson 因爲不

[13] Black Clawson 估計每噸垃圾約$1.14 元。
[14] Black Clawson 估計的蒸汽收入約每噸垃圾約$4.34 元。

可抗拒因素而連續四十八小時無法營運設施，有在十二小時前通知郡有自費接管營運設施與掩埋場之權利。郡行使此權利時，郡支付之尖頂費用應該調降，以反映 Black Clawson 減少之服務。這時 Black Clawson 仍然保有銷售所有可回收物質獲得收入的所有權。

- 郡在 Black Clawson 因爲下列任一原因而出錯時，郡有中斷營運同意書與接管營運設施與掩埋場之權利：
  Black Clawson 或是 Parsons & Whittmore 申請破產時；在完工後九十天內連續的六十天中，Black Clawson 無法每週處理 1 萬 2 千 6 百噸廢棄物（最低量廢棄物），並在接到郡通知起三十天內沒能開始修復此項錯誤時；Black Clawson 沒有盡到執行建造契約或是營運契約規定之義務，並在接到郡通知起三十天內沒能完成此項錯誤之更正時，除非更正需要超過三十天以上時間。若是郡有錯誤，Black Clawson 只擁有損害賠償，和適用時特定績效的權利。
- 若本營運同意書受到以後與 FPL 訂定的蒸汽採購同意書影響而需修改時，應依照需要修訂之。
- 任何與營運同意書有關的爭議，應該依照美國仲裁協會所定規則實施仲裁。

圖 4

垃圾或住宅廢棄物的成分

垃圾（所有廢棄物的 55%）	重量比
食品廢棄物	16
花園廢棄物	8
紙類產品	47
塑膠皮革	3
紡織品	3
木材	3
氧化金屬	7
鋁	1
玻璃與瓷器	8
石頭與灰土等	4
碎屑（所有廢棄物的 45%）	
金屬（大多是氧化過的）	20
其他不可燒毀的（如玻璃、土、砂等）	5
花園碎屑（樹屑、草與樹枝、棕葉等）	75

[8] 假設所有廢棄物為 9,360,000 噸／每年

附錄 B：Dade 郡資源回收計畫

Black Clawson 建議回收系統的概述

本資源回收系統（recovery system）每日最高可處理到 3 千噸廢棄物，每週可工作六日。回收程序包括有生產蒸汽的焚化爐，蒸汽可經一個 7 千萬瓦電廠處理轉為電力。估計回收設施約可僱用 150 名員工。

本回收系統採用 Black Clawson 的「水力處理程序」，這是一

種濕性處理程序，可以減少固體廢棄物體積，並便於分類。處理的技術是根據紙漿與造紙業通用的系統發展而成。Black Clawson的處理系統除了分出可然物質之外，還可以回收鐵、鋁和銅板、黃銅、鋅、鎂的混合物，並按照顏色分類玻璃。輸入的固體廢棄物，大約只剩下 11%（按重量計）成爲需要掩埋處理的餘渣。回收系統也包含處理像庭園廢棄物之類龎形廢棄物的處理線與處理病理廢棄物的處理線。

卡車在十九個收集站過磅以後，將垃圾倒進一個容量 6 千噸的密閉儲藏淺坑。用重型卡車壓過這些垃圾，縮小其體積後，這些再轉送到輸送帶上。這些輸送帶將垃圾送到四條濕處理設備線，每條每小時可以處理 33 噸垃圾。每條線的設備有水漿機、垃圾清除機、傾倒幫浦與兩台液體旋轉分離機。每條處理線再分別將分類過的垃圾，送進分離含鐵金屬、不含鐵金屬、玻璃與鋁的子系統。可燃部份則在去水後送入瀑布焚化爐。

在垃圾漿底部有一個 1 吋的過濾器，垃圾漿由此處抽入液體旋轉分離機，準備做進一步的處理。像錫罐、金屬、大塊塑膠、大石頭這類不能壓碎或是製漿的大體積垃圾，會從製漿機底部一個槽抽到一個升降籃或是垃圾清除機內。回收水這時會進入升降籃，將比較輕的物體再送回製漿進一步處理成漿態。

液體旋轉分離機分離出較輕的有機可燃物與較重的無機不可燃物。較重的部份從液體旋轉分離機底部排出，這時它會再經一次水洗程序，以將附著其上及底部周邊之有機物沖刷下來。沖洗的水力會形成含有有機物的漩渦，向上流出液體旋轉分離機，進入波浪巢內。無機部分則被引入螺旋分類機，再將剩餘可燃物分送出去。剩餘可燃物被送到波浪巢時，無機物質（50%的含鐵物質，大多是錫罐，另外 50%的不含鐵物質，大都是大片玻璃、木頭與塑膠片）也正高速通過電磁分離機。磁性物質被送進金屬處理器，非磁性物質則送進另一個有灰色濾往的處理器。大石頭與其他大型物件在此濾出，變成不可回收殘渣的一部份。不含鐵金屬、大塊玻璃與其他物質（如鈕扣和碎瓷器）從濾網再送回製漿機進一步處理磨碎。

最後，處理過後的非含鐵金屬與其他物質，再被輸送過一個磁力機，以回收初次在液體旋轉分離機中沒能分離出的含鐵金屬。鋁箔與輕鋁片在空氣震盪桌上，與其他非含鐵物質分離。剩下的物質再以高張力的靜電分離機分離出導電與不導電物質。像玻離、瓷器導電不佳的物資會處以電擊，相簿含鐵金屬與水晶等導電體則是使其去導電性質。經過和沒有經過電擊的物質，分別再送到不同的漏斗處理器。未受電擊物質送進軋平機輾碎金屬粒子後回收，而其中的非金屬則被輾成粉末。這兩類物質最後又經過過濾器分離。

玻璃是從受電擊物質處理器中以光學透視掃描機分離出來的。分出的混合玻璃再以光學色彩分離機分出透明、琥珀、綠色等分類。

運送到波浪槽的可燃性物質完全攪合後，送進兩階段的脫水機中。脫水程序將原先垃圾內的固體成分從 3%提升至 50%。最後的可燃物質以空氣壓縮輸送到燃燒爐底部的儲存櫃。超過燃燒爐所需的可燃物質用迴路輸送帶送到儲藏區，以備他日之用——主要是星期日。

蒸氣是以兩個備有兩階段瓦斯清潔設備的瀑布鍋爐產生的。鍋爐的設計只能使用回收燃料。但是，仍然備有機油鍋爐，以確保鍋爐計畫內和計畫外停機時，仍可生產蒸汽。回收燃料在空氣吹掃鍋爐內燃燒。大約 1/3 的燃料是懸在空中燒光的，而其他 2/3

則是在鍋爐的移動爐柵上燒盡。

蒸汽以 600psig, 750^0F 供應兩個 3 千 5 百萬水冷式發電機。從發電機流出的復水提供給鍋爐房配屬設備低壓蒸汽。電力是以 13.8kv 產生，送到 FPL 的電線時已經轉成 240kv。

發電廠裝備有機械冷凍塔。冷凍塔意在補充廢棄物處理工廠不足的水。

全能量時，回收系統每年可以處理 93 萬 6 千噸固體廢棄物，並每年產生：

442,000,000 千瓦小時的電。

65,520 噸的含鐵物質。

7,020 噸鋁。

4,680 噸其他不含鐵金屬。

37,400 噸以顏色分類的玻璃。

個案：RCI 公司（A）[15]

下面為一簡化之商業環境，其中 RCI 公司必須與東南電力公司，協商 1993 年的蒸氣銷售事項。雙方都知道個案第一部中的資訊。第二部則完全屬於 RCI 的內部資訊。因為本個案的目的在提供練習，請略過稅負的效果與金錢的時間價值。

---

[15] 哈佛大學商學院 9－182－277 號個案。David E. Bell 教授編寫，©1982 哈佛大學。

第一部

你是 RCI 公司研發副總裁，公司成立於 1930 年代，從一口油井起家。這口井早已乾涸，RCI 現在也沒有產油設施，但是從油井賺的錢，扶持 RCI 成長爲大型多角化公司，其興趣仍在有限風險的能源生產計畫方面。你最近正協商一紙爲 Westborough 郡建造營運、資源回收設施的合約。該工廠將接收所有 Westborough 郡的住宅與商業廢棄物，回收可再利用物質以供銷售，燒毀其餘廢棄物以減少體積，適應掩埋目的，並產生可銷售的蒸氣。

你有信心工程一定在從 1992 年 1 月 1 日起一年內完成，並且其成本爲 5 千萬美元。RCI 的規模使得它在原始契約競標中，獲得重大利益，因爲工廠設計中技術上的不確定性，小廠商無法得商業貸款。RCI 決定從其保留盈餘融資該計畫。Westborough 承諾，工廠完成 20、40、60、80 與 100%時，分五期每期各付 1 千萬美元。RCI 在協商時，放棄建造階段的一部份利潤，以換得工廠副產品——回收物質與蒸氣——的獨家所有權。

工廠開始營運後（1993 年 1 月 1 日），產生的蒸氣，相當於每年 10 萬桶原油。你已經指認出兩個蒸氣的潛在顧客。Acme 公司已經同意，以低於每年 1 月 1 日油價 20%的價格，購買 11 月至 4 月 6 個冬季月份中工廠生產的所有蒸氣。他們對從 1993 年 1 月 1 日或從 1994 年 1 月 1 日起，開始執行合約，並沒有什麼意見。

東南電力公司表示，有意願購買 RCI 所有 1993 年的蒸氣產品。東南電力公司將從 1994 年 1 月 1 日起，從燃油轉換到 100%的核子能源發電，此後再也沒有使用蒸氣的需求。若東南電力公司同意購買蒸氣，它必須在 RCI 工廠附近，建造轉換蒸氣爲電力的發電設施。該設施將需一年工期，成本 1 百萬元。該設施的位置與設計，除了對東南電力公司有用，對其他人一無用處，因此若他們不再需要它時，它毫無殘餘價值。

第二部

工廠建造階段的主要風險，在於可能發現它是技術上不可行的。若然，在 Westborough 正式測試工廠，支付最後的 1 千萬美元之前，這事不會明朗。當然，若工廠無法運作，最後一筆款項也不會進帳。使用類似但非相同技術的工廠，大都失敗，但是，RCI 根據它有能夠改正問題的工程師的假設，繼續向前猛進。儘管這些工程師對工廠的運作抱有 100%的信心，你覺得 0.7 的機率，可以總結說明你對工廠終能作業的信念（假設工廠不是完全照規格運作，就是完全不能作業，並且沒有殘值）。

銷售蒸氣是你主要收入來源。你相信每桶現價 35 美元的油價，到 1993 年 1 月 1 日時，將落在 30 與 50 美元之間，每一中間價格都有相等的發生機率。你計畫與東南電力公司協商 1993 年一年的合約，然後轉而以部分時間基礎，根據前述的條件，供應 Acme 公司。你現在看不到還有其他銷售蒸氣的機會。光是與 Acme 的交易，就足使整個冒險事業有經濟上的吸引力。

身爲協商者，你的績效，將以你與東南電力公司協商所得之「增加價值」與對上面提供的機率與金額之運用而判定。

日曆

1991 年 10 月 1 日	「現在」
1992 年 1 月 1 日	資源回收廠開工，必要時，發電設施亦是
1993 年 1 月 1 日	若工廠可以運作，供給 Acme 或是 Southeastern
1994 年 1 月 1 日	僅供應 Acme 蒸氣，且只在冬季

個案：Southeastern電力公司（A）[16]

下面爲一簡化之商業環境，其中，Southeastern 電力公司必須與 RCI 公司，協商 1993 年的蒸氣購買事項。雙方都知道個案第一部中的資訊。第二部則完全屬於 Southeastern 的內部資訊。因爲本個案的目的在提供練習，請略過稅負的效果與金錢的時間價值。

第一部

RCI 是一家大型多角化公司，因爲它從一口油井起家（井已乾涸，但公司行情看漲）的歷史，它有五十年長於大膽投資的經驗。雖然 RCI 現在沒有興趣生產石油，它卻長於尋找生產能源的方法。在這策略下，RCI 爲 Westborough 郡建造、營運一座資源回收廠。建成後，該工廠將接收所有 Westborough 郡的住宅與商業廢棄物，回收可再利用物質以供銷售，燒毀其餘廢棄物以減少體積適應掩埋目的，並產生可銷售的蒸氣。

你受命負責與 RCI 協商購買該廠 1993 年生產的蒸氣。Southeastern 將從 1994 年 1 月 1 日起，從燃油轉換到 100%的核子能源發電，此後再也沒有使用蒸氣的需求。RCI 沒能爲這計畫獲得商業貸款，但是，它顯然已經循著內部途徑尋得財源。這和 RCI 勇於投資於有潛力計畫的聲譽一致。RCI 與 Westborough 的

[16] 哈佛大學商學院 9－182－280 號個案。David E. Bell 教授編寫，©1982 哈佛大學。

協定，要求該郡在回收廠完成 20、40、60、80 與 100%時，共分五期每期付款 1 千萬美元。你與 RCI 的看法相同，認爲建廠成本將需 5 千萬美元，費時一年（1992 年）。RCI 明顯地在協商裡放棄建築利潤，換得回收廠副產品（含蒸氣）的獨家所有權。營運後，該廠將生產相當於每年 10 萬桶原油的可用能源。

你瞭解 Acme 公司已經向 RCI 要求，購買每年冬季六個月份（11 月至 4 月）生產的蒸氣，價格是低於當年 1 月 1 日原油價 20%。RCI 與 Southeastern 間的任何交易，不會影響這個協定在次年的執行。

Acme 準備直接將蒸氣用於內部暖氣系統，但是 Southeastern 需要電力，因此必須在回收廠附近建造將蒸氣轉換爲電力的設施。這個發電設施需要一年時間建造，成本 1 百萬美元。該設施的位置與設計，除了對 Southeastern 有用，對其他人一無用處，因此若他們不再需要它時它毫無殘餘價值。

第二部

Southeastern 過去曾因油價的大幅波動受害極深。它自己預測到 1993 年 1 月 1 日時，油價將在每桶 30 與 50 美元之間，每一中間價格的機率都相等。

和 RCI 的交易有潛在的吸引力，它不但是減輕油價波動影響的方法，也是當公司在受到反對核能發電者公開攻擊時，對環保與節約能源精神善意態度的表達。然而，Southeastern 關心類似 RCI 準備建造資源回收廠的失敗率。你知道這類的建廠不是成功的完全按規格運作，就是完全失敗（且毫無殘值），而這種不確定性，必須等到 Westborough 在支付最後一次 1 千萬美元前（若工廠不能運作則不支付），實施工廠檢查後才能解決。你估計工廠成功運作的機率爲 0.4。

你瞭解，Southeastern 認爲讓外界視其爲資源回收工作的擁護者，對其形象至關緊要。然而你也瞭解公司有對顧客的承諾，同時，你所簽訂合約對效用的「增加價值」(以上面提供的機率與金額計算)，將被拿來用作對你的評審標準。

日曆

1991 年 10 月 1 日　「現在」
1992 年 1 月 1 日　資源回收廠開工，必要時，發電設施亦是
1993 年 1 月 1 日　若工廠可以運作，供給 Acme 或是 Southeastern
1994 年 1 月 1 日　僅供應 Acme 蒸氣，且只在冬季

個人安全的練習

1. 1983 年 7 月 12 日，環保署詢問華盛頓州 Tacoma 地區居民，他們願否接受空氣中存有一些可能致癌的砷元素的風險，以避免關閉一間可提供八百個工作機會的銅融化廠。[17]

   研究發現，砷是空氣污染劑致命毒物，可導致肺癌及其他疾病。雖然到目前爲止，這個工廠符合聯邦法規，但是一旦新的聯邦法規施行時，它必須將現在每年 282,000,000 公克的排放量，降低至 172,000,000 公克。環保署估計，一般人暴露在現行容許的砷排放量下時，在一生中罹患肺癌的風險，大約是 9/100。他們估計，

[17] 從紐約時報 1983 年 7 月 13 日「一個城市正在衡量癌症風險與工作損失的抵換」中摘出。

Tacoma 居民每年死於各種原因引起的肺癌人數，在 71 至 94 人之間，其中死於砷致癌者，約有 4 人。

根據環保署的說法，新的排放標準將使因爲砷而導致肺癌的機率降低至 2/100，每年死亡人數降至 1 人。以現在的技術，除非關閉工廠，否則無法將風險降低至零，估計該工廠每年爲地方經濟貢獻 2 千萬美元。營運這個工廠的 Asarco 公司說，它需要耗資 440 萬美元才能符合新的砷排放標準。

你認爲實施新的排放標準，是否符合 Tacoma 居民的最大利益？正確的排放標準應否爲零？你想 Tacoma 的公民在這些議題上投票的結果爲何？工廠員工會怎樣？

2. 1980 年時，一位電影特技演員 James J. Nickerson，應邀在電影「砲彈車」中，表演高速閃躲四輛迎面而來的車輛。然而，他的車和一輛箱型車對撞，留給 Nickerson 碎斷的腰骨、折斷的手臂與縫 100 針的頭部外傷。他的乘客 22 歲的 Heidi Von Beltz 傷得更嚴重，結果半身癱瘓。[18]

   在後來的訴訟中做證時，Nickerson 說那部 Aston Martin 車「懸吊系統故障、輪胎平滑無齒、轉向不靈，而且沒有安全帶」。被問到明知如此，爲何還要開它，Nickerson 回答說：「若我說『沒有安全帶前，我絕不駕駛這部車。』好，特技演員 X 就會坐上這部車，取代我的角色。而且，我需要這筆錢。」

可能是什麼樣的心理因素，使得 Nickerson 忽視危險，而堅

[18] 本問題係根據紐約時報雜誌 1983 年 5 月 12 日的一篇文章發展而成。

持特技表演？能否找出合理的論點，說明 Nickerson 駕車是理性的決策？

個案：American Cyanamid 公司[19]

1981 年 6 月，一家以美國爲基地的大型多國籍化學公司醫藥部經理 Nina Klein，再一次閱讀她從總裁那兒收到的備忘錄。

公司正準備依據最新聯邦與州的立法實施新的安全標準。新標準特別強調工作場所的再生危險。Klain 博士曾在草擬新標準時受邀諮詢。

雖然她已經很清楚主要的問題，但是關於公司仍然還有法律、經濟與社會責任方面的問題，她自己都尚未澄清。

Klain 博士一邊坐著享受傍晚的陽光，一邊集中思緒回想法律上對於像他們這類化學公司有關的安全標準規定。

她特別想起，三年前 American Cyanamid 公司實施、迄今尚有數件未了官司的胎兒保護計畫（fetus protection policy）。American Cyanamid 仍在與職業安全與健康署（Occupational Safety and Health Administration，OSHA）、美國人民自由聯盟（American Civil Liberties，ACLU）與宣稱胎兒保護計畫迫使婦女員工在工作與生育中選擇的人士奮戰。

Klain 博士仔細思考訴訟各方陳述的論點，她想是否可以從 Cyanamid 的 Willow Island 廠事件學到什麼教訓，協助她完成對公司安全標準的建議。

---

[19] 哈佛大學商學院 9－181－131 號個案。David E. Bell 教授指導、研究助理 Nadia Woloshyn 編寫，©1981 哈佛大學。

American Cyanamid 於 1907 年在緬因州成立，藉著購併相關的化學業而快速成長。它現在擁有來自 125 個國家超過 30 億美元的收入。

該公司製造與銷售高度分化的農業、醫藥、專業化學、消費品與麗光板產品線。在大約 4 萬 4 千名員工中，48%爲計時報酬。大部份計時報酬員工，是由國際化學工人工會（International Chemical Workers Union）與石油化學與原子工人工會（Oil, Chemical, and Atomic Workers Union，OCAW）的工廠分會代表。

Willow Island 工廠

Cyanamid 在西維吉尼亞州 Willow Island 的工廠，雖然僱用的員工相對人數較少，但它是美國比較重要的生產設施。Cyanamid 在此地生產顏料、染料、動物飼料補充品、三聚氰胺、白金觸媒、塑膠抗氧化劑與專業化學品。該廠代表了一個工業蕭條地區重要的就業來源。

American Cyanamid 的新安全標準

在 1974 年世事開始轉變前，American Cyanamid 很少僱用婦女爲生產工人。1977 年末 Willow Island 廠中有 23 個婦女在生產線上工作。整個 70 年代的立法行動，迫使企業加強警覺婦女暴露在胎毒素（fetotoxins）——任何危害胎兒的物質——的危險。

於是，American Cyanamid 於 1977 年 9 月開始全面修訂安全標準（safe standards），特別注意可疑的胎毒素。從一長列可疑的胎毒素中，五種化學品被確認爲特別傷害胎兒。他們是鉛、氫氧聯氨、氫氧硫酸與兩種藥品——Thiotepa 與 Methotrexate。公司對每一種物質，建立它認爲對健康成人與胎兒安全的暴露標準。這些標準通常是以毒品文獻中的資訊決定。一般而言，成人的暴露標準爲胎兒的五至十倍高。以鉛爲例，花在標準訂定的時間超過一年以上。

胎兒保護政策

在 1978 年 1 月，American Cyanamid 向其 Willow Island 顏料製造廠員工宣佈，公司準備實施所謂的「胎兒保護政策」。該政策規定，如同最後所執行的，從 16 至 50 歲的婦女，除非她們能夠證明自己已經結紮，否則禁止從事鉛顏料生產工作。政策明示的目的在保護暴露於鉛中婦女的胎兒，特別是懷孕初期員工可能還不知道自己已經懷孕時。類似政策已在化學業工人暴露於鉛的場所施行，實施的公司有 Allied Chemical、DuPont、Dow Chemical 與 General Motors。

在 Willow Island 工作的 23 位婦女這時收到警告，她們的工作環境有潛在的胎毒物質，若發現她們的暴露到達危險程度，新的公司政策要求她們轉換到其他工作地區。1978 年 10 月，新政策正式實施。Willow Island 唯一受到影響的領域，是鉛鉻酸顏料製造區，有 8 位婦女在那兒工作。

胎兒保護政策產生的事件

在 1978 年 2 至 7 月間，5 位受僱於鉛顏料部門的婦女，向一家與 American Cyanamid 無關的醫院申請實施外科結紮。這些婦女後來宣稱，政策將要執行時，數據與實際效果極其混淆。她們也說有人勸告她們，她們從鉛鉻酸顏料區轉出後，沒有足夠的新工作等著她們；結果一旦政策生效，她們不是失掉工作，就是要面臨降級。

另一方面，American Cyanamid 辯稱，它曾積極阻止這 5 位婦女進行結紮，提供給她們完全可以接受的其他解決方案，其形式爲類似地位、相同薪資的實有或將有的工作。然而，公司的醫療經理 D. Robert Clyne（現已退休）同意「若生育年齡婦女已經實施結紮，可以許可她在顏料部門工作。」

到 1981 年，該案仍在訴訟（litigation）當中，究竟誰該受罰仍不清楚。但是，可以確定的是情況因爲 Willow Island 廠的小規模而更加惡化。沒有同等的工作可以立即提供給這些婦女，她們必須暫時轉換到較低地位的工作，雖然她們還可領九十天原來的工資。也很確定的是，這個政策使那些受影響的人十分焦慮，以致這 5 人選擇結紮而不願失業或降級。根據美國人民自由聯盟的 Joan Burton 所說，接受手術最年輕的婦女只有 25 歲。

另外兩位婦女選擇轉換工作而不願結紮。這兩人得到門房職務，前九十天按原工作支薪，該廠有新工作出缺時可優先任用。兩人在九十天內都得到新工作機會與薪資同原工作。一人接受新的工作。另一人選擇繼續擔任薪資較低的門房，因爲新工作要輪班。

對 American Cyanamid 的控告

在 1978 年 1 月新政策宣佈之後，OCAW（Oil, Chemical and Atomic Workers Union）與其 14 位婦女會員，向 OSHA、西維吉尼亞人權委員會、西維吉尼亞或華盛頓特區的公平就業機會委員會，遞出訴願反對該政策。工會的糾紛仲裁，與西維吉尼亞人權委員會的調查報告，很快即自行撤回或被駁回。

然而，1979 年 1 月 OSHA 的檢察官員抵達 Willow Island 廠，調查 OCAW 與這 14 位婦女員工的控訴。調查結果 OSHA 對 American Cyanamid 開出告發單。第一個告項目認爲 American Cyanamid 違反聯邦法律規定的鉛標準與鉛鉻酸標準。根據 OSHA 1979 年 4 月制定的工業標準，容許的暴露水準爲每立方公尺 50 微公克，但是顏料廠容許以每立方公尺 200 微公克作爲內部遵守水準。OSHA 的調查中，所指明的故意與嚴重違規事項有：未劃分鉛鉻酸暴露區爲管制區域；過度暴露於煤塵與噪音之中；允許工人不當使用防護裝備；允許工人在鉛暴露區域進食飲水。

根據 OSHA 的定義，故意違規的發生，是當證據顯示雇主做出有意且明知所爲違規的行動；或即使雇主不知行爲違反 OSHA 法律，但是明知危險狀況存在，而未採取合理的努力以消除該狀況。故意違規的處罰，每件可建議罰至 1 千美元。

嚴重違規的定義是雇主知道的，或可以合理的勤勞就可知道的存在危險，而該危險有絕大機率導致死亡或是嚴重的身體傷害。嚴重違規的處罰，須強制建議處罰，可至每件 1 千美元。

OSHA 也以 1970 年職業安全與健康法的一般責任條文，告發 American Cyanamid。這是 OSHA 第一次引用該條款實施告發，意味著 OSHA 企圖將其職權擴張到工作場所安全標準的制定。這個法律的目的，是「盡可能確保我國工作大眾與婦女安全健康的工作環境與保護我們的人力資源」。一般責任條款要求每一雇主，提供毫無已知會導致死亡或嚴重身體傷害的危險的或可能導致死亡或嚴重身體傷害的就業與工作場所。然而，該法律並未定義何爲「危險」。

1979 年 10 月，OSHA 建議法律允許的最高罰款：1 萬美元，並命令該公司停止違規行爲。American Cyanamid 在許可的十五天內提出抗告，抗告罰款與告發事項，該案由馬里蘭州 Hyattsville 法院行政法法官 William Brennan 聽審。

基於兩點理由 Brennan 駁回 OSHA 的告發：第一，OSHA 的告發單，是在法定六個月限期過期後才開出的。雖然該政策早在 1978 年初宣佈，但直到 1978 年 10 月才正式實施，而 OSHA 的告發發生在 1979 年中。延遲的原因部份是因爲對 American Cyanamid 新政策效果的混淆與不確定而致，部份是因爲判例並未澄清 OSHA 在此領域中的法定權力。結果，駁回告發的第二個理由是 OSHA 沒有管轄例外政策的權力。OSHA 向 OSHA 評議委員會上訴行政法官的判決，這個委員會是設計來聽取 OSHA 檢查中勞資爭議的聯邦機構。

1981 年 4 月 28 日，審議委員會決定，American Cyanamid 沒有違反一般責任法條。委員會解釋，胎兒保護政策既不是工作程序也不是工作物質，而且，它顯然不會改變工人工作時或從事與工作相關的活動時，員工身體的完整性。員工爲了獲得或保有就業機會而結紮，來自工作廠所以外的經濟與社會因素。雇主既不能控制也無法創造這些因素，如同他們控制創造工作程序與物質一般。因此，就一般責任條款而言，該政策不是危險。

審議委員會的決議，隨後由 OSHA 向巡迴法院上訴。到 1981 年時，OSHA 迄未宣佈未來的行動。

美國人民自由聯盟的控訴

對 American Cyanamid 的第二件訴訟，起始於 1980 年 1 月 29 日。由美國人民自由聯盟（American Civil Liberties Union, ACLU）代表的 13 位婦女，發起典型的行動訴訟，控訴違反 1964 年民權法案第二章；具體的說，Cyanamid 的計畫，錯誤的基於性別而歧視（discrimination）原告侵犯、隱私權、欺詐與故意加諸情緒上的痛苦。訴訟的主要控訴之一，是 Cyanamid 以外科結紮作爲繼續就業的條件。

民權法案（Civil Rights Act）支持員工不受歧視，不受再生能量與遺傳穩定性的威脅，而保有職務。被代表的婦女中，結紮過的 5 人中來了 4 位，其他的是申請 Willow Island 廠工作被拒絕的婦女，她們宣稱是因爲歧視而被拒絕。

Klain 博士知道訴訟仍在進行：若美國人民自由聯盟勝訴，這些婦女有權得到沒有歧視發生時她們應該得到的位置。American Cyanamid 必須恢復她們的工作與升遷機會。恢復結紮的問題也被提起。某些狀況下回復結紮是可能的，雖然這類手術過去的結果是非常不確定的。此外，這些婦女根據同時控訴德州侵權行爲，也有權獲得實質傷害賠償。

審判預定於 1981 年底進行。

股東的活動

American Cyanamid 面對來自第三個團體的攻擊。國際化學工人工會（International Chemical Workers Union，ICWU）與企業公共責任互信中心（Interfaith Center for Corporate Public Responsibility，ICCPR）聯合發起一項股東運動，要求 American Cyanamid 成立包含非員工組成的公共責任委員會，該委員會是一公正群體，旨在研究胎兒保護計畫與公司安全標準。

ICCPR 也是 American Cyanamid 的股東，而 ICWU 透過手中握有作爲酬勞的股票選擇權的會員也掌有股份。ICCPR 有許多美國公司的股票。它的功能之一，是運用股東的影響力，使企業瞭解他們的社會責任。雖然很多公司實施了類似 Cyanamid 的例外政策，ICCPR 選擇 Cyanamid 作為目標個案。一般認為，有鑒於圍繞在結紮問題四周的公共知曉度，Cyanamid 對此問題將會特別敏感，也特別小心處理。

最初，董事會拒絕成立公共責任委員會，說現行審議安全標準的機制完全適當。然而，幾天後 1980 年 1 月 31 日，在股東決議的威脅下同意這個要求。Cyanamid 轉向的原因不明，但是 ICWU 宣稱 Cyanamid 特別關切馬上到 OSHARC 的 OSHA 告發事項與即將於 1980 年 2 月公佈的公平就業機會委員會的指導綱要。

American Cyanamid 成立的公共責任委員會，原有三名委員，後來其中一人辭職離開。剩下兩人是：Paul MacAvoy、Milton Steinbach，耶魯大學的組織與管理學教授與 George L. Schultz，一位私人投資家。他們的報告預期會在 1981 年秋季出爐。

向公平就業機會委員會的控訴

原來 14 位婦女與 OCAW 向 EEOC 提出的訴願，到 1981 年時，仍舊懸而未決。EEOC（Equal Employment Opportunity Commission）尚未採取任何行動，但是它擁有以性別歧視理由，施加處分的權力。然而，一般說來，EEOC 長久以來，也涉入安全與歧視問題。

公平就業機會委員會的指導綱要

1978 年 4 月，EEOC 發出的政策聲明，沒有對例外性工作實務（exclusionary work practices）做出任何決定，但是提供了一些指導綱要。它說，輕率或未遵照嚴格科學程序的例外性僱用，可能被視為非法的歧視。雇主必須確定，不得在未努力尋找影響較少的方法之前，將其制度化。

1980 年 2 月 1 日，EEOC 與聯邦契約遵行辦公室（Office of Federal Contract Compliance）共同發出的建議指導綱要，不但更爲明確，而且將會有在禁止工作歧視的 1964 年公民權利法案相關章節裡面，放進「保護性例外」的實質效果。簡單的說，該綱要建議，雇主對待男女不同的行爲，是違反第七章的前提。一個看來中性的僱用政策，但對男性或女性有不利影響者，是非法的僱用實務。若已知工作場所的危險性，會透過父母親影響胎兒，僅以女性爲目標的例外政策是非法的。若該危險可以科學方法顯示，僅能透過女性發生影響，則例外的族群僅能限於懷孕的婦女，而不是所有生育年齡的婦女。

爲保護婦女而引進的暫時性的例外政策，若：該政策只針對可能受害的個人；該政策未在採用或檢視適當的其他方法前實施；且雇主可以證明他已徹底找過科學文獻，沒有發現對非例外性別產生傷害的證據；則可予與同意。例外政策生效六個月內，公司必須展開研究計畫，以找尋是否問題中化學物質，也會對非例外性別產生不利的再生效果。這些研究，必須在「可以接受的科學方法」下進行，在兩年內產生結果。EEOC 向工業界徵求對指導綱要的意見，也回收到關鍵性的回應。工會、婦女與公共利益團體，原則上支持該指導綱要，但是認爲它太模糊，也容易遭受錯誤的解釋。因爲支持不足，EEOC 於 1981 年 1 月 13 日撤回建議的指導綱要，並說：「本會檢討這些評論的結論，認爲在有潛在暴露引發再生危險的工作場所，消除就業歧視最適當的方法，不是公佈解釋性的指導原則，而是依個案進行調查與執法。」

Willow Island 廠鉛鉻酸顏料部門的關閉

1980 年 1 月 15 日，American Cyanamid 關閉其 Willow Island 廠鉛鉻酸顏料部門，說是營業虧損所致。該公司說，低獲利力可以歸咎於愈來愈多的政府管制，與油漆時愈來愈少使用鉛鉻酸顏料。該部門為 Willow Island 廠的十大生產線之一。外界認為 American Cyanamid 關閉該部門後失掉一些訂單，因為該部門是公司其他部門的上游來源。但是，鑒於市場上已有其他危險性較少的物質上市，該部門的淘汰已是指日可待，依此，任何財物損失都是暫時的、最低的。因為部門關閉，該廠解僱 60 名員工。

議題摘要

提出的議題，都具有強烈感情因素，無怪要激發那些與 American Cyanamid 對簿公堂訴訟人強烈的憤恨。一位 ICWU 官員無意的評論最為典型:「若一個公司知道暴露在胎毒素的結果，是立即的流產或是難產，他們會很高興讓婦女在有暴露風險的地方工作。公司關心的是避免受傷，但是還活著的胎兒，所帶來昂貴的訴訟。」

現行影響胎毒素的立法（Existing Legislation Affecting Fetotoxins）

到 1981 年為止，這方面的法律極為欠缺。西維吉尼亞州方面，根據總檢察官辦公室的一位律師說，也是剛起步而已。在這州裡，環境法律還是相對新鮮的東西，Cyanamid 案中許多的議題以前並未發生過。

聯邦法律基本上都包含在 1970 年的 OSHA 法案與 1977 年的毒性物質控制法案（Toxic Substances Control Act of 1977）之中。這些法案在胎兒上區分爲懷孕前與懷孕後的效果；與畸形基因（teratogens）與突變基因（mutagens）。畸形基因是只能透過母親的暴露，而危害到胎兒發展的因素。突變因素爲懷孕前的毒物，可改變成人之基因，使其後代發生突變。雖然我們並不知道許多化學物質的毒性效果，但是，以鉛爲例而言，大量的證據顯示，其傷害可以同樣發生在男性與女性的再生系統。一個 1974 年的研究顯示，男性血液中鉛含量超過 60 微公克時（聯邦安全規定），將會發生再生系統的問題；而 OSHA 也在 1979 年 4 月公佈的新鉛標準中明白指出，鉛對男性的影響。「男性工人可能發生不孕或陽萎，男性與女性都可能受到基因傷害，影響懷孕的過程與結果。」因此，一般認爲鉛是突變基因。

理論上，雇主在工作場所發現突變基因，必須強調下列事項：它對男性的影響是否與對女性的影響相同？能否不在禁止沒有防護能力的人進入工作場所的情況下，控制暴露的程度？其他的防護措施，可能有運用職務調整、工程控制與人員防護裝備。

雇主對於胎兒或是終於出生的嬰兒的責任問題，也不清楚。然而，雇主的法律責任，有下列可能的來源：

- 雇主可能違反 OSHA 清晰的管制標準。
- 雇主可能違反 OSHA 的一般責任條款。
- 在州工人賠償法案或是其他職業病害有關的法案下，雇主可能要對受傷員工的索賠負責。
- 在某些情況下，員工可能受工人賠償法案限制，不得對雇主採取侵權行爲。
- 終於出生的嬰兒，因爲父母暴露於職業突變基因而致傷者，可能引發人身傷害訴訟，雇主在此種訴訟中將負大量侵權責任。

必須強調的是，雇主在人身傷害訴訟中，通常面臨比工人賠償訴訟中，更高的成本與傷害。

贊成 American Cyanamid 胎兒保護計畫的論點

American Cyanamid 首先辯護，它是「絕對阻止任何剝奪懷孕潛能的手術」。Willow Land 經理 Jack E. White 說：「我們的醫師與代表婦女的地區工會委員會代表會面，解釋公司在這些事情上的立場。」可以接受的其他方案，以類似地位相同薪資，實際的或是將有的工作的形式提供出來。

它也辯稱，在其他實施例外政策的公司，如 Dow、DuPont,、Allied Chemical 和化學品製造商，聯邦標準經常是在技術上或經濟上不可能達成的。新的鉛標準就是眼前的例子，即使以工程控制加上個人防護裝備，迄今尚未能夠達到每立方公尺 50 微公克的水準。Dow 化學公司的 Perry Gehring 說：「假使針對特定致命性毒物，設置優良健康工業環境的成本，要冒指數般風險才能達到低的水準，那麼禁止婦女進入工作場所，是正當合理的。」

化學公司關注的焦點，主要不是在員工健康上的危險，他們有工人賠償法案保護，而是主要在胎兒身上。DuPont 的醫療經理 Bruce Karrh 說：「我們移開婦女，不是要保護它的再生能力，而是保護它的胎兒。」

還有，化學公司堅決不允許婦女為她們未出生的孩子，簽訂責任豁免約定。他們宣稱，未出生孩子具有母親不可將其剝奪的法律權利，若他們不保護胎兒，他們會將自己開放給代表出生時有缺陷嬰兒提出的傷害求償訴訟之中。

最後，化學公司堅決反對允許有生育能力的婦女，進入有胎毒素暴露的場所，無論他們是否想要懷孕。主要的突變發生懷孕第 14 天至 40 天，也就是主要器官形成之時。通常不太可能事先偵測懷孕的工人，然後在關鍵期前，將她們移到安全之處。雖然有確保不懷孕的方法，或是在胚胎的生命早期終止其發展，但是這些恐怕會被抗拒，被視爲侵犯員工私權，不可接受的指示。

反對 American Cyanamid 胎兒保護計畫的論點

批評例外政策的人，根據幾個論點攻擊化學公司。

OSHA 前官員 Eula Bingham 覺得，這種政策允許公司，以移開最容易發生危險員工這種較便宜較容易的方法，規避真正清潔工作場所的工作。

而且，目前也無法證明，透過母親影響胎兒的有毒物質不會同樣傷害男性的再生系統。NIOSH 主席 Anthony Robbins 說：「沒有理由相信，男性基因比女性基因，更能抗拒職業毒物的傷害。」事實上，愈來愈多證據顯示，父親在毒性物質中的暴露可能影響到胚胎。辛辛那提大學環境健康專家 Channing Meyer 博士說：「對人類精子正常發展的干擾，可能導致精子數量減少，變形，不正常運動與精子細胞壁的基因突變。」

男性工人的毒物暴露，可以透過干擾精子的發展直接影響胎兒，或是透過將毒物從工作場所帶回家中的途徑，產生間接影響。1980 年 8 月，美國哥倫比亞特區巡迴上訴法院支持 OSHA 部份的標準，該部份要求提供與鉛工作的男女性工人同等的保護，鉛被認定危害男性再生系統。許多團體，像美國鋼鐵工人聯合工會（United Steelworkers of America）、汽車工人聯合工會（United Automobile Workers）、通用汽車公司（General Motors

Corporation)、國家建築協會（National Construction Associations）與其他說這標準太嚴格的人，就該標準提起上訴；但是，其他工會要求更嚴格的標準。上訴後，裁審權落在最高法院手上。

婦女權利團體關心該政策將強化「永遠懷孕」的迷思(the myth of permanent pregnant)；也就是說，所有生育年齡婦女，任何時間都被假設爲懷孕婦女。婦女自主決定懷孕與否的權利與能力，不應被削除。那時，80%的藍領工人，使用某種形式的避孕方法。例外政策看來似乎是，否定婦女可以自由決定她們是否要生育的事實。

最後，ICWU 與其他團體，關切使用基因基礎區別，其中隱藏的內在危險。若是允許例外政策成立，可能會開放給公司一條，基於「基因易受感染性」基礎來過濾其他少數群體的途徑。紐約時報（New York Times）在 1980 年 2 月，刊登一系列有關這個主題的文章。以下爲一些摘錄：

> 石油化學公司已經悄悄的測試數以千計的美國工人，以決定他們是否有工業醫師所謂「有缺點的」與生具有的基因，使得他們對工作場所某些化學物質的侵害，特別柔弱。這個程序，稱為基因過濾…。
>
> 雇主們說，這項測試的目的，在提供保護層，以將「超級易受感染」的員工，與工業毒物隔離…。
>
> 許多科學家、工會領袖與工業健康專家，否認這種測試可以保護工人的說法…。
>
> 他們說，基因方法確實是層隔離層，但是它是對工人形成性別、種族、民族歧視威脅的隔離層。他們反對因為基因組成的理由，將一群人標識為不適合某類工作的群體。這種方法，視將問題的焦點，轉移到工人的基因之上，而不是在

工作場所出現工業毒物的層面之上。

個案：Breakfast Food 公司（B）[20]

Breakfast Food 公司（BF 爲「Wheatfkakes」與其他品牌的製造商）的總裁 John Morgan，正在主持他與副總裁們的會議。他們在討論 BF 股價驟然大幅下跌可能的原因，他們主要對手 MC 公司（Morning Cereal, Inc.）股價的同時上漲，使得跌價更形觸目。

行銷副總裁 Ron Sykes，剛剛說完他的觀察，認爲 BF 最近在原料採購（主要爲小麥）上，不如過去成功，而 MC 最近顯然交了好運。這時 Morgan 的助理 Baker 突然插嘴說：「我們真不應該聘請風險經理。」

John 嘆口氣。他一直在預期會有這類事情發生。風險經理是 Christine Aquilino，新近的哈佛大學企管碩士。John 已經意識到 David，一年前聘請的史丹福碩士，痛恨 Christine 的知名度與擁有的全權授權，Christine 已經宣佈積極規避 BF 利率與外匯暴露風險的計畫。

David 繼續說：「因爲 BF 的股東極爲分散，他們不在乎非系統性的風險，所以我們試著去管理風險，完全是浪費的練習。」

生產副總裁 Don Philips 插嘴說：「Chris 前兩天爲新機器廠花了$500 元買滅火機。我現在知道那是錯誤的。」

---

[20] 哈佛大學商學院 9－183－135 號個案。David E. Bell 教授編寫，©1982 哈佛大學。

「顯然，我不是在說那種會有正期望報酬的風險管理策略。」David 說：「而是像以期貨避險這類，絕對是浪費大家時間的行動。Modigliani 與 Miller 證明，股東並不關心公司的負債／權益比例，因爲他們總是能夠槓桿化自己的股票。其涵義爲，因爲負債／權益比例無關緊要，公司不應該浪費資源去改變它。這樣對吧，Arthur？」

財務副總裁 Arthur Barnes，眼光一直定在天花板上，只是說：「你不知道我有多感謝這些事情，還會在我從研究所畢業以後跑出來。」

「嗯，總之」David 接著說：「這論點和風險管理一樣，如果股東想要規避匯率或是小麥價格的風險，他們可以自己做。我們不應該浪費金錢，例如薪資，替他們做這些事。」

John Morgan 說話了。「我現在開始思考我們可以節省薪資的其他方法，但是，如果我瞭解你們意思的話，David，至少 Chris 沒有傷害公司。」

David 跳起來回答：「事實上，比那個還更糟。普通股基本上是公司資產的買進選擇權，其『行使權利價格』爲公司承諾付給股東的金額。因爲選擇權的價值，隨背後資產的變動而增加，減少 BF 風險的行動，勢必導致更低的股價。風險經理的任命，是公司債券擁有者的福音，而不是股東的福音。」

Ron Sykes 在 Baker 還沒來的及用他帶來的例證(見示圖 5)，澄清這些事情前，插進來話來。「我知道哈佛企管碩士很昂貴，也許標價過了頭，但是，這是我第一次聽到，一個公司因爲聘請一位哈佛企管碩士，抹掉 6 千萬美元股價。」Sykes 忍著不笑出來。

Arthur Barnes 跟著唱和：「David，爲什麼你和你的人不買下可以控制 BF 的股份，開除風險經理，瓜分 6 千萬美元橫財。」

Morgan 忍不住板著臉加入，「你是對的，David。我要打電話給 Mitchell（MC 的總裁），建議每年 12 月 31 日，我們丟銅板賭 2 千 5 百萬美元。那真正會抬高我們的股價。」

Sykes:「回到正事，我要說的是，我在想有沒有機會誘使 Harry Simpson 從 MC 回來，我看過舊的預測資料…。」

圖 5

假設一家公司的資產，在 6 個月內，其價值不是$0 元，就是$200 元，該公司負債$100 元，公司可以選擇運用期貨市場避險，這樣將確保公司有$100 元收入，我們將可能的行動比較如下：

	資產價值	期貨利得	付給債主金額	付給股東金額
不避險	$0	$0	$0	$0
	200	0	100	100
避險	$0	$100	$100	$0
	200	-100	100	0

*股東平均利得：不避險=$50 元
避險=$0 元

索引

covariance
as measure of risk,
衡量風險的共變數／59－60
for risk analysis of two investment,
兩個投資風險分析的共變數／24－25
cross-hedging,
交叉避險／55
cross-product basis risk,
交叉產品的偏差風險／87

Dade County resource recovery project case study,
Dade 郡資源回收計劃個案研究／326－342
facility purchase agreement,
設備採購同意書／332－335
operations management agreement,
營運協議／335－338
proposed recovery system,
協議回收系統／339－342
damage control, medical malpractice insurance and,
不當醫療保險的損害控制／297
death expense, purchase of life insurance for,
為提供死亡費用購買人壽保險／106
debt clearance, purchase of life insurance for,
為償債所需購買人壽保險／106
decision-making, 作決定／169
decision analysis, 決策分析／169
holistic assessment
直覺判斷的決策分析／170－172
medical options,
醫療選擇權的決策分析／184－192
repetitive, dynamic programming and,
動態規劃中的重複決策／218
variation in uncertainties, dynamic programming and,
在不確定情況下作決策／217
decision trees, 決策樹／173
decomposition and recombination,
分解與組合／170
Digital Equipment Corporation, ／317
discount rates, risk-adjusted,
風險折扣調整率／253－264
diversification,
分散風險／1－49
asset allocation investment policy and,
資產分配投資政策與分散風險／32
fiduciary put options,
信託賣出選擇權的分散風險／42－44
international investment,
國際投資的分散風險／38－42
international policy,
投資政策的分散風險／32
investment risk and,
投資風險與分散風險／6－20
portfolio variance and, formula,
分散風險之投資組合變異數公式／13－15
dividends, from whole-life insurance policies,
終身壽險的股利／109
Donaldson, Lufkin, Jenrette & Co., ／34
Dow Chemical, Dow 化學公司／351
Drexel-Burnham-Lambert, ／303
Dupont, ／314－315
dynamic programming, 動態規劃／217－233
Chutes and Ladders,

E

F

I

J

S

風險管理

【原　　著】David E. Bell & Arthur Schleifer, Jr.

【譯　　者】蔣永芳

【執行編輯】古淑娟

【封面設計】張志豪

【出 版 者】弘智文化事業有限公司

【登 記 證】局版台業字第 6263 號

【地　　址】台北市丹陽街 39 號 1 樓

【 E-Mail 】hurngchi@ms39.hinet.net

【郵政劃撥】19467647　　戶名：馮玉蘭

【電　　話】(02) 23959178 . 23671757

【傳　　眞】(02) 23959913 . 23629917

【發 行 人】邱一文

【總 經 銷】旭昇圖書有限公司

【地　　址】台北縣中和市中山路 2 段 352 號 2 樓

【電　　話】(02) 22451480

【傳　　眞】(02) 22451479

【製　　版】信利印製有限公司

【版　　次】2001 年 9 月 2 版一刷

【定　　價】400 元（平裝）

ISBN　957-99581-4-9

國家圖書館出版品預行編目資料

風險管理／David E. Bell, Arthur Schleifer Jr.著；蔣永芳譯. ——初版. ——台北市：弘智文化，1997 [民 86]

面；　公分． ——（管理決策系列；1）

含索引

譯自：Risk Management

ISBN　957-99581-4-9（平裝）

1. 決策管理　　2. 風險管理

494.1　　86012272